全国环境监察培训系列教材

排污收费与排污申报

环境保护部环境监察局　编

中国环境科学出版社·北京

图书在版编目（CIP）数据

排污收费与排污申报/环境保护部环境监察局编.
—北京：中国环境科学出版社，2012.4（2012.12 重印）
全国环境监察培训系列教材
ISBN 978-7-5111-0907-1

Ⅰ．①排⋯　Ⅱ．①环⋯　Ⅲ．①排污收费—技术
培训—教材②排污申报登记—技术培训—教材
Ⅳ．①X196②X328

中国版本图书馆 CIP 数据核字（2012）第 023220 号

责任编辑	黄晓燕	
文字编辑	何若鋬	
责任校对	扣志红	
封面设计	玄石至上	

出版发行	中国环境科学出版社	
	（100062　北京东城区广渠门内大街 16 号）	
	网　　址：http://www.cesp.com.cn	
	电子邮箱：bjgl@cesp.com.cn	
	联系电话：010-67112765（编辑管理部）	
	010-67112735（环评与监察图书出版中心）	
	发行热线：010-67125803，010-67113405（传真）	
	印装质量热线：010-67113404	
印　　刷	北京中科印刷有限公司	
经　　销	各地新华书店	
版　　次	2012 年 4 月第 1 版	
印　　次	2012 年 12 月第 3 次印刷	
开　　本	787×1092　1/16	
印　　张	14.5	
字　　数	320 千字	
定　　价	50.00 元	

本书编审委员会

序

目前，我国经济进入了工业化、城镇化快速发展的关键时期，传统发展方式带来的经济社会发展与人口资源环境压力加大的矛盾日益凸显。党中央、国务院高度重视我国环境保护监督管理水平的提高，国务院发布的《关于加强环境保护重点工作的意见》（国发[2011]35 号）明确指出应强化环境执法监管，并提出完善督察体制机制，加强国家环境监察职能。这为我们全面做好"十二五"环保工作、积极探索中国环保新道路、大力提高生态文明建设水平指明了方向。

周生贤部长指出，环境执法监督是环保部门的立局之本。加强环境执法监督，是全面贯彻落实科学发展观、推动环保历史性转变的有效手段，是维护群众环境权益、保障和改善民生的基本要求，是环保部门参与宏观决策的依据、环境综合管理的基础。建立权责明确、行为规范、监督有力、高效运转的环境执法监督体系至关重要。"十二五"期间，环境执法工作要紧紧围绕主题主线新要求，以环境执法监督理念和模式转变为主攻方向，以解决影响科学发展和损害群众健康的突出环境问题为工作重点，逐步实现环境执法"精细化、科学化、效能化、智能化"，构建完备的环境执法监督体系，适应经济社会发展新要求和人民群众的新期待。

环境监察队伍是我国环境保护现场监督管理的专门执法队伍，肩负着环境执法监督的重要任务，奋战在环境保护工作的第一线，他们的素质、能力和知识水平直接关系到党和国家环境保护方针政策能否落到实处、环境保护法律法规能否得到贯彻执行。如何建设一流环境监察人才队伍，为环保事业的发展提供有力的人才保障和智力支持，是当前面临的一项重大课题。环境保护部一直十分重视环境监察队伍培训工作，特别是《关于加强全国环境保护系统人才队伍建设的若干意见》发布实施后，以规范环境监察队伍管理、提高执法效能为出发点，统筹规划，创新方式，实施全覆盖、多形式、高质量的环境监察岗位培训，切实提高了环境监察人员的综合素质和执法能力，为建设生态文明、探索环保新道路提供了环境执法保障。

为了进一步规范环境监察培训，夯实环境监察培训基础性工作，环监局组织有关专家，在总结全国环境执法实践的基础上，综合基层环境监察机构的需求，编制了环境监察专业知识培训系列教材。本系列培训教材的编制完成，对指导全国环境监察的岗位培训、提高环境监察人员的执法水平和业务素质、促进环境监察培训工作水平的提升，将发挥重要作用。希望环境监察战线的同志们认真学习，再接再厉，为做好环保执法工作、加快推进环保历史性转变、积极探索环保新道路、全面推进生态文明建设作出更大的贡献。

2011 年 12 月 22 日

前　言

　　本书是《环境监察》系列辅助教材之一，是在《环境监察（第三版）》第五章和第六章的基础上对排污收费和排污申报登记工作的方法进行较为详尽的阐述。

　　排污收费制度是 1989 年第三次全国环境保护会议中提出的"八项制度"之一，属于环境管理工作中最早提出并普遍实行的基本制度，也是落实得比较好的制度。国务院于 2003 年颁布实施《排污费征收使用管理条例》，替代原来的《征收排污费暂行办法》，全面提升了排污收费制度的内涵，促进了排污收费制度的全面实施。2011 年国务院《关于加强环境保护重点工作的意见》（国发[2011]35 号）第十三条明确指出："完善收费标准，推进征收方式改革。推行排污许可证制度，开展排污权有偿使用和交易试点，建立国家排污权交易中心，发展排污权交易市场。"实践表明，排污收费已经成为环境执法的重要手段，同时在污染减排和筹集环境污染治理资金方面也发挥着越来越重要的经济调节作用。

　　《排污收费制度》一书出版于 2003 年，8 年来与排污收费有关的法律法规有了明显的变化（如《水污染防治法》和《固体废物污染环境防治法》的修订），环保部（原国家环保总局）有关排污收费的执法解释也在不断出台，使一些旧的与排污收费相关的原则不能再适用。上述变化使《排污收费概论》一书已经不能满足变化了的社会现实，有必要根据最新法律法规的规定以及有关的执法解释对排污收费工作进行系统的介绍和梳理，以理清基层环境执法部门在排污收费工作中的头绪，解决工作中的疑惑。

　　排污申报制度也是我国环境管理工作中的重要制度之一，是核定排污量和排污收费的基础，作为排污收费制度的配套制度，虽然全面系统的排污申报数据源已经越来越多地被应用于污染减排、工业污染源普查、排污许可证管理、环境统计、环境专项执法、总量核查、环境行政管理、企业上市环保核查和应急处置等工作中，但是本书主要关注其在排污收费工作中的应用，排污申报数据在其他方面的应用本书不予介绍。

《排污费征收使用管理条例》实施 8 年多以来，国务院环境保护行政主管等有关部门先后出台了一系列有关排污申报和排污收费工作的文件，对排污申报工作的组织、排污收费标准、排污收费管理、资金使用等问题予以规范；同时，大量诸如与排污收费工作有关的复函系列规范性文件的出台解答了环境监察执法中的很多疑难问题，推动了我国排污收费工作的不断发展，本书纳入了大量现行有效的执法解释的内容。本书从理论和实践两方面入手，全面阐释排污收费制度。理论方面：分析排污费的理论基础、法律体系、制度现状、前景展望；实践方面：阐述分析排污量的计算、工业行业排污量的核定、排污申报登记核定、排污费的计算、征收、管理、使用等程序以及排污收费的信息化和征收稽查。本书力求内容全面，并将对执法过程中大量适用的复函融入其中，实用性较强。但受资料和实际情况的限制，难免有疏漏。我们希望排污收费执法人员能够为编者提供相关案例，为今后修订本书提供更好的素材，在此深表谢意。

本书由环境保护部环境监察局组织编写，作为国家和省级环境监察岗位培训的辅助教材，也作为环境监察工作的指导书籍，同时可作为高等院校环境监察专业及相关专业的教学用书，还可作为企业相关工作人员的参考书。

全书共 10 章，在环境保护部环境监察局的指导下，由环境监察局排污收费管理处与中国环境管理干部学院共同编写。本书第一、四章由宋海鸥编写，第二章由杨子江编写，第三章由杨子江、宋海鸥编写，第五、六、八章由毛应淮编写，第九章由王玉宏编写，第十章由王玉宏、高雷利编写，第七章由曹晓凡编写。全书由毛应淮统稿，参加编写人员还有韩小铮、杜卫、刘定慧、姚宝军、王仲旭、宫银海、于莉、翟国辉、戴秋香、胡天蓉。

编　者

2012 年 1 月

目　录

第一章　排污收费的理论基础

第一节　环境管理的经济手段

一、环境政策手段

在我国，一般将环境政策手段分为行政手段、法律手段、经济手段、技术手段和教育手段五大类。世界银行将环境政策手段分为利用市场、创建市场、实施环境法规和鼓励公众参与四大类（表 1-1）。

表 1-1　政策矩阵——可持续发展的政策与手段

议题	政策手段			
	利用市场	创建市场	实施环境法规	鼓励公众参与
资源管理与污染控制	减少补贴 环境税 使用费 押金-返还制度 转向补贴	产权/分散权力 许可证交易/权力 国际补偿制度	标准 禁令 许可证和配额	公众参与 信息披露

资料来源：世界银行.里约后 5 年——环境政策的创新.

在 OECD 的认识中，将用于实现环境目标的政策分为直接管制和经济刺激两类，主要的措施如图 1-1 所示。

二、环境政策手段的发展趋势

随着经济发展及环境问题的变化，世界各国的环境政策也在不断变化。环境政策手段的发展变化情况见表 1-2。

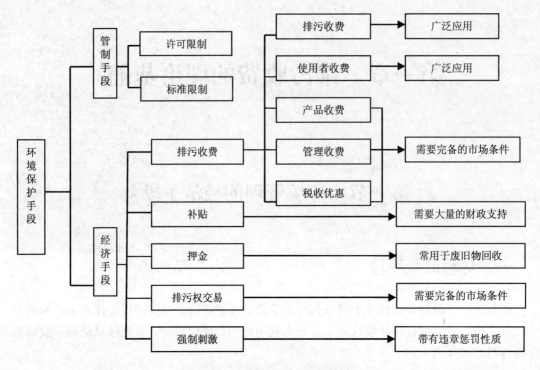

图 1-1   实现环境目标的政策

资料来源：鲁传一. 资源与环境经济学. 清华大学出版社，2004.

表 1-2   环境政策手段的发展趋势

年代	20 世纪 70 年代	20 世纪 80 年代	20 世纪 90 年代及 2000 年之后
环境政策	命令—控制手段 污染治理 法规 单一介质 增长极限	市场手段 预防和防止 法规改革 环境税费 可交易许可证 定价政策 多介质 消费者需求	混合途径 长远规划 可持续发展 法规与经济措施 寿命周期分析 污染预防与控制 自愿协商 对话

资料来源：沈满洪. 环境经济手段研究. 中国环境科学出版社.

从表 1-2 中可以看出，采用综合措施保护环境是必然的选择。目前，发达国家在环境保护领域更多地采用经济手段、法律手段。

根据世界银行的研究报告《里约后 5 年——环境政策的创新》，成功的环境政策需要考虑以下几方面的因素：

（1）实现自己的可持续性。最为成功的环境政策是那些认识到有限的外部资源和政府财政的窘迫后能够产生出财政收入的政策，如征收环境税、征收排污费、取消有害于环境的补贴等。

（2）确保管理的可持续性。在政策变革中要认识到在实施新政策中的许多管理方面的约束，如机构、人员、技术、设备、法律等方面。

（3）建立对变革的支持体系。在政策变革中，会遇到一些人为的反对。因此，要实施有效的政策变革，就必须有相应的政治意愿。在环境部门中，外部性的普遍存在和租金的收取使得政治方向更为重要。

（4）实现综合决策。环境与发展密不可分，宏观经济决策会影响到环境，环境政策也会影响到宏观经济。因此，应该实现环境与经济的综合决策。

政策制定者可以利用政策工具来影响经济发展的路径。近年来，"自愿协议"已经成为一种标语，"自愿途径"也被提升为政策制定的一个新工具。

三、环境经济手段类型

环境保护的经济手段一般是指为了达到环境保护和经济发展相协调的目标，运用经济关系对环境经济活动进行调节的政策措施。发达国家使用经济手段管理环境非常普遍，而我国随着经济体制的转变越来越重视环境管理中的经济手段，在 1992 年，经国务院批准，将"运用经济手段管理环境"列为我国环境保护十大对策之一。经济手段有如下特点：[①]

（1）与行政、法律手段相比，不强制地和直接地影响被管理者的意志，而是通过刺激、推动、诱导等方式间接影响之。

（2）一般运用的经济杠杆，都是以货币形式表现的价值范畴。因此经济手段的运用，实际上是以价值规律的运动为基础的。

（3）实质是贯彻物质利益原则。

（4）经济手段运用是以企业具有一定的独立权益为前提的。

目前，在环境保护领域应用的经济手段非常多，对经济手段也有多种分类方法。

（一）经济合作与发展组织（OECD）的分类

20 世纪 90 年代，经济合作与发展组织将环境保护领域应用的经济手段分为收费、补贴、押金-退款制度、市场创建、执行鼓励金 5 种类型，见表 1-3。

表 1-3　经济手段的类型

类型	内容
排污收费	针对向大气、水、土壤排放的污染物，以及产生的噪声 基于所产生污染物的质和量来计算 已经主要用于为环境控制计划提供资金，而非提供削减污染的动机
产品收费	针对来自危害环境的生产过程的输入和输出的收费，例如对高硫煤或一次性电池征收环境税
押金-退款	押金是对潜在污染产品的销售收取的，当容器、物品或物质回收后得到返还
排污交易	在一个区域中设置总排放水平，并将污染许可证分配到污染厂商 排污单位可以进行排污指标转让，但要保证总排放量不增加

---

① 罗勇，曾晓非. 环境保护的经济手段. 北京：北京大学出版社，2002：62.

类型	内容
补　贴	财政资助或价格支持，来提供鼓励污染削减的动机，或帮助支付服从管理的费用 通常以拨款、贷款或税收津贴的形式
其他制度	责任制度，污染者对危害和恢复负有责任 保证金，潜在污染者付出押金，如果超过污染限制就会被没收 信息系统、消费者教育或绿色商标 再分配权利，个人或团体权利（归属、减缓或使用），被分配到当前自由获得的或公众持有的资源

资料来源：OECD，1994. 转引自罗勇，曾晓非. 环境保护的经济手段. 北京大学出版社，2002.

（二）《可持续发展论》的分类

张坤民主编的《可持续发展论》中，将经济手段分为明晰产权、建立市场、税收手段、收费制度、财政和金融手段、责任制度、债券与押金-退款制度7大类，见表1-4。

表1-4　经济手段的类型

类型	内容	类型	内容
建立市场	可交易的排污许可证 可交易的狩猎配额 可交易的开发配额 可交易的水资源配额 可交易的资源配额 可交易的土地许可证 可交易的环境股票等	收费制度	排污费 使用者费 改善费 准入费 道路费 管理收费 资源、生态、环境补偿费等
税收手段	污染税 原料投入税 产品税 出口税 进口税 差别税 租金和资源税 土地使用税 投资税减免等	财政手段	财政补贴 软贷款 赠款 利率优惠 周转金 部门基金 生态、环境基金 绿色基金 加速折旧等
责任制度	法律责任（违章费及其他责任） 环境资源损害责任 保险赔偿 执行鼓励金等	债券与押金-退款制度	环境行为债券（例如森林管理债券） 土地开垦债券（例如开矿） 废物处理债券 环境事故债券 押金-退款制度等
明晰产权	所有权：土地保有权、水权、矿权 使用权：许可证、管理权、特许权、开发权		

（三）《环境保护的经济手段》的分类

罗勇、曾晓非编写的《环境保护的经济手段》中，将经济手段分为四类：

（1）税费手段。指政府通过法律和法规，规定不同的税费种类、税费科目和税费比率等，来调节环境经济利益和活动的一种手段。税费手段具有刺激改善环境质量、提高政策效益、为社会筹集环境保护资金等作用。具体表现为排污收费、各种税收优惠和环境税等。

（2）价格手段。是指国家通过规定各种比价、差价和不同的价格水平来调节环境经济活动的经济手段。在市场经济条件下，绝大部分商品的价格应由市场来决定。但与环境相关的产品，由于环境问题的外部性而导致市场失灵，这部分商品的价格需要适当干预。价格手段一般具有两方面的作用：一是使价格具有帮助体现社会边际成本的功能，如对产生污染的产品提高价格；二是尽力消除价格在发挥原有功能时产生的副作用，如资源价格偏低。价格手段包括资源定价和产品收费（产品价格）。

（3）交易制度。政府作为社会的代表和环境资源的所有者，可以出售排放一定污染物的权利（排污配额、排污许可证或排放水平上限等），污染当事人可以从政府手中购买这种权利，或与持有这种污染权的其他当事人彼此交换污染权。交易手段包括排污交易和其他交易方法。

（4）其他经济手段。包括补贴（财政手段）、押金-退款制度和执行鼓励金等。

（四）《环境经济手段研究》的分类

沈满洪在《环境经济手段研究》中，将经济手段分为庇古手段和科斯手段两大类，见图 1-2，并对庇古手段和科斯手段进行了对比分析，见表 1-5。

图 1-2　经济手段分类

表 1-5　庇古手段与科思手段的特征比较

比较项目	庇古手段	科斯手段
政府干预作用	较大	较小，产权界定后不需要
市场机制作用	较小	较大
政府管理成本	较大	较小
市场交易成本	较大	参与经济主体少时不高；反之则高
面临危险	政府失灵	市场失灵
经济效率潜力	帕累托最优	帕累托最优
参与经济主体	污染者	污染者与受害者
适用时期	代内外部性	代内外部性
对技术水平的要求	较高	较低

比较项目	庇古手段	科斯手段
偏好情况	政府更加偏好	公众更加偏好
收入效应	不受影响	受影响
产权	关系较小	产权界定是前提
环境质量的确定性	不确定	较为确定
调节灵活性	调节税率需要一个过程，容易造成滞后	灵活，协商各方可随时商定
选择与决策	集体选择，集体决策	单个选择，分散决策

提示 1-1

市场失灵与政府失灵

　　市场失灵：对于非公共物品而言由于市场垄断和价格扭曲，或对于公共物品而言由于信息不对称和外部性等原因，导致资源配置无效或低效，从而不能实现资源配置零机会成本的资源配置状态。主要表现形式是：收入与财富分配不公、外部负效应问题、竞争失败和市场垄断的形成、失业问题、区域经济不协调问题、公共产品供给不足、公共资源的过度使用。

　　政府失灵：是指由于对非公共物品市场的不当干预而最终导致市场价格扭曲、市场秩序紊乱，或由于对公共物品配置的非公开、非公平和非公正行为，而最终导致政府形象与信誉丧失的现象。主要表现形式是：公共决策失误、政府工作机构的低效率、政府的寻租、政府的扩张。

四、运用经济手段管理环境的必要性

　　在社会主义市场经济体制下，需要依靠政府的力量来管理、保护环境。政府则主要依靠法律手段和经济手段保护环境。

（一）环境问题的本质使然

　　从经济分析的角度看，环境问题主要是一个经济问题。企业的环境保护活动（如采用防治环境污染的技术等）在很大程度上由企业的经济利益或利润所决定；或者说，包括资源开发利用活动在内的经济活动的外部性或外部不经济性，是造成环境污染和环境破坏的基本原因。环境问题实质是个经济问题，解决环境问题必须利用经济手段。由于市场主体的行为会受利益机制的驱动而导致市场失灵，因此，利用经济手段解决环境问题，可以对市场主体的环境行为施加一定的经济刺激，从而促使其采取积极、主动措施保护环境。

（二）市场经济体制的需要

　　"外部性问题内在化"是政府运用"看得见的手"进行市场干预、解决市场在资源配置方面失灵的有效手段。市场失灵是指市场无法有效率地分配商品和劳务的情况，外部不经济性问题和公共产品供给不足是市场失灵的重要表现形式。

外部不经济性也称为外部负效应，是指某一主体在生产和消费活动的过程中，对其他主体造成的损害。外部负效应实际上是生产和消费过程中的成本外部化，但生产或消费单位为追求更多利润或利差，会放任外部负效应的产生与蔓延。如化工厂，它的内在动因是赚钱，为了赚钱对企业来讲最好是让工厂排出的废水不加处理而进入下水道、河流、江湖等，这样就可减少治污成本，增加企业利润。然而，企业的行为对环境、其他企业的生产和居民的生活带来危害。同样也会增加社会治理环境污染的负担。

市场失灵是市场经济体制的固有顽疾，适度的引导、采用恰当的方式处理市场失灵问题，是政府的责任。因此，从经济角度进行环境管理是市场经济体制的必需。

（三）环境保护工作的需要

中国的环境保护工作已经有 30 多年的历史。目前，我国的环保工作正面临四个转变：① 环境决策由单目标向环境与发展综合决策转变；② 环境保护工作的重点由污染防治为主向污染防治与生态环境保护并重转变；③ 污染治理方式由点源治理向区域性和流域性综合治理转变；④ 环境管理手段从以环境管理为主向综合运用法律、经济和科技手段转变。其中①和④两个转变直接与经济手段相联系，这说明环境保护工作十分需要运用经济手段。

国内外的经验已经证明，环境保护工作需要重视利用经济手段。

提示 1-2

为持续的发展制定政策

在环境政策制定上，价格、市场和政府财政经济政策发挥补充性作用。环境费用应体现在生产者和消费者的决定上，现在的趋势是把环境作为"免费品"，并把代价转嫁给社会的其他部分，转嫁给其他国家或者未来的几代人。这种趋势应该逆转。

价格应该反映资源的不足及其总价值，应有助于防治环境恶化。应该减少或者取消那些与可持续发展目标不相适应的产品，应该建立污染控制和环境无害资源管理的新市场。

政府应该与商业和工业合作，运用经济手段和市场机制，解决能源、交通、农业、森林、水、废弃物、保健、全球及跨国问题和技术转让。在环境事务上有着专长的商业和工业部门，包括跨国公司，应为私立部门和其他组织提供培训安排。

——摘自《21 世纪议程》

提示 1-3

国民经济与社会发展"十二五"规划纲要（节选）

第四十九章 深化资源性产品价格和环保收费改革

建立健全能够灵活反映市场供求关系、资源稀缺程度和环境损害成本的资源性产品价格形成机制，促进结构调整、资源节约和环境保护。

第一节 完善资源性产品价格形成机制

继续推进水价改革，完善水资源费、水利工程供水价格和城市供水价格政策。积极推进电价改革，推行大用户电力直接交易和竞价上网试点，完善输配电价形成机制，改革销售电价分类结构。积极推行居民用电、用水阶梯价格制度。进一步完善成品油价格形成机制，积极推进市场化改革。理顺天然气与可替代能源比价关系。按照价、税、费、租联动机制，适当提高资源税税负，完善计征方式，将重要资源产品由从量定额征收改为从价定率征收，促进资源合理开发利用。

第二节 推进环保收费制度改革

建立健全污染者付费制度，提高排污费征收率。改革垃圾处理费征收方式，适度提高垃圾处理费标准和财政补贴水平。完善污水处理收费制度。积极推进环境税费改革，选择防治任务繁重、技术标准成熟的税目开征环境保护税，逐步扩大征收范围。

第三节 建立健全资源环境产权交易机制

引入市场机制，建立健全矿业权和排污权有偿使用和交易制度。规范发展探矿权、采矿权交易市场，发展排污权交易市场，规范排污权交易价格行为，健全法律法规和政策体系，促进资源环境产权有序流转和公开、公平、公正交易。

五、环境保护经济手段的实施条件

在社会主义市场经济体制下，应该充分利用环境经济手段来保护环境。环境保护经济手段正常发挥需要一些条件：

（一）法律保障

市场经济就是法治经济，一切行为应该符合法律的要求。环境保护经济手段的顺利实施，需要法律的支持。具体来说，环境保护经济手段应该有相关法律的保障，缺乏法律支持的环境保护经济手段很难实施。如我国一些地方于 20 世纪 80 年代开始试行"三同时"保证金制度，试点结果表明，"三同时"保证金制度能够有效提高"三同时"制度的执行率。"三同时"保证金制度是与"三同时"制度相配套的经济手段。但是，"三同时"保证金制度缺乏必要的法律支持，因此，该项制度在国家规范我国的收费政策时被命令取消。

与此形成鲜明对比的是排污收费制度。《环境保护法》、《海洋环境保护法》、《水污染防治法》、《大气污染防治法》、《固体废物污染环境防治法》、《环境噪声污染防治法》、《排污费征收使用管理条例》以及《排污费征收标准管理办法》等一系列的法律法规均规定了排污收费制度。

（二）市场机制有效化

要建立较为完善而有效的市场机制，尤其是不存在严重价格扭曲的困扰，能够充分促进经济手段在生产要素与产品合理流动、配置和自动调节结构失衡等方面的作用。包括三方面的要求：第一，营造公平的竞争环境，完善竞争机制；第二，建立灵敏的价格机制；第三，构筑规范的法律体系。

（三）政府行为合理化

政府有宏观调节职能，能够通过政策及政策组合手段来调节、控制、引导、规范各种经济主体的行为和市场运行。为了有效地实施环境保护经济手段，政府的行为应该合理化，具体来说有以下几点：第一，有足够的基础知识，包括各种环境政策的成本和效率、政策的分配效果、环境资源与环境质量状况等；第二，有较高的管理水平；第三，有较高的政策水平。

六、我国环境管理中经济手段的运用

中国政府在《环境与发展十大对策》和《中国 21 世纪议程》中都明确提出，各级政府部门都应更好地利用经济手段和市场机制促进可持续发展和环境保护，使市场价格准确反映经济活动造成的环境代价。环境经济手段在我国的应用为改善生态环境质量或减轻污染程度作出了重要的贡献。我国环境经济政策应用现状见表 1-6。

表 1-6 我国环境经济政策应用现状

环境经济政策类型	实施部门	开始时间	作用对象	实施范围
排污收费（污水、废气、噪声、固体废物）	环保部门	1978 年	企事业单位	全国（2003 年重新修订）
排污设施有偿使用费	城建部门	1993 年	—	全国
污水处理费	城建部门	—	企事业单位、居民	青岛、泰安、合肥、上海、北京、深圳
生态环境补偿费	环保部门	1989 年	资源开发单位	广西、江苏、福建、陕西、贵州、新疆等
矿产资源税和补偿费	税收、矿产部门	1986 年	资源开发单位	全国
综合利用税收优惠	税收部门	1984 年	资源综合利用企业	全国
排污许可证交易（试行）	环保部门	1985 年	排污交易企业	上海、沈阳、济南、太原
"三同时"保证金	环保部门	1989 年	新建污染企业	抚顺、绥化和江苏等
治理设施运行保证	环保部门	1995 年	企事业单位	常熟市
废物交换市场	交换中心	1989 年	综合利用企业	上海、沈阳
废物回收押金	物资部门	—	可再生固废企事业单位	全国
环保投资	计划、财政、环保、金融部门	1984 年	企事业单位	全国
补贴	环保、财政部门	1982 年	污染治理企业	全国

资料来源：王金南等. 中国与 OECD 的环境政策. 北京：中国环境科学出版社，1997：2.

我国曾经过多依赖行政手段进行环境管理，导致管理成本高、调控能力差、综合效益和效率差等缺陷，很难发挥企业积极性，从根本上解决环境问题。环境经济政策是指遵循市场经济规律，运用价格、税收、财政、收费、信贷、保险等经济手段，调节或影响市场主体的经营行为，以实现经济与环境协调发展的政策手段。

第二节　排污收费的理论基础

　　排污收费理论体系包括环境资源的价值理论、环境问题的外部不经济性理论、污染损害的补偿理论（污染者付费原则）。环境资源在环境经济系统中占有重要地位，它是各环境要素的总和，并构成了经济系统的资源和基础。离开了环境资源，国民经济就不可能正常发展。社会要求污染者对造成"外部不经济性"的行为承担经济责任完全是符合市场经济要求的。排污者要么投资治理污染，要么对其污染以缴纳排污费的形式补偿环境资源的损失或成本。

一、环境资源的价值理论

　　环境资源是否有价值是环境经济学最核心的问题之一，也是国内外研究的重点和热点。一般认为，价值是由劳动创造的，凡是没有经过人类劳动的东西就没有价值。但从实践上说，凡是没有价值的东西，就可以免费地任意取用，其结果必将给宝贵的资源造成巨大的损失，从而影响人类社会的稳定。也正是在这种"自然资源和环境没有价值"观念的指引下，人类社会对环境资源实行无偿利用成了经济工作的一项准则。"资源无价、原料低价、产品高价"的不合理状况长期存在，由此造成了资源耗竭、环境污染和生态破坏的严重后果。

　　因此，改变传统的环境资源无价的观念和理论，确立环境资源有价值的观念，并将环境资源价值加以科学计量，是当代经济社会发展的迫切需要，具有重要的学术价值和实践意义。

　　根据环境经济学理论，环境资源具有价值。资源本身具有稀缺性，环境资源也不例外。环境资源的总经济价值见图1-3。

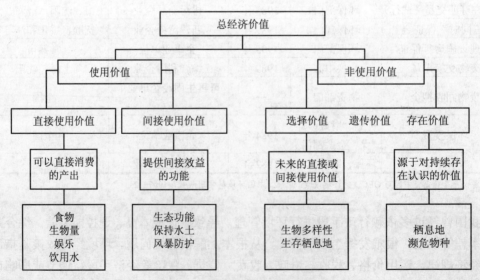

图1-3　环境资源的总经济价值

提示 1-4

公地的悲剧

哈丁在《公地的悲剧》中设置了这样一个场景：一群牧民一同在一块公共草场放牧。一个牧民想多养一只羊增加个人收益，虽然他明知草场上羊的数量已经太多了，再增加羊的数目，将使草场的质量下降。牧民将如何取舍？如果每人都从自己私利出发，肯定会选择多养羊获取收益，因为草场退化的代价由大家负担。每一位牧民都如此思考时，"公地悲剧"就上演了——草场持续退化，直至无法养羊，最终导致所有牧民破产。

公地悲剧告诉我们：无节制的、开放式的资源利用是一场灾难。就拿环境污染来说，由于治理需要成本，私人必定千方百计图把企业成本外部化。这就是赫尔曼·E·戴利所称的"看不见的脚"。"看不见的脚"导致私人的自利不自觉地把公共利益踢成碎片。所以，我们必须清楚——"公地悲剧"源于公产的私人利用方式。针对如何防止公地的污染，哈丁提出的对策是共同赞同的相互强制甚至政府强制，而不是私有化。

二、外部不经济性理论

（一）外部不经济性的内涵

"外部不经济性"理论是 20 世纪初由著名的经济学家马歇尔提出的。随后，他的学生，英国经济学家庇古（A. C. Pigon）丰富和发展了外部不经济性理论。日本经济学家植草益说，外部性是"某个经济主体生产和消费物品及服务的行为不以市场为媒介而对其他经济主体产生的附加效应现象"，[①]因而它是排除在市场作用机制之外的经济活动的副产品或副作用，主要是指未被反映在产品价格上的那部分经济活动的副作用。

外部不经济性是经济外部性的一种。经济外部性是指一物品或活动施加给社会的某些成本或效益，而这些成本或效益不能在决定该物品或活动的市场价值中得到反映。庇古在其所著的《福利经济学》中指出："经济外部性的存在，是因为当 A 对 B 提供劳务时，往往使其他人获得利益或受到损害，可是 A 并未从受益人那里取得报酬，也不必向受损者支付任何补偿。"

经济外部性分为两种情况：一是外部经济性。即某项物品对周围事物带来良好影响，并使周围人受益，但行为人并未从周围取得额外的利益。例如，植树造林可改善当地生态环境，使农作物受益。二是外部不经济性。即某项物品或活动对周围事物造成不良影响，而行为人未对此付出任何补偿。例如：空气是自由财产，工厂可以自由排放污染物，工厂的排污不构成生产成本，但被污染的企业和个人却蒙受了损失，这就造成了生产企业花费的成本与社会成本的差异。由于这种差异没有反映在生产企业的成本上，因此构成了私人

---

① [日] 植草益著，朱绍文译. 微观规制经济学. 中国发展出版社，1992。转引自肖平，张敏新. 外部性的经济内涵. 林业经济，1996（2）：59.

经济活动的外部成本，即外部不经济性。传统工业向现代工业转型的过程中，伴随着外部不经济行为的是环境的破坏。

（二）外部成本应内部化

外部不经济的实质是私人成本社会化，是把自身的盈利建立在他人受损的基础上。同时，由于社会成本一般远大于私人成本，若将私人成本内部化，则可用较少的投入，减少较大的损失，这在经济上也是有利可图的。

在实际生活中，将外部成本内部化的措施主要有：

（1）直接管制。指有关行政部门根据有关法律、法规、标准等，直接规定生产者产生外部不经济性的数量及其方式。

（2）损害赔偿。损害赔偿的基本思路是由于外部不经济性会给他人造成损失，则外部不经济性的行为人（如排污者）应当赔偿受害人的损失。

（3）明晰产权。指政府明确界定环境资源的产权，进而明确各方的利益，促进外部不经济性内部化。

（4）收费。收费是在市场经济体制下最为常见的外部成本内部化的经济手段。缴纳排污费是排污者承担外部不经济性后果的一种方式。

提示 1-5

产权理论

产权首先是经济学的概念，是指经济所有制关系的法律表现形式，包括财产的所有权、占有权、支配权、使用权、收益权和处置权。在市场经济条件下，产权的属性主要表现在三个方面：产权具有经济实体性、产权具有可分离性、产权流动具有独立性。

1960 年，经济学家科斯发表了著名的《论社会成本问题》。在该论著中，科斯认为，只要交易界区清晰，交易成本就不存在，如果交易成本为零，那么传统微观经济学和标准福利经济学所描述的市场机制就是充分有效的，经济当事人相互间的纠纷便可以通过一般的市场交易得到有效解决，外在性也就根治了。这里隐含着这样一个思想：只要产权界区不清，交易成本不为零，市场机制就会由于外在性的存在而失灵。所以，经济学的任务首先是分析产权，资源配置的有效性取决于产权界区的清晰度。这一思想被称为科斯定理。

环境问题实质上是一个经济问题，解决环境问题必须利用法律手段和经济手段；同时市场经济又是一种利益经济，市场主体的行为会受到利益需要的影响。在市场经济条件下，采用经济手段解决环境问题对市场主体的环境行为产生一定的经济刺激作用，促使其采取更为主动的措施减少污染排放。

三、污染者负担原则

1972 年经济合作与发展组织（OECD）提出污染者必须承担削减污染措施的费用，即

"污染者负担原则"（Polluter Pays Principle，PPP）。这种措施由公共机构决定，并能保持环境处于一种"可接受状态"。

1974 年 OECD 又提出无补贴原则，PPP 作为一个总的原则，各成员国不应该通过财政补贴或税收优惠一类的手段帮助污染者承担污染控制费用。PPP 原则要求污染者承担采用污染控制措施的全部费用，即污染者应承担采取污染控制和治理的全部费用，污染环境、浪费资源的生产和产品必然成本要高，通过市场去优胜劣汰，充分体现出市场经济的竞争公平性。

1985 年 OECD 发表了《未来环境资源的宣言》，提出根据 PPP 原则结合行政管制手段更有效地使用经济手段，使污染控制更加灵活、有效率和费用效益性。

环境恶化实际上是环境资源的过度利用，其原因是环境资源的使用费未进入生产成本核算，在缺乏有效限制的情况下，部分社会成员（包括个人或企事业单位）在生产环节、产品流通环节和消费环节污染了属于社会全体成员共有的环境资源，却把治理的负担转嫁给全社会，造成外部的不经济性。为了将这种外部不经济性内部化，国家可以通过征税等方式使污染者为其造成外部不经济性的行为承担经济责任，[①]体现的是排污者的环境责任。

目前国际上应用最广泛的环境经济手段是向排污者征收排污费。排污费是指排污者向环境排放污染物，要求其按排放污染物的种类和数量缴纳一定的费用，排污者缴纳的费用的实质体现了其生产和消费活动产生的污染应支付一定的环境成本，或生产和消费活动使用了环境资源而支付一定环境费用。排污费应反映环境资源的价值规律。按照环境经济的负担范围，PPP 原则将排污收费标准分为以下三种类型：

1. 等量负担

等量负担的实质是排污者负担因排放污染而产生的外部不经济性的全部费用。目前，发达国家的排污收费（或环境税）基本是按照等量负担的原则设计的。

2. 欠量负担

欠量负担实质是污染者只负担因排放污染物而产生的外部不经济性的部分费用。我国现行的排污收费标准偏低，是典型的欠量负担。

3. 超量负担

超量负担是指排污者除负担因排放污染物而产生的全部费用之外，还需要被处以相应的罚款。目前，超量负担在环境保护工作中很少采用。

---

① 王金南，葛察忠，等. 环境税收政策及其实施战略. 北京：中国环境科学出版社，2006：42.

第二章　我国的排污收费制度的历史沿革

第一节　我国环境保护的经济政策

环境经济政策是指按照价值规律的要求，运用价格、税收、信贷、收费、保险等经济手段，调节或影响市场主体的行为，以实现经济建设与环境保护的协调发展。环境经济政策的原理主要是环境价值和市场刺激理论，借助环境成本内部化和市场交易等经济杠杆调整和影响社会经济活动当事人。与传统的行政手段"外部约束"相比，环境经济政策是一种"内在约束"力量，具有促进环保技术创新、增强市场竞争力、降低环境治理与行政监控成本等优点。

一、我国推行有利于环境保护的经济政策

目前，我国正处在一个环境与发展的战略转型期，我国在处理环境与经济社会发展关系的理念、战略、政策及行动等方面都进行了一系列重大的创新发展。在 2006 年召开的第六届全国环境保护大会上，国务院总理温家宝指出，我们要从主要用行政办法保护环境转变为综合运用法律、经济、技术和必要的行政办法解决环境问题，自觉遵循经济规律和自然规律，提高环境保护工作水平。2007 年召开的中国共产党第十七次代表大会指出要在财税、金融等政策改革中考虑环境保护要求，建立有利于可持续发展的财税整体体系。2007 年发布的《国务院节能减排综合性工作方案》对建立基于市场机制的环境经济政策也提出了具体要求。国务院《关于落实科学发展观　加强环境保护的决定》提出的我国推行有利于环境保护的经济政策是"建立健全有利于环境保护的价格、税收、信贷、贸易、土地和政府采购等政策体系。政府定价要充分考虑资源的稀缺性和环境成本，对市场调节的价格也要进行有利于环保的指导和监管"。

为了促进环境友好型社会的建设，提高污染减排的效率和效果，根据国务院《关于落实科学发展观　加强环境保护的决定》和国务院关于《节能减排综合性工作方案》的有关要求，国家环保总局于 2007 年 5 月与有关部门共同启动了国家环境经济政策研究与试点工作，争取在环境财政税收、区域生态补偿、绿色资本市场、排污权交易等方面取得突破，并最终建立健全有利于环境保护和污染减排的环境经济政策体系。

二、我国对污染源的监管政策

在第六次全国环境保护大会上，温家宝总理强调指出："做好新形势下的环保工作，要加快实现三个转变：一是从重经济增长轻环境保护转变为保护环境与经济增长并重，在保护环境中求发展。二是从环境保护滞后于经济发展转变为环境保护和经济发展同步，努力做到不欠新账，多还旧账，改变先污染后治理、边治理边破坏的状况。三是从主要用行政办法保护环境转变为综合运用法律、经济、技术和必要的行政办法解决环境问题，自觉遵循经济规律和自然规律，提高环境保护工作水平。"这标志着我国环保工作进入了一个新的历史阶段。

污染源的监督管理是与国家环境污染控制的宏观政策相一致的。在各类污染源中工业污染负荷占全国总污染负荷很大比例，尤其是有毒有害物质主要是工业污染源排放的，工业污染控制仍然是我国污染源监督管理的重点。我国的工业污染控制政策的发展大体经历了三个阶段。

第一个阶段是 1978—1992 年。20 世纪 70 年代，我国环境保护工作刚刚起步，就制订了预防为主、防治结合，谁污染谁治理，强化环境管理三项政策，这些政策和制度都是针对工业污染防治的，并且采取的方式是谁污染谁治理的分散治理方式。这一时期受计划经济体制和对环境问题认识水平的限制，工业污染防治的管理主要是以"三废"治理和综合利用为中心进行的。这一时期的环境保护法律法规不健全，排污单位污染防治责任不明确，污染治理投资主要依靠国家财政投资，排污单位对污染治理的自觉性和积极性都不高，加上工业污染防治的历史欠账较多，工业污染一直未能得到有效控制，致使环境污染趋于恶化。1982 年 8 月我国召开了全国工业系统防治工业污染经验交流会，在工业污染管理方面提出"调整不合理布局，结合技术改造防治工业污染，开展工业'三废'的综合利用，提高'三废'排放物处理水平，强化环境管理"的污染控制政策。这一时期主要是依靠污染治理，采用污染物排放标准，进行工业生产的"末端"控制政策。实际上是承认排污单位"先污染，后治理"的污染现实。

第二个阶段是 1992—2000 年。自 1992 年巴西"里约会议"之后。我国对污染源管理的观念发生了转变，这一阶段以 1993 年第二次全国工业污染防治大会为标志，提出了在新时期多种经济体制并存的市场经济条件下，如何有效防止或控制工业污染的问题。这一时期的主要指导思想是提出工业污染的全过程控制以及清洁生产的观念。同时强调在工业污染控制的基本战略上要逐步实现三个转变，即由污染的末端治理转向污染的全过程控制和末端治理相结合，由排放污染物的浓度控制转向总量控制与浓度控制相结合，由污染的点源治理转向污染的集中控制综合治理和点源治理相结合。随着环境管理观念的变化，污染源监督管理的要求也不断深化，对排污单位不仅要求其达标排放还要进一步限制其污染物排放总量，并进一步强化环境执法，逐步提高排污收费标准，使其高于污染治理成本，更有效地促进污染防治。

第三个阶段是 2000 年至今。工业污染防治在指导思想上，在工作思路上，又进行了重大调整与转变。提出以节能减排为主线，实行浓度控制与总量控制相结合，向总量控制转变；力争结合工业结构调整，解决一些重点行业的工业结构性污染问题；在实施全过程控制中，按照国际上新的发展趋势，把清洁生产进一步扩展到循环经济的模式上去。2005年党中央和国务院又提出建设节约型国民经济体系的号召，要求我国工业生产实现节能减排的新的发展思路。2003年我国排污收费制度开始对水污染物和大气污染物排放实施总量收费。

工业污染源的监督管理应以"十二五"环境保护的主要任务和污染减排目标为中心，把控制和削减主要污染物排放总量作为工业污染防治的主要目标，实施工业污染源的全面达标排放，促进工业的产业结构调整和升级，解决工业行业的结构性污染问题。

三、建立与环境经济政策相适应的环保投入机制

环境污染问题已经越来越受到我国政府和社会的关注，环保投资规模逐年增加，环保投资总量呈上升趋势，环保投资占 GDP 的比例有显著提高。根据使用者收费原则，目前我国已全面开征污水处理费和垃圾处理费，但是征收标准、征收体制以及资金使用政策都有待完善和提高。我国环保投入机制仍存在一些问题，主要表现在：一是市场经济条件下政府在环境保护方面的职责不清。二是环保有效投入不足，难以满足我国环保需求。三是环保投资效益不高，有些投资项目建成后不能发挥应有的作用。收费不能满足污水处理厂和垃圾处理场的运营维护支出。

四、环境经济政策在中国的应用

我国现行的环境经济政策仍是以政府行政干预和控制为主，其中包括 "三同时"制度、环境影响评价制度、污染申报制度、污染排放标准、排污许可证等，对现有污染企业要求限期治理和关停并转是最常用的手段。目前在中国市场机制发育不完善，环境保护政策与市场机制的结合还有待进一步提高，缺乏全面系统的环境经济政策研究（表 2-1）。

表 2-1　中国已经应用的环境经济手段

环境经济政策类型	实施部门	开始实施时间/年	实施地域
资源税	税收部门	1986	全国
差别税收	税收部门	1984	全国
环保投资渠道	计划、财政、环保、金融	1984	全国
生态环境补偿费	矿产、环保、财政	1989	广东、福建、江苏等
财政补贴	财政、环保	1982	全国
运用信贷手段	环保、金融	1995	全国
环境资源核算	计划、环保、财政	不详	不详
排污费	环保	1978	全国（2003 年重新修订）
排污许可证交易	环保	1987	实施总量控制地区
废物回收押金制度	物资部门	不详	全国
污染责任保险	金融、环保	1991	大连、沈阳
生活污水处理费	城建、环保	1994	上海、淮河流域的城市
污染赔款和罚款	环保	1979	全国

我国现行的相关法律法规、政策措施等还不足以支持环保目标的顺利实现，迫切需要根据新的形势进行修改完善，"十一五"我国已经综合运用了法律、经济、技术和必要的行政手段来保障"十一五"环境保护目标的完成，"十二五"我国将深化这些手段来确保环保目标的落实。

第二节　我国排污收费制度的历程

排污收费是我国环境管理工作中最早提出并普遍实行的基本制度之一，也是落实得比较好的制度之一。过去的 30 多年，我国排污收费制度的实施大体上经历了五个发展阶段：一是 1978—1981 年，为排污收费制度的提出和试行阶段；二是 1982—1987 年，为排污收费制度的全面实施阶段；三是 1988—1993 年，为排污收费制度的发展完善阶段；四是 1994—2002 年，为排污收费制度全面创新阶段；五是 2003 年至今，为总量排污收费全面实行阶段。六年来，排污收费制度全面实施，成为各级环保部门强有力的执法手段；排污收费理念深入人心，广泛得到社会和企事业单位的接受和认可；排污收费工作效果显著，有力地促进了环保事业在新形势下的全面高速发展。

一、提出和试行阶段（1978—1981 年）

此期间主要是排污收费制度在法律政策上的确立和相关工作试点。

我国于 1973 年开始进行环境保护工作，初步制定了环境保护的方针政策。1978 年，国务院环境保护领导小组向中央提交《环境保护工作汇报要点》，1978 年 12 月 31 日中共中央 79 号文件批转了这个《汇报要点》，中共中央在通知中指出："我国环境污染在发展，有些地区达到了严重程度，影响广大人民群众健康和工农业生产的发展，群众反映强烈……必须把控制污染源的工作作为环境管理的重要内容，排污单位实行排放污染物的收费制度，由环境保护部门会同有关部门制定具体收费办法。"这是国家重要文件中第一次提出在我国建立排污收费制度的设想。

1979 年 9 月，第五届全国人大常委会公布的《中华人民共和国环境保护法（试行）》明确规定，"超过国家规定的标准排放污染物，要按照排放污染物的数量和浓度，根据规定收取排污费。"《中华人民共和国环境保护法（试行）》的颁布为在我国建立排污收费制度提供了法律依据，标志着排污收费制度开始建立。

1979 年 9 月江苏省苏州市开始在 15 个企业开展征收排污费的试点工作。

1979 年 10 月云南省在螳螂川流域试行排污收费制度。

1979 年 12 月河北省发布文件，确定全省于 1980 年 1 月 1 日起实施排污收费制度，这是我国在全省范围内试行排污收费制度最早的省。

1980 年初，浙江省杭州市、山东省济南市和淄博市开始征收排污费的试点工作。

1980 年 3 月，山西省开始了征收排污费的试点工作。

1980 年 4 月，太原市开始了征收排污费的试点工作。

1980 年 7 月，辽宁省开始了征收排污费的试点工作。

......

截止到 1981 年底，除西藏、青海外，全国其他省、直辖市、自治区都开始了征收排污费的试点工作。

二、建立与实施阶段（1982—1987 年）

以 1982 年 7 月国务院发布《征收排污费暂行办法》为起点，排污收费工作在全国范围内得以推行和实施。

1982 年 2 月 5 日，国务院发布了《征收排污费暂行办法》，标志着排污收费制度在我国的正式建立。《征收排污费暂行办法》对征收排污费的目的、对象、收费标准、收费政策、排污费管理、排污费使用等内容做出了详细的规定。该办法于 1982 年 7 月 1 日起在全国执行。《征收排污费暂行办法》颁布之后，排污收费制度在全国范围推广。

1982 年 4 月 9 日，财政部发布了《财政部关于增设"排污费"收支预算科目的通知》，对排污费收支预算科目等有关问题作了规定。

1984 年 5 月 11 日，第六届全国人大常务委员会通过了《中华人民共和国水污染防治法》，该法第十五条规定"企业事业单位向水体排放污染物的，按照国家规定缴纳排污费，超过国家或地方规定的污染物排放标准的，按照国家规定缴纳超标排污费，并负责治理"。这一规定，是对排污收费制度的完善，也是我国的排污收费制度从超标收费向超标收费与排污收费相结合。

1984 年 8 月 2 日，城乡建设环境保护局、财政部发布《征收排污费财务管理和会计核算办法》，这一文件的发布，规范了我国的排污费财务管理和会计核算工作。

1985 年 7 月 10 日至 16 日，国家环境保护局在山东威海召开了全国征收排污收费工作会议，会议对我国的排污收费工作进行了总结。

1982 年 2 月 5 日，国务院发布了《征收排污费暂行办法》，标志着排污收费制度在我国的正式建立。《征收排污费暂行办法》对征收排污费的目的、对象、收费标准、收费政策、排污费管理、排污费使用等内容做出了详细的规定。该办法于 1982 年 7 月 1 日起在全国执行。《征收排污费暂行办法》颁布之后，排污收费制度在全国范围推广。

三、发展完善阶段（1988—1993 年）

以 1988 年国务院 10 号令《污染源治理专项基金有偿使用暂行办法》的颁布实施和 1991 年第二次全国排污收费工作会议为标志，排污收费制度在内涵和外延上得到了全面的挖掘和拓展，初步建立了环境监理执法队伍。

随着我国经济的发展，原有的排污收费制度已不能适应环境保护需要。1988 年国务院发布了《污染源治理专项基金有偿使用暂行办法》，对排污费制度进行了改革，将部分排污费改拨款为贷款，实行有偿使用。

从 1986 年开始，针对排污费使用中的问题，江苏省、湖南省率先进行了排污费使用制度的改革。1988 年 4 月，沈阳市成立了全国第一家环保投资公司。

1988 年 7 月 28 日国务院发布《污染源治理专项基金有偿使用暂行办法》（简称十号

令），由此拉开了我国的排污收费制度改革的序幕。十号令将我国排污费的无偿使用改为有偿使用，即"拨改贷"。

1991 年 6 月 24 日，国家环境保护局、国家物价局、财政部发布了《关于调整超标污水和统一超标噪声排污费征收标准的通知》。这一文件的发布，使我国的污水超标排污费收费标准略有提高，同时，统一了我国的噪声超标排污费收费标准。

1991 年 7 月 3 日至 7 日，国家环境保护局组织在哈尔滨召开了第二次全国征收排污费工作会议，对我国 2 年的排污收费工作进行了全面的总结。

1992 年 9 月 14 日，国家环保局、国家物价局、财政部、国务院经贸办发布《关于开展征收工业燃煤 SO_2 排污费试点工作的通知》，决定对"两省（贵州、广东）九市（重庆、宜宾、南宁、桂林、柳州、宜昌、青岛、杭州、长沙）"的工业燃煤征收 SO_2 排污费。

1993 年 7 月 10 日，国家计划委员会、财政部发布《关于征收污水排污费的通知》。这一文件的发表，使我国的污水排污费征收工作全面展开。

四、全面创新阶段（1994—2002 年）

1994 年的全国排污收费 15 周年总结表彰大会首次提出在社会主义市场经济形势下排污收费制度改革的四个转变，同时，全国环境监理执法队伍获得空前的壮大，职能也发生根本性的变化，"两控区" SO_2 总量收费试点和国家排污收费制度改革研究项目（B-8-1）的顺利完成，为新排污收费制度的建立和实施奠定了坚实基础。

1994 年 6 月，世界银行环境技术援助项目《中国排污收费制度设计及其实施研究》（国家环保局主持，中国环境科学研究院组织实施）正式启动，经过三年多的工作，1997 年 11 月完成。其主要成果是建立了我国的总量收费理论体系和实施方案。

1996 年 11 月 14 日，国家环保局发布《环境监理工作制度》、《环境监理工作程序》，进一步明确了我国的排污收费工作制度和工作程序。

1998 年 4 月 6 日，国家环保总局、国家计委、财政部、国家经贸委发布了《关于在酸雨控制区和 SO_2 控制区开征二氧化硫排污费扩大试点的通知》，将 SO_2 排污费的征收范围由两省九市扩大到"两控区"。

1998 年 5 月 26 日，国家环保总局、国家发展计划委员会、财政部联合发文《关于在杭州等三城市实行总量排污收费试点的通知》，该文件规定，从 1998 年 7 月 1 日起，杭州市、郑州市、吉林市开始进行总量收费的试点工作。三城市实行总量排污收费试点，标志着我国已经初步建立了总量收费制度。

五、总量排污收费全面实行阶段（2003 年至今）

2003 年国务院颁布实施的《排污费征收使用管理条例》（以下简称《条例》）成为排污收费制度历史性发展和新排污收费制度建立的里程碑。

2002 年 1 月 30 日，国务院发布了《排污费征收使用管理条例》（国务院第 369 号令），替代了《征收排污费暂行办法》，该《条例》自 2003 年 7 月 1 日起执行。《条例》对排污费征收、使用、管理等方面做了明确规定。《条例》的颁布实施，标志着我国正式以行政法规的形式确立了市场经济条件下的排污收费制度。该《条例》明确了由超标收费转变为排污即收费；由浓度收费转变为实行浓度、总量收费；由单因子收费转变为多因子收费；由高于污染治理设施的运行成本收费向逐步高于治理成本收费转变；资金管理由收支一条线转变为收支两条线管理。《条例》的发布，标志着我国的排污收费制度进入了一个新的发展阶段。此外，《中华人民共和国水污染防治法》、《中华人民共和国大气污染防治法》等污染防治法律分别明确排污收费制度，表明排污收费制度已经在环境保护的多个领域得到全面推行。

2003 年 2 月 28 日，国家计委、财政部、国家环境保护总局、国家经贸委发布了《排污费征收标准管理办法》。《排污费征收标准管理办法》对排污收费标准的制定、管理进行了明确规定。同时，该办法还发布了我国的总量收费标准，替代了原有的污水排污费、污水超标排污费、废气超标排污费、SO_2 排污费、超标噪声排污费等收费标准，新收费标准从 2003 年 7 月 1 日起实施。

2003 年 4 月 15 日，国家环境保护总局发布了《关于排污费征收核定有关工作的通知》（环发[2003]64 号），对排污费征收核定的有关问题进行了明确的规定。

2003 年 3 月 20 日，财政部、国家环境保护总局发布了《排污费资金收缴使用管理办法》，自 2003 年 7 月 1 日起施行。《排污费资金收缴使用管理办法》对排污费的征收、使用、管理进行了明确的规定。

2003 年 6 月 3 日，财政部、国家发展和改革委员会、国家环境保护总局发布了《关于减免及缓缴排污费有关问题的通知》。

财政部、国家环境保护总局发布了《关于环保部门实行收支两条线管理后经费安排的实施办法》。

《排污费征收使用管理条例》以及《排污费征收标准管理办法》、《关于排污费征收核定有关工作的通知》、《排污费资金收缴使用管理办法》、《关于减免及缓缴排污费有关问题的通知》、《关于环保部门实行收支两条线管理后经费安排的实施办法》的颁布，标志着新排污收费制度在我国正式建立。

为了落实《国务院关于印发节能减排综合性工作方案的通知》精神，加大对废气和废水中重点控制污染物的减排力度，确保各地节能减排任务的落实，从 2007 年 7 月 1 日起，先后有江苏省、安徽省、山西省、山东省、内蒙古自治区、河北省、上海市、云南省、广西壮族自治区、广东省、辽宁省、天津市等省、自治区和直辖市分别将 SO_2 和 COD 排放指标的排污收费标准提高到 1.26 元/kg SO_2 和 1.40 元/kg COD（或 0.90 元/kg COD）。

2007 年 10 月 23 日，国家环境保护总局为保障依法、全面、足额征收排污费，纠正排污费征收过程中的违法违规行为颁布了《排污费征收工作稽查办法》。

第三节 我国环境经济政策的发展

与传统的行政手段相比，环境经济手段具有节省费用，促进新的污染控制技术、清洁技术和产品开发，具有行为调节和资金配置功能、企业更多的灵活性、可以直接和间接增加财政投入等优点。从我国污染减排的形势要求和国际环境管理手段发展的趋势来看，环境经济政策对实现环境保护的历史性转变以及实现污染减排目标都将起着重要的支撑作用。环境经济政策是建设环境友好型社会、实施可持续发展战略的必然要求。

根据控制对象的不同，环境经济政策包括：控制污染的经济政策，如排污收费；用于环境基础设施的政策，如污水和垃圾处理收费；保护生态环境的政策，如生态补偿和区域公平。若根据政策类型分，环境经济政策又包括：市场创建手段，如排污交易；环境税费政策，如环境税、排污收费、使用者收费等；金融和资本市场手段，如绿色信贷、绿色保险；财政激励手段，如对环保技术开发和使用给予财政补贴；当然还有财政转移支付的生态补偿手段等。

自 2003 年我国排污收费制度实施《排污费征收使用管理条例》以来，我国在排污收费制度中实施了按污染物排放总量征收排污费的新政策，同时也在试行多种环境税费制度和环境经济手段。通过环境经济手段和环境税费制度的办法，可以把污染者的环境代价转化为自身的内部成本，迫使排污者考虑环境代价和治理污染。我国实施的环境经济手段有：环境收费制度，包括排污费、使用者费、资源环境补偿费；环境税收制度，包括污染税、产品税、资源税、税收优惠等；还有其他环境经济手段，罚款手段，包括违法罚款、违约罚款；金融手段，包括差别利率、软贷款、环境基金；财政手段，包括财政拨款、转移支付；资金赔偿手段，包括法律责任赔偿、资源环境损害责任赔偿、环境责任保险；证券与押金制度，包括环境行为证券、押金、股票；还有排污权交易。国际上使用得比较多的也只有环境收费、超标罚款、环境税收、绿色金融、财政补偿与排污权交易。

一、环境污染责任保险

环境污染责任保险是以被保险人的民事损害赔偿责任为对象的一种保险，是保险人对被保险人因保险责任范围内的环境污染行为造成的人身伤害、财产损毁等民事赔偿责任提供保障的保险。2008 年 2 月，国家环保总局和中国保监会联合发布了《关于环境污染责任保险的指导意见》（环发[2007]189 号）。该指导意见主要是针对近年来频发的环境污染事故，且对善后处理没有机制保障这一问题而出台的。2007 年 12 月 4 日国家环境保护总局和中国保险监督管理委员会颁发《关于环境污染责任保险工作的指导意见》文件，规范环境污染责任保险工作。

二、环境整治与保护补助的专项资金

2009 年 5 月 1 日起环境保护部和财政部联合发布了《中央农村环境保护专项资金环境综合整治项目管理暂行办法》（环发[2009]48 号），目的是加强环境保护专项资金环境综合整治项目管理，有效解决农村突出环境问题，改善农村环境质量。中央补助地方的环境保护专项资金项目包括农村环境保护专项资金、集约化畜禽养殖污染防治专项资金、环境监察执法能力建设专项资金、国家级自然保护区专项资金等。

三、金融手段

利用金融工具和金融系统来推进节能减排，是发达国家实现节能减排比较成功的途径之一。以英国为例，成立了碳基金和减排基金，碳基金主要面对中小企业用于咨询节能技术和购买节能设备，帮助中小企业实现减排既定目标。提供多种形式的财政补贴。相比税收优惠，贴息政策执行更容易。2010 年 4 月，国家发改委等四部委联合发布《关于支持循环经济发展的投融资政策措施意见的通知》（发改环资[2010]801 号），提出了在规划、投资、产业、价格、信贷等方面支持循环经济发展的具体措施。

四、生态补偿费

生态环境补偿费是指环境保护行政主管部门对开发利用生态环境资源的生产者和消费者直接征收的用于保护、恢复开发利用过程中造成的自然生态环境破坏的费用。在国家环保总局发布《关于确定国家环保局生态环境补偿费试点的通知》之前，已有部分省、自治区、直辖市，如山西、陕西、内蒙古、云南、河北等已开展了征收生态环境补偿费的试点工作，广西、福建、江苏三省还制定了生态补偿费的管理办法和有关政策性规定。推行生态效益补偿资金的试点工作。2007 年 8 月 24 日，国家环保总局下发了《关于开展生态补偿试点工作的指导意见》，指出："建立生态补偿机制是贯彻落实科学发展观的重要举措"。

内蒙古自治区政府常务会议已原则通过《内蒙古自治区草原植被恢复费征收使用管理办法》。按照该《办法》，凡在内蒙古自治区行政区域内的草原上进行工程建设和矿藏开采征用或者使用草原的，在草原上进行勘探、钻井、修筑地上地下工程、采土、采沙、采石、开采矿产资源、开展经营性旅游活动、车辆行驶、影视拍摄等临时占用草原的，以及采集或者收购草原野生植物的，都将缴纳草原植被恢复费。

2010 年我国《生态补偿条例》草案起草领导小组、工作小组和专家咨询委员会成立。草案起草领导小组认为，矿产资源开发造成了严重的生态环境问题，个别地方以收费或押金制度简单替代生态补偿机制，免除了开发者治理和恢复生态环境的责任。对矿产资源开发开征生态补偿费，或在现有资源补偿费的基础上增加一个生态补偿费是非常必要的。

甘肃省于 2006 年 1 月 5 日颁布了《甘肃省石油资源开发生态环境补偿条例》。

五、排污权交易

排污权交易是指在一定区域内，在污染物排放总量不超过允许排放量的前提下，内部各污染源之间通过货币交换的方式相互调剂排污量，从而达到减少排污量、保护环境的目的。我国目前环境形势严峻，除受工业化加速发展等因素影响外，环境使用制度不合理也是重要原因之一。在环境保护中，要将环境治理与污染控制放在同等重要的位置，改变目前重治理、轻控制的局面。推进开展排污权有偿取得和交易制度改革。

排污权交易制度明确三点：首先，进一步明确污染物总量控制制度，使之成为我国污染物排放管理的基本原则；其次，在总量控制前提下，实行排污权有偿取得；第三，逐步推广排污权交易，让排污企业承担起保护环境的社会成本，使企业在利益驱动下，珍惜有限的排污权，减少污染物的排放，并从减排中获利。

目前财政部、环境保护部已经批复同意江苏省在太湖流域、天津市在滨海新区、浙江省在太湖流域杭嘉湖地区和钱塘江流域开展排污权有偿使用和交易试点。2008 年 10 月 27 日湖北省颁发《湖北省主要污染物排污权交易试行办法》；内蒙古自治区启动排污权交易，并于 2011 年 4 月 20 日颁发《自治区主要污染物排污权有偿使用和交易管理办法（试行）》；唐山市于 2009 年 4 月启动排污权交易试点工作，在研究排污权交易价格、污染治理成本、交易条件和交易模式的基础上，起草了《唐山市主要污染物排污权交易办法（试行）》；2011 年沈阳市环保局正在同相关部门协调，确定沈阳市污染物核定的办法，在沈阳市产权交易中心设立交易平台，根据各企业排污情况进行排污权交易，国家已把沈阳市作为东北第一个进行排污权交易的试点城市；2011 年 4 月 20 日，海宁市正式出台《主要污染物排污权有偿使用和交易办法（试行）》；2010 年陕西省举行首次 SO_2 排污权交易竞买会；2011 年湖南排污权交易试点正式启动……。

六、绿色金融政策

2007 年以来，我国环境保护行政主管部门会同相关机构，相继出台了"绿色信贷"、"绿色保险"和"绿色证券"等政策，掀起了旨在保护环境的"绿色金融"政策风暴。这些绿色金融政策的出台，强化了政府和企业的环境保护与节能减排的责任，对我国经济的可持续发展具有重要意义。

七、环境税与资源税

2011 年 7 月 19 日，温家宝主持召开国家应对气候变化及节能减排小组会议，审议并原则同意"十二五"节能减排综合性工作方案，落实税收优惠政策，推进资源税费和环境税改革，调整进出口关税，遏制高耗能、高排放产品出口。

环境税是一个广义的概念，一般是指与环境保护相关的税种的总称，发达国家按照"谁污染，谁缴税"的原则已普遍开征环境税。狭义的环境税，其主要是排污税，是同所导致环境污染（无论是排放到大气、水或土壤或产生的噪声水平）的实际数值直接相关的税收支付。一些发达国家征收的环境税主要有二氧化硫税、水污染税、碳税、噪声税、固体废物税和垃圾税等。环境税既包括对直接污染物的征税，比如硫税、垃圾税、水污染税等，也包括对一些可能产生污染的产品征税，比如对煤炭、石油、能源以及汽车等的征税。

资源税：是为保护自然资源生态环境，实现代际公平的可持续发展，促进或限制自然资源开发利用，根据自然资源不可再生的稀缺程度差价征收的生态税种，是绿色环境税主要税种之一。其中主要包括：对开采出的资源征收的开采税；按照资源储量征收的地产税；中国已经试行征收的资源税、资源补偿费和环境破坏补偿费等。

第三章 我国排污收费制度概述

第一节 我国排污收费制度的性质与特点

排污收费是指国家环境保护行政主管部门依照《环境保护法》的规定，对于向环境排放污染物或者超过国家或地方排放标准排放污染物的排污者征收一定数额的费用。排污收费制度，是关于征收排污费的对象、范围、标准以及排污费的征收、使用、管理等法律规定的总称。排污收费制度是强化环境管理的一种经济手段，其目的是为了促进排污者加强经营管理，节约和综合利用资源，改善环境。

一、排污收费制度的性质

有关排污收费（或排污费）本质（或性质）的观点很多，有的认为排污费是出于环境保护的需要向企业实施的环境保护筹集资金形式；有的认为排污费是企业间的环境互助金；有的认为排污收费制度是国家法律规定排污者为其排污行为影响环境所必须承担的一种经济责任，以缴纳排污费的形式来补偿环境的损失；也有的认为排污费应该是排污者因合法排放污染物对环境和资源造成的损害必须付出的补偿代价，并不以企业是否违法为前提。

我们认为，排污收费是国家管理环境的一种经济手段，是环境保护行政部门代表国家依法向排放污染物的单位强制收取的一定的费用，是对环境造成污染的补偿性收费，体现了"污染者负担原则"。征收排污费属于行政事业性收费，其收入纳入地方财政，实行收支两条线，专款专用。

提示 3-1

关于排污费性质等有关问题的复函

（环函[2005]246 号）

福建省环境保护局：

你局《关于排污费性质以及相关问题的请示》（闽环保法[2005]9 号）收悉。经商国家发展和改革委员会，函复如下：

一、排污费属于行政事业性收费。

二、电力企业所缴排污费不计入上网电价之内，由企业自行消化。

二〇〇五年六月二十一日

排污收费应该把环境污染的外部成本内部化，迫使企业负担环境污染而造成的外部成本。企业的利润不仅是价格、产量的函数，同时也是污染水平的函数。随着企业对环境污染程度的增加，排污收费标准也应随之增加，从而使企业的总成本随着环境污染程度的增加而增加，在价格不变的情况下，企业的利润相对减少。企业要获得最大利润，就必须减少环境污染，用更先进的技术和设备减少污染。

二、排污收费制度的特点

我国的排污收费制度具有以下特点：

（1）征收上具有强制性。排污收费是国家进行环境管理的国家意志力的体现，由环境保护部门根据环境保护法律法规等的规定向排放污染物的生产者或经营者征收。它不以排污者的意志为转移，对于抗拒缴纳排污费的，环境保护部门可依法采取增收滞纳金、处以罚款、申请法院强制执行等强制措施，保证其实施。

（2）管理上区域分级性。环保部门征收的排污费，纳入国家财政预算，按区域实行分级管理。这种管理模式的优越性在于可以保证在国家统一财政的基础上有计划地实现排污费资金的合理分配，避免出现由于预算外资金过大而造成冲击国家经济的现象。

（3）使用上专款专用。征收的排污费，作为环境保护专项资金使用。排污费纳入地方财政，主要集中用于重点污染源治理及区域环境综合治理。[①]

第二节　我国排污收费的类型

排污收费是指向环境排放污染物的污染者，根据其排放污染物的数量和种类，向有关部门缴纳费用。目前，全球范围内的排位收费有多种类型，现分述如下。

一、按收费依据分类

（一）浓度收费

浓度收费是指根据污染物的排放浓度计征排污费。我国在 2003 年 7 月以前实行的是按浓度收费。如我国 1982 年颁布的《征收排污费暂行条例》中的废水收费标准：COD 浓度超标 5 倍以内，收费标准为 0.04～0.06 元/t；浓度超标 5～10 倍，收费标准为 0.06～0.10 元/t；浓度超标 10～20 倍，收费标准为 0.1～0.15 元/t，……。浓度收费的最大弊端是排污者只要不超标就合法，造成的结果是排污者不主动更新设备、减少排污，甚至有排污者将原本浓度较高的污染物稀释，增加排放量。长此以往，由于环境容量有限，浓度收费的方式会导致污染物超出环境的自净能力而造成环境的破坏。

---

① 王金南. 排污收费理论学. 北京：中国环境科学出版社，1997.

（二）总量收费

根据环境经济学理论，排污收费应该根据排污单位的污染物排放总量来收费。总量收费是指根据排污者排放污染物的总量计征排污费。

由于污染物种类繁多，各种污染物存在着较大的差异，直接根据污染物排放总量来计征排污费十分复杂。为便于计算，一般是通过污染当量来计算排污单位的排污总量，进而根据总量计征排污费。总量收费是建立在污染物总量控制基础上的，其优点是有助于排污者主动治污，减少污染物排放量；同时，排污者节省下来的排放量还可以进行排污权交易。

二、按排放标准分类

（一）排污费

排污费是指所有向环境排放污染物的排污者均应缴纳排污费，而不管其污染物的排放浓度是否超标，也就是说，排污即收费。我国从 2003 年 7 月在全国范围实施了排污即收费的制度（噪声超标排污费除外）。

由于人口的不断增长和经济的不断发展，污染物的排放量不断增长，已经超过环境容量，为了有效地控制环境污染，需要加强污染源的管理，排污收费正是在这样的背景下产生的。向环境排放污染物就会消耗有价值的环境容量资源，实行排污收费符合环境科学理论和社会公平的要求。排污收费已经被越来越多的国家和地区采用。

（二）超标排污费

超标排污费是对超标排放污染物的行为征收的排污费；若排污者达标排放，则不收排污费。2003 年 7 月以前，我国征收的废气排污费和噪声超标排污费就是典型的超标排污费。

环境对污染源有一定的容纳量，即环境容量。环境容量资源是一种流失性资源，应对其合理利用。从这一角度出发，超标收费是可行的。一般来说，在排污收费制度的初期大多采用超标收费的方式。

三、按排污收费的功能分类

（一）刺激型排污收费

刺激型排污收费的主要目的是刺激排污者治理污染，一般来说，这种类型的排污收费的收费标准较高（高于污染治理成本），因而排污者宁愿选择进行污染治理，而不是向环境排放污染物。目前，发达国家多采用刺激型排污收费。

（二）筹集资金型排污收费

筹集资金型排污收费的主要目的是筹集专项资金，以解决环境保护资金缺乏的困难。一般来说，这种类型的排污收费的收费标准较低（低于污染治理成本），因而排污者宁愿选择向环境排放污染物，而不是进行污染治理。

（三）混合型排污收费

混合型排污收费兼顾了排污收费的刺激污染治理和筹集资金两种功能，其收费标准介于刺激型排污收费与筹集资金排污收费之间。我国的排污收费制度就是属于混合型排污收费。

四、按受控污染因子分类

（一）单因子收费

单因子收费是指当同一排污口排放的污染物中有多种污染物时，仅按收费额最高的一种污染物收取排污费。如我国 1982 年至 2003 年 6 月实行的污水超标排污费、废气超标排污费、噪声超标排污费就是典型的单因子收费。

（二）多因子收费

多因子收费是指当同一排污口的污染物有多种时，对多种污染物的排污费应该叠加征收。我国现在实行的总量收费制度规定，污水、废气按 3 种污染因子收费，实际是部分多因子收费。根据环境经济学理论，多因子收费是排污收费的发展方向。

（三）单因子与多因子结合型收费

单因子与多因子结合型收费是介于单因子收费与多因子收费之间的一种收费模式。如湖北省曾在 1995 年颁布的《湖北省排污费征收管理实施办法》（已废止）中规定："同一排污口超标排放含有两种以上污染物的，按应缴费额最高的一种作为基数，同时对其他超标排放的污染物，每超过一种按基数的 5%合并计算排污费"。

第三节　我国排污收费制度的作用与成效

一、我国排污收费制度的作用

现行的排污收费制度既体现了"污染者负担"原则和环境资源价值理论，又结合了我国的实际情况。它是利用价值规律，通过征收排污费，给排污者以外部的压力，将排污情况与排污者的经济效益、社会形象直接挂钩，因而具有如下重要意义和作用：

（一）经济刺激

利用经济杠杆调节经济发展与环境保护的关系，促使排污者力求经济效益、社会效益、环境效益的统一。通过征收排污费，给排污者施加了一定的经济刺激，促使企业外部成本内部化，同时，也有利于促使排污者加强经营管理，进行技术改造，开展废物综合利用，推行清洁生产，提高资源、能源利用率，减少污染物的排放。

（二）筹措资金

排污收费的另一项功能是筹措资金，即通过实施排污收费制度，可以筹集到一部分专项资金，加强污染防治新技术、新工艺的研究、开发、示范和应用，促进环境保护产业的发展。排污收费为国家治理环境污染，改善环境质量开辟了一条重要的专项资金渠道，有利于增强国家防治环境污染和生态破坏的能力。我国从 20 世纪 70 年代末期开始实施排污收费制度，仅"十一五"期间，累计征收排污费 847 亿元。

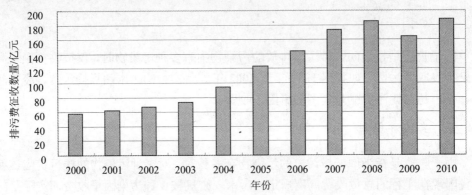

图 3-1　2000—2010 年排污费征收数量

数据来源：中国环境统计年鉴 2000—2010。

（三）环境监察执法的重要手段

"排污收费"是《环境监理工作暂行办法》规定的环境监察机构的工作职责之一。通过排污收费制度，环境监察机构可以了解排污单位的排污情况、污染因子以及污染治理措施等情况，有利于督促企业通过外部成本内部化的过程减少排污、治理污染。

二、我国实施排污收费制度的成效

排污费是国家管理环境的经济手段，其主要目标是促进排污单位加强经营管理。排污费属于管理型政府收费，是政府管理手段的延伸，其主要目标是促进排污单位加强经营管理。排污收费制度作为国家保护环境的经济手段，与行政手段、法律手段等相比，它具有更加灵活、更具针对性、管理成本更低的特点。正确认识排污费的性质对成功进行排污收费制度改革具有极为重要的意义。实践中，排污费常被作为筹措资金手段或是对"环境损害的补偿"。

（一）全面建立和实施排污收费制度是我国环境保护事业改革开放的重要成果

2003 年国务院颁布实施的《排污费征收使用管理条例》（以下简称《条例》）成为排污收费制度历史性发展和新排污收费制度建立的里程碑。8 年来，排污收费制度的实施取得了显著成效：成为各级环保部门强有力的执法手段；排污收费理念深入人心，广泛得到社会和企事业单位的接受和认可；排污收费工作效果显著，有力地促进了环保事业在新形势下的全面高速发展。全面建立、统一实施排污收费制度，并不断进行改革、完善，使之在环保事业的发展中发挥不可替代的作用，只有在共产党统一领导下、改革开放的中国才能做到，充分体现了中国特色社会主义制度的优越性。

（二）排污收费是环境执法的重要手段

长期以来尤其是"十一五"期间，按照加快实现历史性转变的要求，各级环保部门在加强环境监督执法的过程中，十分重视排污收费手段的运用，如在近几年开展的环保专项行动中，各地基本上都采取了追缴违法排污者排污费、加大惩罚力度的做法；新修订的《水污染防治法》也将排污收费规定为计算罚款金额的基数；在企业上市环保核查、环保专项资金安排等工作中，都将是否足额缴纳排污费作为前置条件。这些具体实践表明，排污收费在促进污染减排和筹集环保资金方面发挥经济调节作用的同时，越来越多地发挥出直接的执法手段作用。

（三）排污收费制度的改革有机地支持和促进了污染减排工作

《条例》实施前，全国共征收排污费 671.75 亿元，《条例》实施至 2009 年 6 月底，全国征收排污费 807.75 亿元，也就是说近六年的排污费征收总额是此前 24 年总和的 1.1 倍。30 来年，全国累计征收排污费 1 479.5 亿元，缴纳排污费的企、事业单位和个体工商户已近 50 万个。从 1979 年到 2003 年，排污费用于污染治理的资金达 392.5 亿元，占使用总额的 62%，涉及项目总数 36.7 万个；2003 年以后，排污费征收使用管理体制发生了重大改变，仅中央本级六年来共安排污染源治理、区域流域污染防治、新技术工艺推广项目 793个，补助地方和企业的资金就达到 40.6 亿元。这些数据表明，实行排污收费制度、促进排污单位防治污染，其所产生的效益是多层次、全方位的，如果再考虑改善环境、保护资源、维护人民群众身体健康等间接效益，实施排污收费制度所产生的综合效益将会更大。

（四）保障和促进了环保事业的不断发展

改革开放之初，环保工作刚刚起步不久，国家和地方财政用于环保工作的资金严重匮乏。为保障环保事业的发展，在排污费资金实行"收支两条线"并纳入财政预算、专款专用管理的基础上，国家规定了排污费资金的 20%，以及"四小块"可以补助环保部门的事业发展。截至 2003 年 7 月，全国相关补助资金已达到 246.91 亿元，占使用排污费资金总额的 38%；2003 年 7 月以后，财政和环保部门通过完善中央环保专项资金项目申报指南的方式，开了排污费用于环保自身建设的口子，带动了地方一批相关政策的出台。仅过去 6年，国家支持地方环保能力建设的资金就达到 19.3 亿元，安排项目 600 多个。32 年来，国家和地方有关排污费使用的政策规定，是在不同历史时期反映国情、正视环保事业发展需要的正确选择，没有排污收费就没有环境保护事业的今天，从这个角度来讲，"排污收费是环保的生命线"恰如其分。今后，排污收费在支持环保事业发展方面还将进一步发挥其更大的作用。

（五）培育发展了环境监察执法队伍、环境应急力量和一大批环境管理人才

环境监察是在排污收费工作基础上发展壮大起来的。排污收费工作量大面广、政策性强，是一项专业要求很高的监督管理工作。针对当时存在的环保执法和排污收费力量薄弱问题，20 世纪 90 年代，原国家环保局决定以排污收费队伍为主建立统一的环境监督执法队伍，其职能也由最初的排污收费逐步扩展到污染源及生态环境监管、排污申报、环境应急管理、环境纠纷查处等现场执法的各个领域。到 2008 年年底，全国各级环境监察机构已发展到 3 041 个，在编约 6 万人，占全国环保系统总人数的 1/3，环境监察队伍已经成为"完备的环境执法监督体系"的核心力量。30 年来，在出色完成排污收费、环境监察各项工作任务的过程中，锻炼培养出一大批政治素质好、业务水平高、奉献精神强的环保业务骨干，其中很多优秀人才走上了国家和地方各级环保部门的领导岗位。同时，通过排污收费的理论研究和制度设计，一批中青年学者已经成长为中国环境经济、环境管理研究领域的领军人物。

（六）夯实了排污申报等环保基础工作

2003 年，结合贯彻实施《条例》，排污申报登记工作被纳入环境监察基本职责。通过排污收费工作这个载体，对排污申报登记制度的全面、深入、规范执行起到很大的推动作用。目前，排污申报登记内容基本覆盖了排污单位生产经营、污染治理和排放的各个环节，形成了"事前事后申报相结合、动态变更、据实核定、年终汇总"的工作模式；排污申报登记、审核方式也由原来繁重的手工填写、人工计算汇总逐步转变为高效的电脑输入、系统查询、审核、汇总，并朝着实时、动态、网络化方向发展。到 2008 年，全国排污申报登记的排污单位和个体工商户的总数已达 48 万个，并建立了国家重点监控企业基础信息数据库。排污申报通过审核、核定工作的日常化、制度化反过来又促进了排污费依法、全面、足额征收。同时，全面系统的排污申报数据源，已经越来越多地被应用于污染减排、工业污染源普查、环境统计、环境专项执法、日常监管、环境行政管理和应急处置等工作中。

30 多年来，我国排污收费工作不断健全完善，不断改革创新，历经了由实践到认识、再实践到再认识的科学发展过程，成为我国环保事业 32 年大发展、探索环保新道路历程中的一个重要组成部分。通过 30 多年的发展，我国的排污收费已经建立起一套完备、系统的法律、法规体系和一系列规范、有效的工作程序、制度，促进了污染治理减排，筹集了大量资金，推动了环保事业的发展，拥有一支颇具战斗力的专业执法队伍，走出了一条具有中国特色、成绩显著的事业发展之路。

（七）全国排污费征收情况

自 1978 年排污收费制度实施以来，尤其是 2003 年《排污费征收使用管理条例》实施以来，全国排污收费资金总额有了显著提高并逐年增加。《条例》实施前，全国共征收排污费 671.75 亿元，《条例》实施至 2009 年 6 月底，全国征收排污费 807.75 亿元。排污收费制度实施以来，全国累计征收排污费 1 754 亿元，缴纳排污费的企、事业单位和个体工商户已超过 42.21 万户。排污收费制度不仅促进了我国企业污染治理，而且也为我国环境监管提供了工作经费。

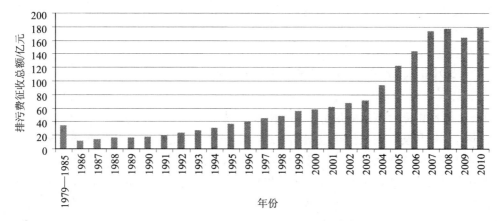

图 3-2　我国 1979—2010 年排污收费总额

表 3-1　全国排污收费综合表

年份	征收总额/亿元	比上一年增加率/%	征收户数/户	污水			废气		
				收入/亿元	比重/%	收入/亿元	比重/%	SO_2 排污费/万元	NO_x 排污费/万元
1979—1985	34.34								
1986	11.9	20.00	10.86	7.19	65.84	3.29	30.13		
1987	14.28	12.75	13.85	8.42	65.78	3.8	29.69		
1988	16.1	3.91	16.04	8.98	64.01	4.41	31.43		
1989	16.73	4.72	18.33	8.9	63.03	4.53	32.08		
1990	17.52	14.44	18.81	9.52	64.98	4.48	30.58		
1991	20.05	18.75	20.59	10.58	64.79	4.94	30.25		
1992	23.81	12.60	22.32	12.64	66.74	5.1	26.93		
1993	26.81	15.55	25.42	13.54	65.35	5.61	27.08	189	
1994	30.98	19.81	30.04	15.2	64.54	6.47	27.47	189	
1995	37.13	19.85	36.82	17.58	64.18	7.43	27.13	189	
1996	40.96	10.32	49.63	18.39	63.24	8.18	28.13	189	
1997	45.43	10.91	56.35	19.47	66.72	6.77	23.2	189	
1998	49.13	8.14	65.47	19.31	66.72	6.55	22.63	51 510	
1999	55.45	12.86	72.24	19.56	64.79	6.98	23.12	86 132	
2000	57.96	4.53	73.92	19.95	62.97	7.61	24.02	77 604	
2001	62.18	7.28	76.95	20.03	63.61	7.11	22.58	110 358	
2002	67.44	8.46	91.75	20.74	62.28	7.91	23.75	122 423	
2003	70.9	5.13	44.82						
2004	94.46	33.23	73.36	34.32	36.44	79.66	52.73	221 438.1	34 637.7
2005	123.2	30.43	71.34	36.42	29.6	75.69	61.5	424 315.9	141 834.5
2006	144	16.88	61.33	34	24	100.16	69	518 101.96	202 308.9
2007	174	20.83	58.18	32.95	18.94	128.78	74.02	604 556.8	358 621.6
2008	176.8	1.61	49.65	28.82	16.30	141.17	79.85	600 616.58	378 238.2
2009	164.2	−7.13	44.64						
2010	178.24	8.55	40.21						
总计	1 754								

排污收费在促进污染减排和筹集环保资金方面发挥经济调节作用的同时，越来越多地发挥出直接的执法监管的作用。

三、我国排污收费工作 30 年的经验

第一，顺应国家经济社会形势发展，围绕环保工作的总任务、总目标，不断探索创新、改革完善。回顾历史，我国排污收费制度迎改革开放春风而生，并顺应形势发展要求，逐步由单因子超标收费转变为总量多因子收费，排污费治理资金由无偿使用到部分有偿使用，再到专项集中使用，由单一排污收费机构发展成为全面承担环保现场执法职责的环境监察机构和环境应急力量，每一次前进都是紧紧围绕环保工作总任务、总目标不断探索创新的结果，改革、创新、完善始终是排污收费工作获得不断发展的生命力所在。

第二，建立健全法律、政策及制度，坚持依法行政。加强法律、政策及制度建设是建设社会主义法治国家、构建和谐社会、推进历史性转变的必然要求。我国现有五部环保法律中关于排污收费的规定，国务院的《排污费征收使用管理条例》，国家发展改革委、财政部、原环境保护总局、原国家经贸委、人民银行等部门的四个相关配套规章文件，以及环境保护部的一系列具体工作制度和程序，再加上地方各级环保部门数百件相关规定和文件，使得排污收费成为我国环境法制体系最健全的一项管理制度。健全的法制体系是排污收费工作有法可依的前提和基础，也是排污收费依法行政的有力保障。

第三，形成了理论研究与试点实践相结合、国家与地方共促进的发展模式。遵循实践、认识、再实践、再认识的辩证规律，排污收费工作发展的每一步，都是结合环保工作实际，通过理论研究、探索发展方向，到地方试点实践、总结分析成败经验，最后上升为在全国普遍实行的法律、政策及制度。同时，尊重和鼓励地方环保部门的首创精神，在特殊性中归纳普遍性。如经协调而取得了国家发展改革委、财政部的原则支持，江苏、内蒙古、河北、安徽、山东、上海、云南等省（市）先后提高了排污费征收标准，为全国整体提高征收标准创造了条件；重庆市的"按日计罚"，浙江、广东省的"超标几倍、加收几倍"等政策规定及实践，为新修订的《水污染防治法》中规定以排污收费作为计算违法处罚金额基数的条款提供了实例支持。这种理论与实践相结合、充分调动中央和地方两个积极性以及上下联动、相互促进、彼此支撑的做法，业已转变成排污收费改革、创新、发展的成熟工作模式，在新时期排污收费乃至其他环保工作中应当得到继承和发扬。

第四，探索推进信息化与环境管理的有效融合，提高了排污收费工作的水平和效率，规范了执法行为。为贯彻落实国务院《条例》，杜绝协商收费和人情收费，及时研制开发了"排污费征收管理系统"软件，根据法定程序建立了严密的工作流程，实现从排污申报、审核、核定、复核、计征排污费、复议、对账、催缴等一系列工作环节的信息化，实现了全过程监管。以"排污费征收管理系统"为工具，通过每年一度的全国排污收费和排污申报汇总考核工作，国家和各省环境监察机构已经建立了 22 万个排污者的排污申报、排污费征收基础数据库，结合国控重点污染源自动监控项目建设，采集了 9 000 多家国控重点企业的生产、治理设施工艺图和地理坐标等信息，将原来数据库升级成为基于地理信息系统的国控重点企业基础数据库，并已经陆续分发各省，为今后的数据共享奠定了基础，推动了全国污染源自动监控系统的建设。由于这些努力取得了明显成效，环境保护部环境监

察局被权威机构评为 10 个"2008 中国电子政务建设年度先进单位"之一。

第四节　目前我国排污收费工作存在的障碍

总结我国排污收费制度实施 30 多年以来的工作，由于种种体制、制度和自身建设存在的诸多问题，我国的排污收费工作存在以下障碍。

一、收费标准偏低，缺乏灵活性

目前的排污费征收标准为 2003 年制定，当时污染当量收费单价的确定就偏低，只有当时测算治理成本的一半，排污成本与治污成本形成倒挂，使得企业宁可缴纳排污费，也不愿治理污染。例如，目前我国 SO_2 排放量收费标准为 0.63 元/kg，而火电厂烟气脱硫平均治理成本为 1.4~1.8 元/kg。由于针对各种污染物制定的排污收费标准与其相应的污染治理成本存在一定差距，排污收费标准不能反映污染物的边际治理成本，因而造成企业用缴费购买"污染权"或"破坏权"、重生产轻污染治理的不正常现象。

收费标准的偏低导致排污单位满足于只缴纳排污费，而不积极治理污染，排污收费制度产生的经济激励效果大打折扣；同时我国对于排污单位违法排污的处罚力度偏小。2003年颁布的《排污费征收使用管理条例》规定：排污者未按照规定缴纳排污费的，由县级以上地方人民政府环境保护行政主管部门依据职权责令限期缴纳，逾期拒不缴纳的，处以缴纳排污费数额 1 倍以上 3 倍以下的罚款，并报经有批准权的人民政府批准，责令停产停业整顿。尽管 2008 年修订后的《水污染防治法》对超标排污企业的处罚提高至应缴纳排污费数额 2 倍以上 5 倍以下，但从实际情况来看，处罚并不能对排污单位的排污行为产生约束。收费标准偏低和处罚力度不足导致排污单位违法成本低，守法成本高，这种局限性不可避免地会使政策结果与目标发生背离而失灵。

排污收费标准缺乏灵活性，不符合我国目前的现状。由于我国目前东、西部地区，沿海与内地的社会经济发展不平衡，存在较大差距，而一味地坚持一个标准或者规定地方只能制定更严格的标准，其结果可能会导致不发达或欠发达地区收费难，或更加阻碍了其经济的发展；而对于相对发达的地区又起不到应有的效果，从而导致一种不公平的环境事实发生。

二、收费范围有局限性

对于一些可能造成环境污染的污染物（污染源）仍没有列入收费范围之内，因此不利于对排污者的约束和对污染源的监控。我国现已规定了废水、废气、废渣、噪声、放射性等五大类100 多项排污收费标准，但这仍不够，还有相当多的污染物如生活垃圾以及机动车、飞机、船舶等流动污染源等仍未开征排污费。

针对上述问题，政府有关部门应当制定相应的对策，提高排污收费的标准，建立一种更灵活的排污收费制度，针对更多的污染物（污染源）征收排污费，以便更好地实现排污收费的功能。

三、监管成本高，不能有效监控排污量[①]

我国的污染源多而分散使得对排污量不能有效监控，而且征收过程中强制力、执行力差导致收缴率低，因此目前的排污收费体系不能保证排污费严格按照排污量征收，这会挫伤排污者减排的积极性，使排污者存在侥幸心理，通过不正当的途径减少排污费。排污费不能严格按照排污量征收主要表现在两个方面：一是排污数据不够准确；二是在实际征收过程中的少缴、欠缴、拖缴现象甚为普遍。

目前，国内的环保部门尚难以做到排污数据的准确性、科学性，排污收费体系中包含的收费对象多而分散，在一个地区就可能会存在成千甚至上万家排污企业，在排污费具体征收过程中需要投入大量的人力、物力、财力，这些在整个环境管理过程中所占比例较重。目前排污收费测算数据的基础是申报核定，主要依靠企业自报，而这些数据的可靠性、准确性、可用性很差。对污染源的直接监测一方面要考虑技术的可行性，另一方面还要考虑包括人员、车辆、设备的购置、运行、维护等在内的高昂费用，在排污收费过程中必须要作出选择，而在实际操作过程中，环保部门大多只能放弃，而采用协商收费的方式。同时，污染源监测由于受到财力、技术、手段、采样的瞬时性等制约，使得偷排现象屡禁不止。而且我国环境执法人员的整体素质水平不高，执法不严，在一些地方由于排污收费的公示不及时、稽查制度执行不到位、排污收费强制性手段差，加之地方保护主义，形成地方行政干预，使"人情收费"现象时有发生，排污费整体的收缴率不高。

四、排污核定缺少科学的监测

排污收费的基础是排污核定，准确排污核定前提是对企业排污量实施准确的监测和测算，它涉及两个方面：一是科学监测，二是合理的测算。为了保证排污收费制度实施，应首先确定排污单位的实际排污量。在我国科学监测目前在我国很多地区短期内难以达到。当前在我国，企业到底排污了多少，排污指标如何测算为合理的，这两方面工作还缺乏与之配套的监测机制，也缺乏科学的测算体系。因为，1996年以前我们用的是浓度控制手段，监测体系也是与从前的控制体系相适应的，现在实施总量收费，监测体系就有些滞后了。公平监测在我国目前监测和管理水平较低、执法不公平存在的情况下，则需要相应的制度建设，包括立法予以保证。

五、地方政府的行政干预

一些地方政府领导只注重 GDP 的增长，急功近利，以牺牲环境换取一时一地的经济发展，重蹈先污染后治理的覆辙，一些地方划定"无费区"、搞"减半征收"、"减免征收"等土政策，环保部门顾忌当地政府的压力，过多考虑企业的承受力，觉得排污收费工作不

---

① 邹晓元. OECD 国家经验对我国排污收费制度的启示. 中国环保产业，2009（4）：59.

够轰轰烈烈，不好出政绩，还容易得罪人，也不愿下力气真抓实干，缺乏依法履行职责的意志和决心，这是影响排污收费工作依法行政的最主要原因。

六、自身建设滞后

环保基础工作能力需要继续加强，征收人员整体素质、业务能力需要继续提升，专业骨干队伍需要切实得到稳定。排污费征收必须依靠准确的污染物排放数据支持，虽然近几年国家和地方财政给予环保部门很多的资金支持，但受经济发展水平和财力等因素的限制，地方经费保障政策落实不到位、环保部门基础工作能力建设不足、日常监督性监测跟不上、自动监控系统建设还没有完成且也不可能覆盖所有排污单位、具有法定效力的物料衡算方法不多且不新等问题使得排污量的核定弹性很大，制约了排污收费工作的正常开展。同时，由于排污收费工作政策性、技术性较强，又直接面对排污单位，因而对从事这项工作的人员就有了较高业务水平和工作能力的要求，但现实的情况是不少环保部门排污费征收专业人员严重缺乏、整体素质不高，这一问题在中西部地区以及县、区一级基层环保部门表现得尤为突出。

第四章 排污收费制度的法律体系

第一节 排污收费制度法律体系的构成

我国的排污收费制度最早出现在 1978 年中共中央批转原国务院环境保护领导小组《环境保护工作汇报要点》中。1979 年颁布的《中华人民共和国环境保护法（试行）》为我国排污收费制度的确立提供了法律依据。1982 年国务院在总结各地征收排污费试行工作的基础上颁布了《征收排污费暂行办法》，对征收排污费的目的、对象、收费标准、收费政策、排污费的管理、排污费的使用等内容作了详细规定，标志着我国排污收费制度的正式确立。1988 年，国务院颁布了《污染源治理专项基金有偿使用暂行办法》，对排污收费制度进行了改革，将部分排污费改拨款为贷款，实行有偿使用。1989 年颁布的《中华人民共和国环境保护法》重申了排污收费制度。此外，《中华人民共和国水污染防治法》、《中华人民共和国大气污染防治法》等污染防治法律分别明确排污收费制度。2002 年国务院发布了《排污费征收使用管理条例》（以下简称《条例》），代替了《征收排污费暂行办法》。根据该《条例》，由超标收费转变为排污即收费；由浓度收费转变为实行浓度、总量收费；由单因子收费转变为多因子收费；由高于污染治理设施的运行成本收费向逐步高于治理成本收费转变；资金管理由收支一条线转变为收支两条线管理。《排污费征收使用管理条例》的发布，标志着我国的排污收费制度进入了一个新的发展阶段。原国家环境保护总局及财政部等部委还发布了一系列行政规章，使排污收费制度具有更强的可操作性。目前，我国的排污收费制度已形成由国家法律、行政法规、地方法规、部门和地方规章以及规范性文件组成的法律、法规体系，排污收费制度法律体系见图 4-1。

一、排污收费制度相关的法律

狭义上的法律是指由全国人大及其常委会按照法定程序制定或公布的规范性文件。有关排污收费制度的法律规定包括《中华人民共和国环境保护法》（1989 年 12 月 26 日公布并施行）、《中华人民共和国水污染防治法》（1984 年 5 月 11 日公布，经 1996 年 5 月 15 日和 2008 年 2 月 28 日两次修订，2008 年 6 月 1 日起施行）、《中华人民共和国海洋环境保护法》（1982 年 8 月 23 日公布，1999 年 12 月 25 日修订，2000 年 4 月 1 日起施行）、《中华人民共和国大气污染防治法》（1988 年 6 月 10 日公布，经 1995 年和 2000 年 4 月 29 日两次修订，2000 年 9 月 1 日起施行）、《中华人民共和国固体废物污染环境防治法》（1995 年 10 月 30 日公布，2004 年 12 月 29 日修订，2005 年 4 月 1 日起施行）、《中华人民共和国环境噪声污染防治法》（1996 年 10 月 29 日公布，1997 年 3 月 1 日起施行）。

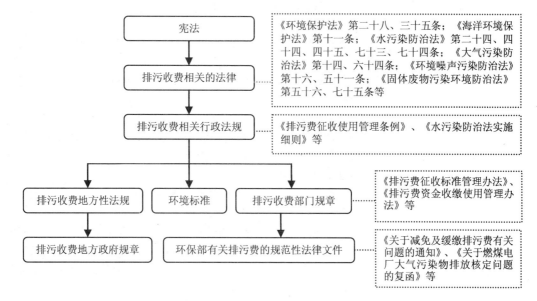

图 4-1 排污收费制度的法律体系

表 4-1 部分环境保护法律对排污收费制度的规定

序号	法律名称	条款	主要内容
1	中华人民共和国环境保护法	第二十八条	排放污染物超过国家或者地方规定的污染物排放标准的企业事业单位，依照国家规定缴纳超标准排污费，并负责治理。水污染防治法另有规定的，依照水污染防治法的相关规定执行。征收的超标准排污费必须用于污染的防治，不得挪作他用，具体使用办法由国务院规定
		第三十五条第三项	不按规定缴纳排污费的，由环境保护行政主管部门或者其他依照法律规定行使环境监督管理权的部门可以根据不同情节，给予警告或者处以罚款
		第三十九条	对经限期治理逾期未完成治理任务的企业事业单位，除依照国家规定加收超标准排污费外，可以根据所造成的危害后果处以罚款，或者责令停业、关闭
2	中华人民共和国水污染防治法	第二十四条	直接向水体排放污染物的企业事业单位和个体工商户，应当按照排放水污染物的种类、数量和排污费征收标准缴纳排污费。排污费应当用于污染的防治，不得挪作他用
		第四十四条	城镇污水集中处理设施的运营单位按照国家规定向排污者提供污水处理的有偿服务，收取污水处理费用，保证污水集中处理设施的正常运行。向城镇污水集中处理设施排放污水、缴纳污水处理费用的，不再缴纳排污费。收取的污水处理费用应当用于城镇污水集中处理设施的建设和运行，不得挪作他用
		第四十五条	城镇污水集中处理设施的出水水质达到国家或者地方规定的水污染物排放标准的，可以按照国家有关规定免缴排污费。城镇污水集中处理设施的污水处理收费、管理以及使用的具体办法，由国务院规定
		第七十三条	违反本法规定，不正常使用水污染物处理设施，或者未经环境保护主管部门批准拆除、闲置水污染物处理设施的，由县级以上人民政府环境保护主管部门责令限期改正，处应缴纳排污费数额一倍以上三倍以下的罚款

序号	法律名称	条款	主要内容
2	中华人民共和国水污染防治法	第七十四条	违反本法规定，排放水污染物超过国家或者地方规定的水污染物排放标准，或者超过重点水污染物排放总量控制指标的，由县级以上人民政府环境保护主管部门按照权限责令限期治理，处应缴纳排污费数额二倍以上五倍以下的罚款。限期治理期间，由环境保护主管部门责令限制生产、限制排放或者停产整治。限期治理的期限最长不超过一年；逾期未完成治理任务的，报经有批准权的人民政府批准，责令关闭
3	中华人民共和国海洋环境保护法	第十一条	直接向海洋排放污染物的单位和个人，必须按照国家规定缴纳排污费。向海洋倾倒废弃物，必须按照国家规定缴纳倾倒费。根据本法规定征收的排污费、倾倒费，必须用于海洋环境污染的整治，不得挪作他用。具体办法由国务院规定
		第九十三条	对违反本法第十一条、第十二条有关缴纳排污费、倾倒费和限期治理规定的行政处罚，由国务院决定
4	中华人民共和国大气污染防治法	第十四条	国家实行按照向大气排放污染物的种类和数量征收排污费的制度，根据加强大气污染防治的要求和国家的经济、技术条件合理制定排污费的征收标准。征收排污费必须遵守国家规定的标准，具体办法和实施步骤由国务院规定。征收的排污费一律上缴财政，按照国务院的规定用于大气污染防治，不得挪作他用，并由审计机关依法实施审计监督
		第六十四条	环境保护行政主管部门或者其他有关部门违反本法第十四条第三款规定，将征收的排污费挪作他用的，由审计机关或者监察机关责令退回挪用款项或者采取其他措施予以追回，对直接负责的主管人员和其他直接责任人员依法给予行政处分
5	中华人民共和国固体废物污染环境防治法	第五十六条	以填埋方式处置危险废物不符合国务院环境保护行政主管部门的规定的，应当缴纳危险废物排污费。危险废物排污费征收的具体办法由国务院规定。危险废物排污费用于危险废物污染环境的防治，不得挪作他用
		第七十五条第三项	不按照国家规定缴纳危险废物排污费的，处应缴纳危险废物排污费金额一倍以上三倍以下的罚款
6	中华人民共和国环境噪声污染防治法	第十六条	产生环境噪声污染的单位，应当采取措施进行治理，并按照国家规定缴纳超标准排污费。征收的超标准排污费必须用于污染的防治，不得挪作他用
		第五十一条	违反本法第十六条规定，不按照国家规定缴纳超标准排污费的，县级以上地方人民政府环境保护行政主管部门可以根据不同情节，给予警告或者处以罚款

二、排污收费制度相关的行政法规

行政法规是指由国务院制定或公布的规范性文件。《中华人民共和国宪法》第八十九条第一款明确规定：作为最高国家行政机关，国务院可以"根据宪法和法律，规定行政措施，制定行政法规，发布决定和命令"。因此，制定行政法规是宪法赋予国务院的一项重要职权。行政法规的效力低于法律，高于部门规章、地方性法规和地方政府规章。与排污收费制度相关的行政法规包括《排污费征收使用管理条例》（2003 年 1 月 2 日公布，2003年 7 月 1 日起施行）、《水污染防治法实施细则》（2000 年 3 月 20 日公布并施行）。

（一）《排污费征收使用管理条例》

《排污费征收使用管理条例》是排污费的专项法规，是对现有法律关于排污费规定的具体化，它对排污收费的征收目的、征收对象、征收程序、征收管理、使用管理等作出了一系列明确具体的规定。后文将做专门论述。

（二）《水污染防治法实施细则》

《水污染防治法实施细则》第三十八条第三款规定："不按照国家规定缴纳排污费或者超标排污费的，除追缴排污费或者超标排污费及滞纳金外，可以处应缴数额 50%以下的罚款。"[①]

提示 4-1

环境保护部《关于废止、修改部分环保部门规章和规范性文件的决定》

（环境保护部令 2010 年第 16 号）

一、决定予以废止的规章和规范性文件

……

（二）决定予以废止的规范性文件

……

22. 关于追缴超标排污费有关问题的复函（1998 年 7 月 23 日，国家环境保护总局，环办函[1998]215 号）

23. 关于对逾期未完成限期治理任务的企事业单位加收超标准排污费及实施处罚问题的复函（1998 年 11 月 27 日，国家环境保护总局，环办[1998]283 号）

24. 关于加倍征收超标噪声排污费问题的复函（2002 年 9 月 29 日，国家环境保护总局，环函[2002]259 号）

25. 关于征收污水超标排污费有关问题的复函（2002 年 10 月 8 日，国家环境保护总局，环函[2002]264 号）

26. 关于超标排污费构成问题的复函（2002 年 11 月 15 日，国家环境保护总局，环函[2002]309 号）

……

29. 关于征收污水超标准排污费问题的复函（2007 年 7 月 10 日，国家环境保护总局，环函[2007]239 号）

……

[①] 2008 年修订后的《水污染防治法》第七十四条确立了水污染防治中的"达标排放，超标违法"原则，因此在现行法律框架下，不再向排污者征收污水"超标排污费"，而是进行行政处罚，即对超标排污者的处罚是限期治理，并处应缴排污费二倍到五倍的罚款。

提示 4-2

关于停止征收水污染物超标排污费问题的复函

（环函[2008]287 号）

关于征收水污染物超标排污费的问题，环境保护部经研究做出解释，全文如下：

2008 年 2 月修订的《水污染防治法》第二十四条规定，直接向水体排放污染物的企业事业单位和个体工商户，应当按照排放水污染物的种类、数量和排污费征收标准缴纳排污费。第七十四条规定，违反本法规定，排放水污染物超过国家或者地方规定的水污染物排放标准，或者超过重点水污染物排放总量控制指标的，由县级以上人民政府环境保护主管部门按照权限责令限期治理，处应缴纳排污费数额二倍以上五倍以下的罚款。《排污费征收使用管理条例》（国务院令第 369 号）第十二条第（二）项规定，依照《水污染防治法》的规定，向水体排放污染物的，按照排放水污染物的种类、数量交纳排污费；向水体排放污染物超过国家或者地方规定的排放标准的，按照排放污染物的种类、数量加倍交纳排污费。

根据《立法法》第七十九条的规定，法律的效力高于行政法规、地方性法规、规章。修订后的《水污染防治法》规定对超标或超总量排污的，应当给予行政处罚，取消了征收超标准排污费的条款。据此，2008 年 6 月 1 日新修订的《水污染防治法》实施后，对直接向水体排放污染物超过国家或者地方规定的排放标准的企业事业单位和个体工商户，应当依照《水污染防治法》第七十四条予以处罚，不应再加一倍征收超标准排污费。

环境保护部
2008 年 11 月 12 日

三、排污收费制度相关的部门规章

《宪法》第九十条第二款规定："各部、各委员会根据法律和国务院的行政法规、决定、命令，在本部门的权限内，发布命令、指示和规章。"与排污收费相关的环境保护部门规章是由国务院各部委制定发布的。为了配合《排污费征收使用管理条例》的实施，原国家环境保护总局、财政部、原国家计委、原国家经贸委等发布了一系列配套规章。

（一）《排污费征收标准管理办法》

2003 年 2 月 28 日，国家计委、财政部、国家环境保护总局、国家经贸委联合发布《排污费征收标准管理办法》。该《办法》规定了排污费的征收类别以及排污费的征收标准与计算方法，是我国排污收费制度在实践基础上不断完善的重要体现。

（二）《排污费资金收缴使用管理办法》

2003 年 3 月 20 日，财政部、国家环境保护总局联合发布《排污费资金收缴使用管理办法》。该《办法》对排污费资金的收缴管理、环境保护专项资金的使用范围、环境保护专项资金使用的管理和排污费资金收缴使用的违规处理做了规定。

（三）《排污费征收工作稽查办法》

为保障依法、全面、足额征收排污费，纠正排污费征收过程中的违法违规行为，根据《排污费征收使用管理条例》，2007 年 10 月 23 日国家环保总局公布了《排污费征收工作稽查办法》（2007 年 12 月 1 日起施行）。该《办法》对排污费稽查的范围、立案稽查的事由、排污费稽查的程序及稽查中发现的违规行为的处理做了规定。

四、环保部等部门有关排污费的规范性文件

环保部的规范性文件是除了法律、行政法规、部门规章外，环保部依据法定职权发布的，对公民、法人或者其他组织具有普遍约束力的，可以反复适用的文件。环保部有关排污费的规范性文件包括各类有关排污费的通知和针对特定事项的复函。根据环保部《关于公布继续有效的国家环保部门规范性文件目录的公告》（公告 2010 年第 97 号，2010 年 12 月 21 日）和《关于废止、修改部分环保部门规章和规范性文件的决定》（部令第 16 号，2010 年 12 月 22 日），截止到 2011 年 7 月底，环保部颁布的继续有效的通知类法律文件有 13 个，复函有 50 个（明细见表 4-2、表 4-3）。

此外，还有财政部、国家计委、国家环境保护总局联合发布的《关于减免及缓缴排污费有关问题的通知》（2003 年 5 月），财政部、国家环境保护总局《关于环保部门实行收支两条线管理后经费安排的实施办法》（2003 年 4 月）。

表 4-2　环保部颁布的继续有效的规范性文件（通知类）

（截止到 2011 年 5 月底）

序号	文件名	文号
1	关于应用污染源自动监控数据核定征收排污费有关工作的通知	环办[2011]53 号
2	关于《水污染防治法》第七十三条和第七十四条"应缴纳排污费数额"具体应用问题的通知	环函[2011]32 号
3	关于印发《国控污染源排放口污染物排放量计算方法》的通知	环办[2011]8 号
4	关于实行差别排污收费政策 提高落后产能和重金属排放企业排污费征收标准的函	环函[2010]161 号
5	关于填报国家重点监控企业排污费征收情况的通知	环办函[2010]706 号
6	关于加强国家重点监控企业排污申报工作的通知	环办[2009]17 号
7	关于开展排污费征收全程信息化管理试点工作的通知	环办[2009]141 号
8	关于统一排污费征收稽查常用法律文书格式的通知	环办[2008]19 号
9	关于切实加强排污费征收管理，严格执行"收支两条线"规定的通知	环发[2005]94 号
10	关于加强排污申报与核定工作的通知	环办[2004]97 号
11	关于排污费征收核定有关问题的通知	环发[2003]187 号
12	关于排污费征收核定有关工作的通知	环发[2003]64 号
13	关于全面推行排污申报登记的通知	环控[1997]020 号

表 4-3 环保部颁布的继续有效的规范性文件（复函类）

（截止到 2011 年 7 月底）

序号	文件名	文号
1	关于城镇污水集中处理设施直接排放污水征收排污费有关问题的复函	环函[2011]188 号
2	关于地方法规对《水污染防治法》有关"应缴纳排污费数额"已有规定情况下法律适用问题的复函	环函[2011]76 号
3	关于城市污水集中处理设施大肠菌群排污收费有关问题的复函	环函[2011]61 号
4	关于辽宁省城区建筑施工扬尘排放量计算办法的复函	环函[2010]401 号
5	关于辽宁省油气排污费征收及计算方法的复函	环函[2010]390 号
6	关于电厂脱硫海水排污费征收有关问题的复函	环函[2010]254 号
7	关于"十五小"征收排污费及行政处罚有关问题的复函	环函[2009]285 号
8	关于排污申报与排污收费工作涉密有关问题的复函	环函[2009]170 号
9	关于焦炭生产企业环境监管及排污收费有关问题的复函	环函[2009]122 号
10	关于排污费征收稽查中排污量核定告知等问题的复函	环函[2009]15 号
11	关于停止征收水污染物超标排污费问题的复函	环函[2008]287 号
12	关于向无照经营者征收排污费有关问题的复函	环函[2008]286 号
13	关于矿山企业排污收费有关问题的复函	环函[2008]246 号
14	关于《排污费征收标准管理办法》第三条适用问题的复函	环函[2008]72 号
15	关于征收污水废气排污费有关问题的复函	环函[2008]48 号
16	关于钢铁及焦炭生产企业污染物排放量核定问题的复函	环函 [2007]451 号
17	关于核定采碎石场排污量有关问题的复函	环函[2007]432 号
18	关于河北省城市施工工地扬尘排放量计算方法的复函	环办函[2007]731 号
19	关于公立医疗机构征收排污费有关问题的复函	环函[2007]304 号
20	关于采砂（石）船征收排污收费有关问题的复函	环函[2007]303 号
21	关于城市污水集中处理设施进水执行标准有关问题的复函	环函[2006]430 号
22	关于中专院校征收排污费有关问题的复函	环函[2006]258 号
23	关于征收污水排污费有关问题的复函	环函[2006]256 号
24	关于确定工业区等集中污水处理设施性质的复函	环函[2006]144 号
25	关于界定城市污水集中处理设施的复函	环函[2006]125 号
26	关于排污申报范围适用法律等问题的复函	环函[2005]459 号
27	关于征收噪声超标排污费有关问题的复函	环函[2005]446 号
28	关于采掘废石等征收排污费问题的复函	环监发[2005]35 号
29	关于北京市施工工地扬尘排放量计算方法的复函	环函[2005]309 号
30	关于建筑工地执行噪声排放标准征收噪声超标排污费有关问题的复函	环函[2005]308 号
31	关于排污费征收中污染当量值计算问题的复函	环函[2005]287 号
32	关于排污费性质等有关问题的复函	环函[2005]246 号
33	关于建设项目建设过程中排污申报及排污费征收问题的复函	环函[2005]243 号
34	关于煤矿企业排污收费有关问题的复函	环函[2005]128 号
35	关于城市污水处理厂执行排放标准问题的复函	环函[2005]127 号
36	关于排放污染物的行政机关应否缴纳排污费的复函	环函[2004]342 号
37	关于露天煤矿产生粉尘征收排污费有关问题的复函	环函[2004]483 号
38	关于核定煤粉二次扬尘排污量问题的复函	环函[2004]338 号
39	关于各级环境监察部门受委托征收排污费有关问题的复函	环函[2004]259 号
40	关于对排污收费有关问题的复函	环函[2004]108 号

序号	文件名	文号
41	关于排污费征收权限的复函	环函[2004]44 号
42	关于确认燃煤二氧化硫排污量物料衡算方法的复函	环函[2004]4 号
43	关于分期建设的项目排污费核定问题的复函	环函[2003]377 号
44	关于燃煤电厂大气污染物排放核定问题的复函	环函[2003]376 号
45	关于核定排污量问题的复函	环函[2003]344 号
46	关于排污费核定权限的复函	环函[2003]220 号
47	关于机动车排污收费有关问题的复函	环函[2003]107 号
48	关于下岗人员个体经营户缴纳排污费问题的复函	环函[2003]62 号
49	关于排污收费执法依据有关问题的复函	环函[1999]429 号
50	关于对事业单位征收超标噪声排污费问题的复函	环函[1999]283 号

五、与排污收费制度相关的地方性法规

与排污收费相关的环境保护地方性法规和规章是由各省、自治区、直辖市以及较大城市的人大及其常委会、人民政府制定发布，效力高于本级或下级地方政府的规章。

各省、自治区、直辖市以及较大城市的人大及其常委会、人民政府制定了一系列有关排污收费地方政府规章，主要内容包括排污费征收标准的调整；贯彻执行法律、行政法规条文的具体规定等方面。有关排污收费制度的部分地方政府规章和规范性文件分别见表4-4 和表 4-5。

表 4-4　有关排污收费制度的部分地方政府规章

序号	文件名	颁布时间
1	浙江省排污费征收使用管理办法（2010 年修正）	2010-12-21
2	湖北省排污费征收使用管理暂行办法	2007-09-11
3	广东省排污费征收使用管理办法	2007-06-18
4	宁夏回族自治区排污费征收使用管理办法	2004-12-16
5	黑龙江省排污费征收使用管理办法	2004-04-22
6	湖南省实施《排污费征收使用管理条例》办法	2003-10-23
7	河南省排污费征收使用管理办法	2003-10-18

表 4-5　有关排污收费制度的部分地方政府规范性文件

序号	文件名	颁布时间
1	广东省物价局关于核定差别排污费政策试点企业排污费实际计费标准的通知	2011-04-08
2	天津市物价局、市财政局关于调整二氧化硫排污费征收标准的通知	2010-11-29
3	江苏省物价局、省财政厅、省环境保护厅关于调整太湖流域污水排污费征收标准的通知	2010-09-07
4	辽宁省物价局、省财政厅、省环境保护厅关于调整二氧化硫和化学需氧量排污费征收标准的通知	2010-07-26
5	青岛市环境保护局关于全面核征工业企业粉尘排污费的通知	2010-06-28
6	广东省物价局、省财政厅、省环境保护厅关于实行差别排污政策试点企业排污费实际计费标准的通知	2010-06-21

序号	文件名	颁布时间
7	江苏省物价局、江苏省财政厅、江苏省环保厅关于同意常州市开征城市施工工地扬尘排污费的批复	2010-06-07
8	上海市财政局、上海市环境保护局关于调整市与区县排污费征收范围的通知	2010-05-12
9	江苏省物价局、江苏省财政厅、江苏省环境保护厅关于同意无锡市开征城市施工工地扬尘排污费的批复	2010-04-23
10	广东省物价局、广东省财政厅、广东省环境保护厅关于调整广东省二氧化硫化学需氧量排污费征收标准和试点实行差别政策的通知	2010-03-11
11	江苏省物价局关于开展太湖流域污水排污费、试点城市扬尘排污费政策调研的通知	2010-03-08
12	贵州省物价局、贵州省环保厅、贵州省经济和信息化委、贵州省财政厅关于贵州省焦炭生产企业排污费收费标准的通知	2010-01-21
13	潍坊市人民政府办公室关于加强排污费收缴使用管理的通知	2009-12-06
14	湖北省物价局关于排污费征收等有关问题的复函	2009-11-02
15	江苏省物价局、江苏省财政厅、江苏省环境保护厅印发《江苏省城市施工工地扬尘排污费征收管理试行办法》的通知	2009-06-11
16	湖北省物价局关于排污费和排水设施有偿使用费征收有关问题的复函	2009-05-27
17	宁夏回族自治区环境保护厅关于困难企业缴纳排污费有关问题的通知	2009-05-21
18	乌海市人民政府关于进一步调整市区两级环境监管职能及排污费分成管理的通知	2009-04-17
19	浙江省环保局关于印发《浙江省水污染防治条例》第57条和第58条"应缴纳排污费按年计算"实施细则（试行）的通知	2009-03-15
20	云南省发展和改革委员会、云南省财政厅、云南省环保局关于调整云南省二氧化硫和化学需氧量排污费征收标准有关问题的通知	2008-12-31
21	上海市发展和改革委员会（物价局）、上海市财政局、上海市环境保护局关于调整本市二氧化硫排污费收费标准的通知	2008-12-22
22	江苏省人民政府办公厅关于印发江苏省太湖流域污水处理单位氨氮总磷超标排污费收费办法的通知	2008-08-17
23	河北省物价局、河北省财政厅关于调整排污费征收标准的通知	2008-07-30
24	安徽省物价局、安徽省财政厅、安徽省环境保护局关于调整二氧化硫排污费征收标准的通知	2008-06-30
25	山东省人民政府办公厅转发省财政厅、省环保局关于进一步加强排污费征缴使用管理的意见的通知	2008-04-25

第二节 《排污费征收使用管理条例》

2002年1月30日国务院颁布了《排污费征收使用管理条例》（2003年7月1日正式实施，以下简称《条例》），替代了1982年2月5日国务院发布的《征收排污费暂行办法》。《条例》的实施，标志着排污收费制度改革的全面展开。这次改革是以现代环境经济学的理论为基础，综合考虑我国经济、财税、物价体制改革的总体要求，适应环境保护工作，实现了由浓度控制向浓度和总量控制相结合的转变；从点源治理向流域、区域综合整治的转变；由末端治理向源头和生产的全过程控制，实行清洁生产的转变。创新了排污收费的理论体系，在总量收费上实现了重大突破。《条例》对排污收费的理论体系、政策体系、管理体系、标准体系、使用方法作了全面的改革，对促进污染防治和生态保护，提高环境保护执法队伍的现代化水平意义重大。

2003 年出台的《排污费征收标准管理办法》（国家发改委、财政部、环保总局、国家经贸委联合发布）、《排污费资金收缴使用管理办法》（财政部、环保总局联合发布）、《关于排污费征收核定有关工作的通知》（环发[2003]187 号）、《关于排污费收缴有关问题的通知》（财建[2003]284 号，财政部、人民银行、环保总局联合发布）、《关于减免及缓缴排污费有关问题的通知》（财政部、国家发改委、环保总局联合发布）以及国务院颁布的《违反行政事业性收费和罚没收入收支两条线管理规定行政处分暂行规定》等七个文件与《条例》配套实施，使我国新的排污收费制度体系在制度上的改革基本完成。

一、《排污费征收使用管理条例》实施的改革

2003 年颁布的《排污费征收使用管理条例》与 1982 年颁布的《征收排污费暂行办法》相比，在许多方面进行了较大的改革。《条例》没有写明依据法律而制定。原因在于：有些内容法律没有明确规定，如收支两条线等；有些概念突破了法律中的规定，如多因子收费，处罚额度等突破了法律的规定。

新《条例》在总体上实现了四个转变，即由超标准收费向排污收费转变（只是考虑到法律的适应性，对噪声的排放仍采用超标准收费）；实现了由单一浓度收费向浓度与总量相结合的收费转变；实现了由单因子收费向多因子收费转变；实现了由低收费标准向高于治理成本的收费转变。

新《条例》明确了以下一些问题：

（一）明确了收费主体

环境保护行政主管部门负责征收管理，环境监察归口管理排污申报登记和具体征收排污费。个别地区没设环保部门的不能征收排污费，有些市、县设立的综合收费局不是排污费的收费主体。

（二）理顺了征收体制，排污收费体制改为属地征收

属地征收，是指以城市和县为主体的区域，但对于电力企业装机容量 30 万 kW 以上 SO_2 排污费由省级环境监察机构征收。省级（自治区、直辖市）环境监察机构有稽查执法权。《条例》第七条规定，县级以上地方人民政府环境保护行政主管部门，应当按照国务院环境保护行政主管部门规定的核定权限对排污者排放污染物的种类、数量进行核定。《关于排污费征收核定有关工作的通知》规定，县级环境保护局负责行政区划范围的排污费的征收管理工作。

（三）扩大了收费的对象

《征收排污费暂行办法》规定对超标准排放的企事业单位征收排污费和超标排污费；新《条例》规定对直接向环境排放污染物的单位和个体工商户（以下简称排污者）都应征

收排污费。同时规定："排污者向城市污水集中处理设施排放污水、缴纳污水处理费用的，不再缴纳排污费。排污者建成工业固体废物贮存或者处置设施、场所并符合环境保护标准，或者其原有工业固体废物贮存或者处置设施、场所经改造符合环境保护标准的，自建成或者改造完成之日起，不再缴纳排污费。"

收费对象的扩大体现了"污染者负担"的原则，对造成环境污染的排污者都有承担治理环境的责任。

（四）改革了收费方式

一是根据《大气污染防治法》《水污染防治法》《海洋环境保护法》等法律的规定，将排污收费由原来的超标收费改为排污即收费和超标收费[①]并行；二是按照污染要素的不同，将排污收费由原来的单因子收费改为多因子收费。《条例》在总体上实现了由超标准收费向"排污收费，超标违法"的转变（对噪声的排放仍采用超标准收费）；实现了由单一浓度收费向浓度与总量相结合的收费转变；实现了由单因子收费向多因子收费转变；实现了由低收费标准向高于治理成本的收费转变。

过去，按照《暂行办法》规定，征收排污费的污染物包括污水、废气、固体废物、噪声、放射性等五大类 113 种。现在，《条例》规定，征收排污费的种类，包括水、大气、海洋、排放的固体废物、危险废物、环境噪声等六种污染介质，共有 124 项污染因子，而超标收费的只有：pH 值、林格曼黑度、噪声三种。

（五）完善了征收程序

排污费征收程序见图 4-2。

排污费征收程序的完善，使全国排污收费工作的实施更加统一和规范，也更便于排污收费工作的信息化管理。

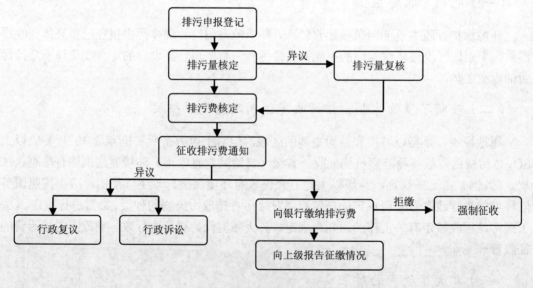

图 4-2　排污费征收程序

---

① 《水污染防治法》2008 年修订之后，超标排放将受到处罚。

（六）明确了排污申报登记制度作为排污收费制度的依据

为了满足排污收费、环境统计和排污许可证工作的需要，原国家环保总局在全国统一规范制定了《排放污染物申报登记统计表（试行）》。排污申报登记管理系统记录的排放污染物状况的数据库，是形成基本环境数据的重要基础；排污申报登记是各级环保部门进行定量化环境管理决策的重要依据。

《条例》第二章明确规定排污申报登记的管理机构，对象，申报内容，申报登记、审核、核定的工作程序，申报核定的方法等事项。排污申报登记是指向环境排放污染物的所有排污单位及个体经营者，都应当按照环境保护法律、法规的规定向所在地环境保护行政主管部门申报拥有的排污设施、处理设施、正常生产条件下排放污染物的种类、数量、浓度和新建、改建、扩建建设项目等项内容。排污申报登记是征收排污费的原始依据，是各级环境保护行政主管部门的法定职责，也是排污单位的法定义务。

（七）实行信息公开

《条例》规定排污费的征收标准、排污者应缴纳的排污费数额以及减缴、免缴、缓缴排污费的排污者名单要予以公告。信息公开增加了排污收费工作的透明度，减少和约束了收人情费、关系费的现象，强化了社会公众的监督，保障了排污收费工作的公平与合理。

（八）严格实行"收支两条线"

《条例》明确规范了排污费资金的使用方向。按照国务院有关规定，排污收费实行"环保开票、银行代收、财政统管"的原则。根据收费体制的变化，《条例》强调排污费实行收支两条线、收缴分离，明确排污费必须纳入财政预算，列入环境保护专项资金进行管理，并加强审计监督。

排污费资金将真正纳入预算，作为环境保护专项资金来安排使用，其使用与环保部门的自身建设脱钩。排污费资金将全部用于污染防治，将根据污染防治的重点和当地最急需解决的环境问题，按照轻重缓急来安排资金的使用。

（九）强化征收手段

对排污费缴纳、征收、管理及使用等环节的违法行为，均规定了相应的法律责任，并加大处罚力度。对少缴、拒缴或者欠缴排污费的排污者，可处应缴纳排污费1倍以上3倍以下的罚款，同时报有批准权的人民政府批准，责令停产停业整顿。此外，实施排污收费稽查。《条例》第二十四条规定，县级以上人民政府环境保护行政主管部门应当征收而未征收或者少征收排污费的，上级环境保护行政主管部门有权责令其限期改正，或者直接责令排污者补缴排污费。

（十）严格监督管理，加强部门监督

《条例》规定，县级以上地方人民政府财政部门和环境保护行政主管部门每季度向本级人民政府、上级财政部门和环境保护行政主管部门报告本行政区域内环境保护专项资金的使用和管理情况。强化审计监督。《条例》第二十条规定，审计机关应当加强环境保护专项资金使用和管理的审计监督。此外，《条例》规定，对环境保护行政主管部门、财政部门、价格主管部门的工作人员违法批准减缴、免缴、缓缴排污费；截留、挤占、挪用环保专项资金的；不按规定履行监督管理职责，造成严重后果的，要依法追究刑事责任和行政责任。

二、《排污费征收使用管理条例》的主要内容

（一）排污费的缴纳对象

《条例》将排污费的缴纳主体界定为"单位和个体工商户"，将自然人排除在外。《条例》第二条规定："直接向环境排放污染物的单位和个体工商户（以下简称排污者），应当依照本条例的规定缴纳排污费。排污者向城市污水集中处理设施排放污水、缴纳污水处理费用的，不再缴纳排污费。排污者建成工业固体废物贮存或者处置设施、场所并符合环境保护标准，或者其原有工业固体废物贮存或者处置设施、场所经改造符合环境保护标准的，自建成或者改造完成之日起，不再缴纳排污费。"

1982年《征收排污费暂行办法》发布时，我国尚处于计划经济时期，当时是以国营企业为主，其他经济形式很少。随着我国经济体制改革不断地深化，我国出现了国有、集体、外企、股份制多种经济体制并存的新的经济体制。因此，对个体工商户是否属于企业事业单位，是否应缴纳排污费产生了很多争议。这次《条例》明确规定，排污费的征收对象是直接向环境排放污染物的单位和个体工商户，包括一切排污的生产、经营、管理和科研单位（即工业企业、商业机构、服务机构、政府机关、公用事业单位、军队下属的企业事业单位和行政机关等）。对居民和家庭消费引起的污染行为一般是采用征收环境税或使用收费的形式，如污水处理费和垃圾处理费的征收形式。

（二）排污费征收管理的主体

《条例》第三条和《排污费资金收缴使用管理办法》明确规定了排污量核定与排污费的收缴由市级和县级环境保护部门实行属地管理，30万kW以上的二氧化硫的排污费由省级环境保护部门负责征收。排污申报登记的审核、核定和排污费征收具体工作由相应的环境监察机构负责实施。排污费的使用由相应的环境保护部门和同级财政部门共同管理。

（三）收费项目

《环境保护法》第二十八条规定，排放污染物超过国家或地方规定的污染物排放标准的企业事业单位，依照国家规定缴纳超标准排污费并负责治理。由于《环境保护法》颁布的时间为1989年，随着社会的不断发展，环境保护单行法律在排污收费制度的规定上早已经突破了《环境保护法》规定的范围，如《大气污染防治法》、《水污染防治法》等。因此，《条例》在排污收费的项目上也不拘于"超标收费"，而是在第十二条明确规定了排污费征收的项目为污水排污费、废气排污费、固体废物及危险废物排污费、噪声超标准排污费。

1．废气排污费

2000 年修订的《大气污染防治法》第十四条规定，"国家实行按照向大气排放污染物的种类和数量征收排污费的制度"，从法律上规定了向大气排放污染物要实施总量收费制度。由于 2000 年国家对所有污染源已经实施了"一控双达标"，因此对于向大气超标准排放污染物的排污单位，已经违反了国家的有关规定，应给予相应的处罚。

《海洋环境保护法》第十一条规定，"直接向海洋排放污染物的单位和个人，必须按照国家规定缴纳排污费"。"向海洋倾倒废弃物，必须按照国家规定缴纳倾倒费"。

提示 4-3

什么是"一控双达标"

1996 年 8 月国务院发布的《关于环境保护若干问题的决定》，提出到 2000 年力争使环境污染和生态破坏加剧的趋势得到基本控制，部分城市和地区的环境质量有所改善的环境保护目标。具体目标是：到 2000 年，各省、自治区、直辖市要使本辖区主要污染物排放总量控制在国家规定的排放总量指标内；全国所有工业污染源排放污染物要达到国家或地方规定的标准；直辖市及省会城市、经济特区城市、沿海开放城市和重点旅游城市的环境空气、地面水环境质量，按功能分区分别达到国家规定的有关标准。这被称为"一控双达标"。实现"一控双达标"，是我国环境保护形势发展的要求，是切实改善环境质量、推动可持续发展战略实施的重要举措。

《条例》第十二条第一款规定："依照大气污染防治法、海洋环境保护法的规定，向大气、海洋排放污染物的，按照排放污染物的种类、数量缴纳排污费"。

2．污水排污费

《条例》第十二条第二款规定："依照水污染防治法的规定，向水体排放污染物的，按照排放污染物的种类、数量缴纳排污费；向水体排放污染物超过国家或者地方规定的排放标准的，按照排放污染物的种类、数量加倍缴纳排污费。"应当指出，《条例》此处依据的是 1996 年的《水污染防治法》，《水污染防治法》在 2008 年再次修订后对污水排污费的内容有了较大变化：第二十四条规定"直接向水体排放污染物的企业事业单位和个体工商户，应当按照排放水污染物的种类、数量和排污费征收标准缴纳排污费"；第七十四条规定："违反本法规定，排放水污染物超过国家或者地方规定的水污染物排放标准，或者超过重点水污染物排放总量控制指标的，由县级以上人民政府环境保护主管部门按照权限责令限期治理，处应缴纳排污费数额二倍以上五倍以下的罚款。"因此，按照现行《水污染防治法》，向水体排放污染物的应当缴纳污水排污费，超标排放的排污者不再缴纳超标排污费，而是应受行政处罚。

3．固体废物排污费

《条例》第十二条第三款规定："依照固体废物污染环境防治法的规定，没有建设工业固体废物贮存或者处置的设施、场所，或者工业固体废物贮存或者处置的设施、场所不符合环境保护标准的，按照排放污染物的种类、数量缴纳排污费；以填埋方式处置危险废物不符合国家有关规定的，按照排放污染物的种类、数量缴纳危险废物排污费。"

《条例》颁布于 2002 年 12 月，《固体废物污染环境防治法》2004 年 12 月经过修订，取消了对一般工业固体废物征收排污费的规定，仅对以填埋方式处置危险废物不符合国务院环境保护行政主管部门规定的，应当缴纳危险废物排污费作出了规定。

4. 噪声超标排污费

《条例》第十二条第四款规定："依照环境噪声污染防治法的规定，产生环境噪声污染超过国家环境噪声标准的，按照排放噪声的超标声级缴纳排污费。《环境噪声污染防治法》第十六条规定，"产生环境噪声污染的单位，应当采取措施进行治理，并按照国家规定缴纳超标准排污费。"本条规定环境噪声只有超过国家或地方规定的排放标准才缴纳超标排污费，并按照排放噪声的超标声级缴纳。

（四）征收排污费的管理程序

根据法律、法规的规定，《条例》第十三条至第十七条明确规定了排污费资金收缴管理的基本工作管理程序。排污费征收的程序如下：

排污申报登记→排污量核定（排污量复核）→排污费计算并公告→送达征收排污费通知单→减、免、缓排污费并公告→排污费缴纳→与银行核对排污费缴纳情况→（不缴或不按规定缴纳）强制缴纳（强制执行、行政处罚）→向上级报告征收排污费情况。

征收排污费管理程序的规范有利于统一全国各级环境保护部门的排污收费的管理行为，也有利于实现全国排污收费管理工作的信息化建设，对加快现代化建设步伐，促进全国污染源的定量化监督管理，实现污染源信息的资源共享具有重要意义。

（五）明确规定排污申报登记制度是排污收费的依据

《条例》第二章明确规定排污申报登记的管理机构，对象，申报内容以及申报登记、审核、核定的工作程序，申报核定的方法等事项。排污申报登记是指向环境排放污染物的所有排污单位及个体经营者，都应当按照环境保护法律、法规的规定向所在地环境保护行政主管部门申报拥有的排污设施、处理设施、正常生产条件下排放污染物的种类、数量、浓度和新建、改建、扩建建设项目等项内容。排污申报登记是征收排污费的原始依据，是各级环境保护行政主管部门的法定职责，也是排污单位的法定义务。

（六）环境保护专项资金的使用

《条例》第十八条规定："排污费必须纳入财政预算，列入环境保护专项资金进行管理，主要用于下列项目的拨款补助或者贷款贴息：（一）重点污染源防治；（二）区域性污染防治；（三）污染防治新技术、新工艺的开发、示范和应用；（四）国务院规定的其他污染防治项目。"《条例》还规定，县级以上人民政府财政部门、环境保护行政主管部门应加强对环境保护专项资金使用的管理和监督，任何使用环境保护专项资金的单位和个人，必须要按照批准的用途使用，并通过审计机关的监督促使排污费做到"专款专用"。

（七）未按规定缴纳排污费的罚则

排污者按照法律、法规和规章的规定向各级环境监察机构进行排污申报登记和缴纳排污费，这是所有排污者应尽的法定义务。任何少缴、欠缴或拒缴排污费的行为都属于违法行为，都应当依法追究其相应的法律责任。《条例》第五章对未按规定缴纳排污费，以欺骗手段骗取减缴、免缴和缓缴排污费，未按规定使用环境保护专项资金等违法行为规定了具体的罚则，加大对违法者的惩罚力度。

（八）缴纳排污费，不免除其他法律责任

《条例》第十二条规定，排污者缴纳排污费，不免除其防治污染、赔偿污染损害的责任和法律、行政法规规定的其他责任。

三、几个需要说明的问题

（一）法律规定与《条例》内容不一致时的法律适用

《环境保护法》规定超标收费、《大气污染防治法》规定排污收费、《海洋环境保护法》规定排污收费、《固体废物污染环境防治法》规定危险废物产生（废物处置不合要求时）即收费、《水污染防治法》规定排放即收费、《环境噪声污染防治法》规定超标即收费。

上述法律有关污水排污费、固体废物排污费的规定与《条例》规定有差异，在具体适用时应当按照《立法法》规定的原则执行。《立法法》第七十九条规定，"法律的效力高于行政法规、地方性法规、规章。"因此，在《条例》颁布后出台的法律，如果规定的内容与《条例》不同，在适用中应当适用法律的规定，以此遵循《立法法》中"法律效力高于行政法规"的原则。

（二）有关排污费征收的特殊规定

根据《条例》及有关排污费问题的复函，下列情形不缴纳排污费：

1．污水排入城市污水集中处理设施、交了污水处理费的排污者

《条例》和《排污费征收标准管理办法》均规定："排污者向城市污水集中处理设施排放污水、缴纳污水处理费用的，不再缴纳排污费。"由于城市污水集中处理设施是指"实施二级处理的城市污水处理厂"，因此，如果排污者的废水仅通过城市污水管网直排入环境，不能视为是进入城市污水集中处理设施。

提示 4-4

关于界定城市污水集中处理设施的复函

（环函[2006]125 号）

吉林省环境保护局：

你局《关于征收排污费问题的请示》（吉环文[2006]33 号）收悉，现函复如下：

《排污费征收标准管理办法》（原国家计委、财政部、环保总局、经贸委第 31 号令）规定："对向城市污水集中处理设施排放污水，按规定缴纳污水处理费的，不再征收污水排污费。"

根据《国家环境保护模范城市考核指标》的要求，城市污水集中处理设施应为实施二级处理的城市污水处理厂。你省长春市北郊污水处理厂现为一级处理，二级处理部分尚未建成。因此，你省长春市北郊污水处理厂不适用于上述规定。

二〇〇六年四月三日

提示 4-5

关于征收污水排污费有关问题的复函

（环函[2006]256 号）

……

凡开征污水处理费的城市，超过三年未建成污水处理厂，没有为缴纳污水处理费的排污单位提供污水处理的有偿服务，当地环保部门对直接向环境排放污水的单位，应当按国家规定的标准征收其污水排污费或者污水超标准排污费。

……

二〇〇六年四月三日

2．达标排放的城市污水集中处理设施

《排污费征收标准管理办法》规定，对城市污水集中处理设施达到国家或地方排放标准排放的污水，不征收污水排污费。对城市污水集中处理设施接纳符合国家规定标准的污水，其处理后排放污水的有机污染物（化学需氧量、生化需氧量、总有机碳）、悬浮物和大肠菌群超过国家或地方排放标准的，按上述污染物的种类、数量和本办法规定的收费标准计征的收费额加 1 倍向城市污水集中处理设施运营单位征收污水排污费（2008 年《中华人民共和国水污染防治法》重新修订后，应按《中华人民共和国水污染防治法》第七十四条规定，处应缴纳排污费数额 2 倍以上 5 倍以下的罚款），对氨氮、总磷暂不收费。

3．机动车、船、飞机暂不收废气排污费、超标噪声排污费

《排污费征收标准管理办法》规定对机动车、船、飞机等流动污染源暂不收废气排污费和超标噪声排污费。对机动车等暂不征收排污费的主要原因：一是《国务院办公厅关于治理向机动车辆乱收费和整顿道路站点有关问题的通知》（国办发［2002]31 号）规定："今后，除法律法规和国务院明文规定外，任何地方、部门和单位均不得再出台新的涉及机动车辆的行政事业性收费、政府性集资和政府性基金项目。"《排污费征收使用管理条例》（国务院令第 369 号）未明文规定对机动车征收排污费。二是《排污费征收使用管理条例》规定的排污费收费对象是单位和个体工商户，未包括自然人。现在拥有机动车的自然人越来越多，如果对单位和个体工商户的机动车征收排污费，对自然人拥有的机动车不收费，会造成社会的不平等。

4．殡葬机构内部因悼念者燃放鞭炮和奏乐造成的噪声污染

对此问题，《关于对排污收费有关问题的复函》（环函[2004]108 号）中规定："在殡葬机构内部因悼念者燃放鞭炮和奏乐产生的噪声属于社会生活噪声，直接产生噪声的是悼念者，殡葬机构为其提供了场地等有偿服务，但《中华人民共和国环境噪声污染防治法》中对此无具体规定。《排污费征收使用管理条例》规定，直接向环境排放污染物的单位和个体工商户是缴纳排污费的主体，并不征收个人的排污费。因此，目前征收殡葬机构因悼念者燃放鞭炮和奏乐造成噪声污染的噪声超标准排污费依据不足。"

5．符合免缴条件并按规定办理手续的单位

6．自然人排污（生活污水、生活垃圾）

由于《条例》规定的排污费的缴纳主体是单位和个体工商户，因此，对于家庭形式出现的生活污水和生活垃圾以污水处理费和垃圾处理费的形式取代应征收的排污费。

第五章　排污收费的收费标准设计

第一节　排污收费标准体系的设计

《国务院关于环境保护若干问题的决定》中明确规定："要按照'排污费高于污染治理成本'的原则，提高现行排污收费标准，促使排污单位积极治理污染。"目前，随着可持续发展战略的推进，环境保护在全球范围内得到重视，经济发达国家、向市场经济转轨的国家、许多发展中国家都加快了对排污收费制度的研究。我国排污收费制度的改革也与国际环境保护的基本规则相适应，体现了"污染者负担原则"、按照补偿环境污染损害的原则，提高排污收费标准，使企业管理者在经营决策中必须考虑环境成本和对污染损害的经济补偿。

在加入 WTO 后，我国的环境经济政策和其他经济政策一样，正在逐步与国际市场经济的原则接轨。我国的排污收费制度要按照市场经济体制和经济发展模式，选择适当的排污收费形式，发挥政府在污染防治中的宏观调控作用。在排污收费的制度中明确规定"排污就收费"的原则，对于一切排污者按照相关的法律法规的规定，无论其排放的污染物是否达标，均按一定的标准征收排污费。这既是"污染者负担原则"的具体体现，也符合环境经济学的基本原理。对于废气和污水超标准排放污染物的，应视为违法行为，予以处罚或加倍收费，这是为了加大刺激力度，促使排污者首先做到达标准排放。

在新的市场经济条件和环境政策目标下，我国政府开始进行排污收费制度的改革和调整。1994 年 6 月我国利用世界银行的环境技术援助贷款，开始进行"中国排污收费制度设计及其实施研究"项目。该项目是我国自排污收费制度实施以来，在排污收费政策领域开展的规模最大的一项综合研究项目。项目领导小组由国家环保局、国家计委和财政部有关官员组成，由国家环保局和世界银行主持，由中国环境科学院负责实施，全国 10 余家研究单位的 100 多名专家和 300 多个地方环保局参与了该项目的研究和调研活动。该项目历时三年多，于 1997 年 11 月完成了全部研究任务，其中包括中国排污收费制度的总体设计、新的收费标准、排污费资金使用政策和实施等方面的研究，并在中国排污收费制度改革国际研讨会上受到了国际组织、香港环保局专家和国内环境经济学专家的一致好评。国家环保局在"中国排污收费制度设计及其实施研究"课题成果的基础上，提出了《总量排污收费新标准试点方案》。1998 年 5 月 26 日国家环保总局、国家计委、财政部联合发布《关于在杭州等三城市实行总量排污收费试点的通知》（环发[1998]73 号）。该《通知》要求，1998年 7 月 1 日至 1999 年 6 月 30 日在杭州市、郑州市、吉林市和江苏省进行为期 1 年的总量排污收费试点工作。在国家环保总局的指导下，一省三市的总量排污收费试点工作进展顺利，取得了许多好的经验，为全国推进排污收费的改革奠定了基础。与《排污费征收使用管理条例》配套的《排污费征收标准管理办法》基本是参照"中国排污收费制度设计及其实施研究"的成果确定的。

本章内容参照"中国排污收费制度设计及其实施研究"的成果和杨金田、王金南等编写的《中国排污收费制度改革与设计》一书，对《排污费征收标准管理办法》中的污水、废气、固体废物和超标准噪声等收费标准的确定和数据计算，进行了简略的介绍。便于读者在使用新的排污收费标准时，以此作为参考，对新的排污收费标准能有更深入的理解和认识。

一、我国排污收费标准体系设计的基本原则

我国原《征收排污费暂行办法》规定的排污收费制度主要是按污染物排放浓度实行超标收费、单因子收费。排污单位在治理污染时，往往就只考虑主要污染因子的控制，其他污染因子未得到有效处理，照常排放污染环境。另外对单一污染因子的治理和对多个污染因子的治理，在治理费用上是不相同的，制定标准时都要适当考虑。在新的排污收费制度中明确规定，对污水和废气中排放的污染物要实行多因子收费。实行多因子总量收费的关键，是采用何种方式确定排污收费标准。如果仍然采用每种污染因子确定一个收费标准，就会产生很多收费标准，也很难体现总量收费的精神，确定一个排放口的排污总量。如果采用统一的单一标准进行收费计算，就应该确定多因子排污总量，明确污水和废气中的多种污染物因子的排污量如何归一相加，归一后单位污染物总量的单一排污收费标准应如何制定。"中国排污收费制度设计及其实施研究"课题组为体现排污总量收费的原则，最终选择了对排污量实行多因子总量收费的原则，采用污染当量进行归一化计算，实行统一的单一收费标准的原则。污染物排污量归一化的问题是实行排污收费制度改革的关键问题，这一创新既解决了总量核算的难题，又简化了收费标准和收费计算。污染当量是废气和污水中污染物污染治理费用当量、毒性当量、有害当量的综合体现。按照"排污费高于污染治理成本"的原则，国家在确定排污收费的收费标准时，坚持排放单位污染物的收费标准应高于相应的污染平均损失费用或边际处理费用。对于不同的传播污染的介质，处理费用的含义有很大的区别。污水、废气中污染物的处理费用包括治理设施的折旧费、运行费和与治理有关的管理费用；噪声的防治费用，由于噪声设施没有运行费用及管理费用，噪声的治理费用主要考虑防治噪声设备的折旧费和噪声损害费用。不同环境因素污染治理费用测算的方法区别很大。边际处理费用是与处理设施的规模、技术水平、分散治理还是集中处理等因素有关，不同行业由于行业的差异在处理成本上也会存在一定区别，这些因素在确定每种污染因子的治理成本时都要综合考虑。排放到环境中的污染物种类繁多，对环境的危害及毒性有很大差异，在制定排污收费标准时根据不同污染因子的毒性，收费标准应有所差异。对环境危害性大的污染因子的收费标准，在考虑治理费用后还要视其危害程度相应提高收费标准，以经济手段严格控制其排入环境。对环境危害较小的污染物，在考虑收费标准时只要考虑其治理和管理成本即可。环境管理针对不同的污染物对环境的有害程度，制定了不同的质量标准和排放标准，由此可以从技术上确定每种污染物的有毒程度和有害程度。对于不同污染物的收费差异应由不同污染物的污染当量值体现，排污收费的收

费标准就有了统一的收费单价。

排污收费的标准是排污收费制度的重要组成部分。收费标准的确定不仅要考虑到国家的环境保护目标，还会涉及许多政策性的问题。某一时期排污收费标准的高低既要考虑环境经济刺激作用，体现污染者负担原则，也要考虑现阶段排污单位的经济承受能力；既要考虑排污收费制度实施的技术问题，也要考虑环境目标的实现和许多政策性问题。

在制定排污收费标准时，需要先确定一个可以遵循的共同原则。我国排污收费标准体系设计的原则包括：保护和改善环境质量的原则，与法律法规相一致的原则，符合经济刺激原则，经济合理和技术可行原则，简便易行原则。

（一）保护和改善环境质量的原则

排污收费标准的设计和确定，必须以国家环境保护目标为出发点和导向，体现当前和今后国家环境保护的方针政策要求。我国在经济发展和环境战略上坚持推进可持续发展战略，在环境管理制度上实施污染物总量控制制度，在工业污染控制上鼓励全过程控制和清洁生产。排污收费标准的制定必须与这些环境保护政策相一致，才有利于刺激排污者自觉防治环境污染的积极性，推动环境技术进步，实现环境技术政策目标，促进污染物总量控制工作的实施。

（二）与法律法规相一致的原则

相对不同的环境要素，相关的污染防治法存在一定的差异。因此，在制定各种单项环境要素排污收费的核算方式时应考虑与相关的污染防治法律法规相一致，如污水排污费与《水污染防治法》一致，废气排污费与《大气污染防治法》一致，固体废物排污费与《固体废物污染环境防治法》一致，超标准噪声排污费与《环境噪声污染防治法》相一致，体现改善环境质量的目的。

（三）符合经济刺激原则

排污收费是国家在环境保护领域内为进行宏观调控而采用的一种有效环境经济手段，实施的客观效果应有较高的经济效率。在制定排污收费标准体系时，应遵循环境经济价值规律，在排污收费标准的实施效果上体现明显的经济刺激作用，促使排污者在考虑价格和成本上，自觉选择减少排污或者进行清洁生产、选择先进生产工艺，从客观上保证环境目标的实施。排污收费的高效率有两方面的含义，一方面可以允许排污者选择用最小的费用（其中包括选择污染治理、改进生产工艺、清洁生产等多种手段的选择），达到削减排放量，有效控制污染物排放量的目的；另一方面在保证达到环境目标的条件下，尽可能地降低污染物削减的社会总成本，使污染物处理费用和污染损害费用之和最小化，追求较高的环境经济效率。

（四）经济合理和技术可行原则

排污收费标准的制定，考虑到不同环境要素对环境影响的途径和治理方法上的明显区别，应按污水、废气、固体废物（危险废物）和超标准环境噪声分别制定统一的排污收费标准，这样比较容易操作。对于单项排污收费标准的设计，也必须适合我国的宏观经济状况，符合我国的现有国情，经济合理，排污者从心理上能够承受。排污收费标准的确定，应考虑在现有的技术水平和污染治理运行成本基础上，排污者经过一定的努力，是可以达到排污收费的预期目的的，从收费标准依据的污染控制目标和排污者微观运行的效果方面考虑应该是可行的。

（五）简便易行原则

排污收费标准的设计和排污费的计算应符合环境监督管理的规范和操作程序，做到既能满足污染物总量控制目标的要求，又适合环境监察工作程序的可操作性。我国各地经济发展水平不同，环境监察人员的业务素质、经费和装备水平都有很大差别。排污收费的计算形式应在保证总量控制、现场监督、污染物核算等项工作统一的同时，做到简便易于操作，并具有较低的操作成本。在污水排污费和废气排污费的计算中引入污染当量指标，使各类污染物的排污量归一化，简化多因子收费的计算。

二、制定排污收费标准的基本步骤

原国家环保总局按照以下的步骤确定排污收费的标准：
（1）确定环境质量目标或污染削减目标；
（2）选择特定污染物的控制措施或技术；
（3）选择收费因子、收费模式和标准制定方法；
（4）收集相关数据，提出初步收费标准方案；
（5）对初步收费标准方案进行可行性分析；
（6）提出最终排污收费标准方案，供决策部门选择。

三、排污收费依据的归一化

在设计污水排污费、废气排污费、固体废物排污费、超标准噪声排污费的收费依据时，虽然在它们之间存在着很大的差异，但为了操作的简便易行，必须在众多的污染物参数中选择一个统一的参数来度量各种不同的污染物参数，才能体现既考虑总量控制多因子收费因素，又能使用统一的污染物参数，简化排污费计算。污水、废气污染物的项目很多，如污水中常见的污染物就有 60 多种。如果在确定污水污染物排污收费标准时，针对每种污染物都分别确定一种收费标准，在实际排污费计算的操作时，既烦琐又不易操作，同时在排污量的计算上，很难体现总量收费的要求。因此在排污量的计算上，如果能采用一个参数统一衡量不同污染物的排污量，排污量的归一计算既满足了多因子总量收费的要求，又可以大大简化排污费的计算。

在污水、废气的收费计算中，污染物排放量均采用污染当量的归一计量方式，来实施多因子总量收费。污染当量的归一计量计算，理论上要先确定各种污染因子排放量换算成污染当量的各种相对关系，称为各种污染因子的污染当量值。各项污染物转化成等价污染当量的换算关系（污染当量值）由专家确定。不同污染因子的单位污染当量数在污染损害的补偿方面是等价的。环境监察人员只要根据国家统一规定的污染当量值表，就可以将纳入收费的几种不同污染物的排污量，换算成统一的污染当量数。多因子收费依据的总排污量就是先将不同污染因子的排污量转换成归一的污染当量数，再将纳入收费的各种污染因子的污染当量数等价相加，从而实现多因子排污总量的计算。确定了排污总量（总污染当量数）的计算方法后，再由专家确定污水、废气单位污染当量的收费单价。污水、废气排污费的计算，由统一的收费单价与总污染当量数相乘即可确定。

四、排污收费标准设计的特点

（1）体现了"污染者负担的原则"，实行排放污染物种类和数量越多，应缴纳的排污费数量越多的收费标准，使排污收费更趋于公平合理。

（2）为了保证环境质量，促进排污者自觉削减污染，综合考虑污染物对环境危害程度和治理费用的环境价值，确定了污水、废气中各类污染物的当量值，体现了排放同一污染当量应等价收费的收费标准，适应了总量控制的要求。

（3）考虑不同环境要素的污染治理差异较大，对污水污染物、废气污染物、固体废物、超标准噪声的收费单价标准和排污费分别规定，分别计算，符合了不同环境要素的法律差异和理化性质差异。

（4）新的排污收费标准体现了对一切排污者"公平收费"的市场原则。只要排放同样的污染物，都应承担相同的环境成本。

（5）统一了收费标准，简化了收费计算，有利于排污收费单价的动态调整。

五、排污收费费率标准的制定和计算

确定排污收费标准的计算方法主要有四种，分别是污染边际处理费用（成本）法、处理费用分摊法、污染边际损失费用法和迭代（试错）法。影响排污收费标准制定的因素有多种，如收费依据、要控制的污染物的数量、收费的功能模式等。不同的功能模式在选择排污收费费率的计算方法时是有所区别的，以经济刺激作用为主的收费标准一般选择边际处理费用法，以筹集资金作用为主的收费标准一般选择处理费用分摊法。

（一）污染边际处理费用（成本）法

假设在污染物产生量和生产、治理情况等其他条件都不变的情况下，污染边际处理费用随着去除污染物的数量增加而增加。但排污收费的目的是希望每个排污者的边际处理成本趋于相等，在此基础上确定相应的收费标准。如果期望通过排污收费来达到污染控制的目标，则收费标准（等于边际处理成本）也要有相应的改变。以区域治理费用函数为目标函数，以所有污染源的边际治理费用函数为约束函数，构成一个线性方程组的最优解（区域治理费用最小）的问题。

边际处理费用（成本）法可以利用行业的平均边际处理费用，各行业削减同种污染物的费用接近正态分布，可以用非线性回归方法确定排污收费标准。

行业某污染物削减费用函数为：

$$R（削减费用）= a \cdot X^b$$

式中：a、b 分别为回归参数；X 为某污染物削减量。

n 个行业就有 n 个方程，通过非线性回归可以求出所有行业某污染物削减费用函数的回归方程：

$$R = a \cdot X^b$$

则所有行业的某污染物削减边际费用函数为：

$$R = ab \cdot X^{b-1}\text{（即为削减费用函数的导数）}$$

也可以选取部分企业污染处理设施的抽样样本以污染物削减量为自变量，企业处理费用为函数，函数形式与行业的一样，取幂函数，与行业的分析方法相同，采用非线性回归，求出企业削减某种污染物的费用函数，再求导数，得到企业削减某种污染物的边际费用函数。

（二）费用分摊法

费用分摊法的计算是以特定区域污染控制规划所需费用除以相应的污染处理量。这类计算边际污染处理费的方法主要用于城市污水处理、城市垃圾处理和一些适于集中处理的工业小区污染控制设施。这些设施的收费常常是使用者收费的形式。使用费用分摊法确定排污收费的标准，一般要求能够完全或部分承担，实施一年或多年污染控制规划控制污染所需的费用。

（三）污染边际损失费用法

利用这种方法的前提是，能够通过污染损失经济分析得到污染边际损失费用函数（或曲线），通过污染边际损失费用函数（或曲线）就可以确定不同的污染排放控制目标，对应不同的污染边际损失费用。在实际中，当特定污染排放量下的污染损失费用不能估算时，可以根据受害者接受赔偿意愿或排污者对削减污染的支付意愿来确定收费标准。

（四）迭代（试错）法

这是一种以专家的经验为基础确定排污收费标准的迭代推算方法。先假定最初的收费标准为 R_1，在该收费水平下污染物排放总水平为 Q_1。如果 Q_1 大于期望的最佳污染排放水平 Q^*，则应提高收费标准 R_2，在新的收费作用下污染物排放总水平为 Q_2。这样进行反复迭代推算，直到提高到收费标准 R^*，作用下的污染排放总水平达到或接近最佳污染物排放水平 Q^*，则此时的排污收费标准 R^* 为最佳排污收费标准。

新的排污费征收标准是在原国家环保局 1994—1997 年"中国排污收费制度设计及其实施研究"课题成果基础上，结合我国排污者的具体情况，按照《条例》相关要求制定的。该课题组以环境控制目标、污染治理投资和国内外专家估计的污染损失为确定排污费标准的前提，坚持国际通行的"污染者负担原则"，以大量污染治理设施的测算数据为基础，提出污水和废气中的污染物总量以污染当量计算，污水、废气分别统一确定单价，排放污染物按多因子总量计征收费，固体废物和危险废物按排污量计费，超标噪声按超标声级计费。

污水中各种污染物的当量值以 COD 为主体，首先确定排放 COD 1 kg 的数量为 1 个当量，平均治理成本为 1.40 元。再确定其他污染物的费用当量（用平均治理成本 1.40 元去除污染物的治理费用）、有害当量（10 m³ 污水执行一级排放标准所允许的排污数量）、毒性当量（67 m³ 污水执行Ⅲ类水体质量标准所允许的最大允许量）。费用当量体现了各种污染物治理成本的相对关系，有害当量体现了各种污染物对环境有害影响的相对关系。根据专家的咨询意见及有关编制原则，依据每种污染物的费用当量和有害当量，适当参考毒性当量，确定每种污染物的当量值。新颁布的收费标准中的当量值表内数据与该课题组确定的当量值变化不大。污水排污费当量值共确定了 61 种一般污染物（包括 COD），4 种特殊污染物（pH、色度、大肠菌群、余氯量），新颁布的污水排污费标准的收费单价考虑了我国排污单位的经济承受能力，暂时定为 0.7 元/污染当量。

废气中的烟尘依据林格曼黑度确定相应的收费标准，按我国平均燃烧 1 t 煤排放 12 500 m³ 的烟气量，林格曼黑度的等级对应不同的烟尘平均浓度，不同林格曼黑度的 1 t 煤的烟尘排放量可以由物料衡算计算出来，再乘以烟尘收费标准（0.35 元/kg 烟尘），确定不同林格曼黑度的 1t 燃料的收费标准。一般工艺废气（包括烟尘、SO_2、NO_x）以处理成本和排放标准为确定当量值的参考依据，确定了 44 种大气污染物的当量值。

第二节　水污染物排污收费标准的制定

一、污水污染控制目标与治理投资

1997 年确定水污染物排污收费标准时，是以国家环境保护"九五"计划和 1995 年环境数据进行测算的。《国家环境保护"九五"计划和 2010 年远景目标》规定的国家水污染控制的目标为：到 2000 年工业废水中的氰化物、砷、重金属等有害物质的排放总量比"八五"末有所减少，工业废水中的化学需氧量、石油类等污染物排放总量与"八五"末基本持平或略有增加。水污染控制的具体指标为，废水排放量控制在 480 亿 t，其中工业废水排放量 300 亿 t，城市生活污水排放量 180 亿 t。工业废水处理率达到 74%，城市污水集中处理率达到 25%；废水中化学需氧量排放总量控制在 2 200 万 t，其中工业废水中化学需氧量排放总量控制在 1 600 万 t。

我国水污染控制投资是环境污染治理投资的重点，占环境污染治理总投资的比例在 40%左右（1995 年中国环境统计年报数据）。"九五"规划提出，为实现 2000 年的国家规定的环境目标，绿色工程规划投资计划为 4 500 亿元，其中水污染防治投资约为 1 820 亿元。如果征收污水排污费的目的是为水污染防治筹集资金，那么"九五"期间每年的污水排污费至少要达到 364 亿元。1995 年全国污水处理设施运行费用需要 17.1 亿元，按当时超标收费的标准测算，如果全国超标废水排污费足额征收，每年仅有 9 亿元。由此分析，可以看出"九五"期间实施的超标收费政策，对排污者自觉削减废水污染物的刺激作用非常小。

另外，根据国内外有关专家的测算，从经济学的角度进行不完全的水污染损失估算，我国每年水污染造成的直接经济损失在 400 亿～700 亿元。在此基础上推算，我国水污染收费每年应不低于 400 亿元，或者说每吨废水的排放收费标准不应低于 1.07 元，否则污水排污费只能是一种欠量收费，对排污单位不会产生刺激作用。

二、污水中一般污染物的收费标准的确定

（一）水污染物平均处理成本

1. 污水处理设施运行费用计算模型

原国家环保局研究课题组在确定污水排污费收费标准中的处理成本函数时，还是采用了应用较多的幂函数回归方程，即：

$$Y = a \cdot X^b$$

函数以污染物去除量为自变量，企业处理费用为因变量，确定参数的数据采用部分企业污染处理设施的抽样样本数据。非线性回归计算采用的样本数据是由全国各地排污单位11 412套废水处理设施调研数据中抽取的，这些数据包括：来自中国环境科学研究院1995年调查提供的《全国排污收费标准测算调查表》，计 4 078 套污水处理设施；国家环保局1987年《工业废水处理设施效益分析》调查收集的 5 556 套污水处理设施；国家环保局1988年进行的《全国环保补助资金使用效益分析调查》的 1 569 套污水处理设施；上海市环保局1991年组织的排污申报登记资料统计的 209 套污废水处理设施，共计 11 412 套污水处理设施的效益分析数据。

在以上污水处理设施数据总体中选取样本进行测算COD的费用-去除量函数。抽取的样本点应满足处理的主要污染物是COD，1980年后建成投产的，年运行天数在150天以上这些条件。在测算总体中满足以上条件的，可用于计算COD的费用-去除量函数的样本点共有881个。

2. 污水处理设施的运行成本 $Y_{运行}$

污水处理设施的COD运行成本应是以下几部分费用之和：包括电费在内的能耗费用 Y_1、原材料费用 Y_2（药剂和其他材料）、维修费用 Y_3、管理费用 Y_4、管理人员的工资费用 Y_5、其他费用 Y_6。

则废水处理设施的运行成本为：

$$Y_{运行} = Y_1 + Y_2 + Y_3 + Y_4 + Y_5 + Y_6$$

3. 污水处理设施折旧费用 $Y_{折旧}$

计算污水处理设施折旧费用应考虑设施的最初基建设备投资额、折旧时限、折旧费用等因素。污水处理设施的折旧年限，如果是以建筑物为主体的处理设施（如生化处理设施），折旧年限为 15～30 年；以设备为主体的处理设施折旧年限为 5～10 年。污水处理设施折旧费用是污水处理设施的最初基建设备投资额（包括土建费用、设备管理费用和设备安装费用等）再除以折旧总月数的平均值，即平均月折旧费用。

4. 污水处理费用

旧的排污收费标准只以污水处理设施的运行成本计算收费标准，新的排污收费标准应以污水处理费用计算收费标准，才符合"污染者负担原则"。污水处理费用应该是污水处理设施的运行成本和污水处理设施折旧费用之和。

5. 贴现率

在计算污水处理费用时还应考虑不同时期形成的费用，在统一到同一时期时还应考虑

费用资金的贴现率，这样形成的费用才有可比性。在 1995 年设计测算排污收费标准时，不同年份建成的处理设施投资金额一律统一贴现到 1994 年。1984 年前建成的贴现率每年增加 0.08，1984—1991 年建成的贴现率每年增加 0.10，1992—1994 年建成的贴现率每年增加 0.17。

（二）主体污染物 COD 的收费标准

为了计算污水中各种污染物的污染当量值，必须确定一种主体污染物，它的平均治理成本、它的当量值，再根据其他污染物的平均治理成本和其他关联因素，找出与主体污染物之间的当量关系，就可以进行污染物的归一当量计算了。由于目前水污染物中最主要的污染物是 COD，因此选用 COD 作为主体污染物，确定污染当量和各种污染当量的当量值。

1. COD 平均治理成本

根据筛选的污水处理设施样本点的数据计算，确定了 COD 费用-去除量函数中的参数，再通过函数的导数确定了 COD 的边际治理运行费用，通过积分确定 COD 治理平均运行费用，COD 单因子的治理费用通常要比多因子中 COD 治理运行费用高。

表 5-1　COD 治理费用函数和平均治理成本估算（1994 年测算）

项目	设施治理水平	单因子		多因子	
		费用函数	统计检验	费用函数	统计检验
费用函数	处理	$Y = 11.8\,x^{0.68}$	$R=0.777$　$N=881$	$Y = 4.67\,x^{0.75}$	$R=0.768$　$N=438$
	处理达标	$Y = 13.83\,x^{0.66}$	$R=0.78$　$N=647$	$Y = 5.66\,x^{0.74}$	$R=0.80$　$N=241$
污染物的边际费用函数	处理	$Y = 8.02\,x^{-0.32}$	$R=0.777$　$N=881$	$Y = 3.50\,x^{-0.25}$	$R=0.768$　$N=438$
	处理达标	$Y = 9.13\,x^{-0.34}$	$R=0.78$　$N=647$	$Y = 4.19\,x^{-0.26}$	$R=0.80$　$N=241$
平均治理成本	处理	1.52 元/kg		0.93 元/kg	
	处理达标	1.58 元/kg		1.06 元/kg	

2. 确定主体污染物 COD 收费标准的经济政策

排污收费标准要具有经济刺激作用，其收费标准必须高于污染物的平均治理成本，如果低于污染物的平均治理成本，则排污者宁愿缴纳排污费而不愿意治理。当年工业污水处理设施的平均处理效率约为 80%，所以收费标准应为：

收费标准＝达标排放的平均治理成本/处理效率
　　　　＝达标排放的平均治理成本÷0.8
　　　　＝达标排放的平均治理成本×1.25

3. 确定主体污染物 COD 收费标准的目标值

因为污水排污费要实行多因子收费，考虑经济刺激系数，主体污染物 COD 的多因子收费标准应为：

$$1.06×1.25＝1.33 \text{ 元}$$

取整数约为 1.40 元/kgCOD，这是新排污收费标准确定的目标值。

4. 确定污染当量的含义

课题研究首先设定 1 kg COD 为 1 个污染当量，确定了实施多因子收费政策时，规定排放 1 个污染当量的 COD（即 1kg COD）的收费标准为 1.40 元。为了简化水污染物的收费标准，用一个统一的收费标准 1.40 元/污染当量来计算排放的各类水污染物的排污费，从而设定了对水污染物等量多因子收费标准的目标值应该为 1.40 元/污染当量。参照主体污染物 COD 的污染当量值，再根据各种污染物的去除成本、对环境的污染危害与 COD 的关系，确定出其余各类水污染物的污染当量值。考虑到排污收费制度改革后企事业单位的承受能力，《条例》附件确定的污水排污费的收费标准为 0.7 元/污染当量，以后再根据实际情况进行动态调整，最后的目标值是 1.40 元/污染当量。污水排污费统一收费价格便于以后对水污染污收费标准进行动态调整，但国家规定的污水污染物排污收费标准并未进行动态调整，目前仍然属明显的欠量收费。

（三）一般水污染物排污收费标准的确定

1. 一般污染物的概念

一般污染物是指《污水综合排放标准》（GB 8978）中除 pH 值、色度和禁排污染物之外的其他 60 种水污染物（包括 COD）。一般污染物的特点是其污染排放量都可以通过排放污染物的质量（以 kg 计量）来折算成污染当量。

2. 污水排污费的收费标准

污水排污收费标准采用的是多因子收费原则，收费单价以一个污染当量的价格来表示，设定 1kg 的主体污染物 COD 为 1 个污染当量，只要确定其他水污染物与 COD 的当量换算关系，及其他污染物的污染当量值，就可以使用单一的污水收费价格来计算其他水污染物的排污费。

3. 一般水污染物的污染当量值的确定

污水中的污染物是《污水综合排放标准》中规定的一类、二类污染物，除 pH 值、色度、大肠菌群数、总余氯、色度外的 60 种污染物（包括 COD），可以计算出排污质量，再加上 pH 值、色度大肠菌群数、总余氯、色度等特殊污染物，共计 64 种污染因子作为水污染控制的主要排污收费项目。以 COD 为废水排污收费的主体污染物，并以排放 1kg 的 COD 为排放 1 个污染当量，再确定其他一般污染物的污染当量值（即当量关系）。课题组在确定各种水污染物的当量关系时，考虑了各种污染物的费用当量、毒性当量和有害当量的综合结果，再与 COD 进行比较。因此确定各种一般污染物的污染当量值，应先确定一般污染物的费用当量、毒性当量和有害当量。

（1）费用当量。费用当量是指相同的费用所能处理或削减的某种污染物的数量。首先假定以主体污染物 COD 去除 1kg 的费用作为 1 个污染当量的标准费用（取 COD 单因子的平均处理成本 1.52 元），则用相同的费用（1.52 元）能够削减某种污染物的数量（以 kg 计）定义为该种污染物的费用当量值。如总汞的平均处理成本为 1 699 元/kg 汞，1.52 元治理费用可以削减 0.000 89 kg 总汞，即总汞的费用当量值为 0.000 89 kg。用同样的方法可以确定其他一般污染物的费用当量值。

（2）毒性当量。毒性当量是对生物体的危害程度和毒性的衡量。水环境质量标准对废水中各种污染物的最大允许浓度做出具体规定，主要是根据各种污染物对生物体与环境的危害程度或毒性制定的。仿照"费用当量"的确定方法，选用《地面水环境质量标准》（GB 3838—88）中的Ⅲ类水体质量标准为计算依据，假定 1 kg COD 为 1 个毒性当量，而 67m³Ⅲ类水体中 COD 的最大允许量恰好是 1 kg。因此，定义每 67m³Ⅲ类水体中某种污染物的最大允许量确定为该类污染物的毒性当量值。如按 67 m³ Ⅲ类水体中石油类的最大允许量为 0.003 35 kg（最大允许浓度为 0.05 mg/L）计，则石油类的毒性当量为 0.003 35 kg。依此类推，通过《地面水环境质量标准》，能够得到毒性当量值的污染物共计有 25 个。

（3）有害当量。污染物排放标准考虑了不同污染物对环境的危害程度，并对各类污染物排入环境的浓度或数量做出限量规定，各污染源达标排放是允许的，达标排放的各种污染物对环境的危害程度应视为有害当量相当。毒性当量中以Ⅲ类水域的环境质量标准为计算依据，为保持一致，有害当量也以排入Ⅲ类水域和Ⅲ类海域的污染物排放标准（执行一级排放标准）确定有害当量。假定 1 kg COD 为 1 个有害当量，达到一级排放标准的 10 m³ 废水中的 COD 的最大允许排放量正好为 1 kg。因此，定义达到一级排放标准的 10 m³ 污水中某种污染物的最大允许排放量为该种污染物的有害当量值。如达到一级排放标准的 10 m³ 污水中 SS 的最大允许排放量为 0.700 kg，则 SS 的有害当量值为 0.7 kg。依此类推，通过水污染物排放标准，能够求得有害当量的污染物共计有 59 个。

4．污染当量表的编制

以 COD 为污水的主体污染物，确定出各种污染物的费用当量、毒性当量和有害当量后，根据三种当量之间的关系、专家的咨询意见及有关编制原则，逐一确定出各种一般水污染物的污染当量值。由于各种污染物的三种当量确定时有些数据的不可得性，部分污染物目前尚缺乏可靠数据。费用当量主要体现了各种污染物治理成本的相对关系，而且涉及的污染物的范围最大。有害当量反映了各种污染物对环境有害影响的相对关系，60 种一般水污染物都可以计算出来。课题组在确定污水中各种污染物的污染当量时，主要依据费用当量和有害当量，适当参考有毒当量。在确定某种污染物的污染当量时，有毒污染物（毒性当量值高的污染物）应以有害当量值为主确定污染当量值，如重金属、氰化物、苯并[a]芘等，主要以有害当量或有害当量的权重比较大来确定污染当量值；对毒性较小的污染物如 COD、铜、锌、锰、氨氮等主要以费用当量为主，或费用当量的权重比较大来确定其污染当量值；对于有毒当量值或毒性一般的污染物根据其费用当量值和有害当量值加权计算得到其污染当量值。

一般水污染物的污染当量值如表 5-2 所示。

表 5-2　一般水污染物的污染当量值的确定　　　　　　　　　　单位：g

污染物分类	污染物名称	费用当量	毒性当量值	有害当量	污染当量值
第一类污染物	1. 总汞	1.0	0.006 7	0.5	0.5
	2. 总镉	10.0	0.33	1.0	5
	3. 总铬	80.0		15.0	40
	4. 六价铬	25.0	3.33	5.0	20
	5. 总砷	25.0	3.33	5.0	20
	6. 总铅	40.0	3.33	10.0	25
	7. 总镍			10.0	25
	8. 苯并[a]芘		0.166 8	0.000 3	0.000 3
	9. 总铍			0.05	10
	10. 总银			5.0	20

污染物分类	污染物分类	费用当量	毒性当量值	有害当量	污染当量值
第二类污染物	11. 悬浮物（SS）	1 000		700	4 000
	12. 五日生化需氧量（BOD$_5$）	625	267	200	500
	13. 化学需氧量（COD）	1 000	1 000	1 000	1 000
	14. 石油类	1 250	3.35	50.0	100
	15. 动物油类	1 250		100.0	160
	16. 挥发酚	250	0.33	5.0	80
	17. 氰化物	125	0.33	5.0	50
	18. 硫化物	500		10.0	125
	19. 氨氮	800		150	800
	20. 氟化物	500	66.6	100	500
	21. 甲醛	125		10.0	125
	22. 苯胺类	200		10.0	200
	23. 硝基本类	180		20.0	200
	24. 阴离子表面活性剂（LAS）	200	13.3	50.0	200
	25. 总铜	180	0.666	5.0	100
	26. 总锌	200	6.66	20.0	200
	27. 总锰	200	6.66	20.0	200
	28. 彩色显影剂（CD-2）	200		20.0	200
	29. 总磷	500	3.33	5.0	250
	30. 元素磷（以 P$_4$ 计）	500		1.0	50
	31. 有机磷农药（以 P 计）	500		3.33	50
	32. 乐果	500		6.66	50
	33. 对硫磷	500		6.66	50
	34. 甲基对硫磷	500		6.66	50
	35. 马拉硫磷	500		33.3	50
	36. 五氯酚及五氯酚钠（以五氯酚计）	100		50.0	250
	37. 三氯甲烷	1 500		3.0	40
	38. 可吸附有机卤化物（AOX）（以 Cl 计）	1 500		10.0	250
	39. 四氯化碳	1 500		0.3	40
	40. 三氯乙烯	1 500		3.0	40
	41. 四氯乙烯	1 500		1.0	40
	42. 苯	100		1.0	20
	43. 甲苯	100		1.0	20
	44. 乙苯	100		4.0	20
	45. 邻-二甲苯	100		4.0	20
	46. 对-二甲苯	100		4.0	20
	47. 间-二甲苯	100		4.0	20
	48. 氯苯	100		2.0	20
	49. 邻二氯苯	100		4.0	20
	50. 对二氯苯	100		4.0	20
	51. 对硝基氯苯	100		5.0	20
	52. 2,4-二硝基氯苯	100		5.0	20
	53. 苯酚	100		3.0	20
	54. 间-甲苯	100		1.0	20
	55. 2,4-二氯酚	100		6.0	20
	56. 2,4,6-三氯酚	100		6.0	20
	57. 邻苯二甲酸二丁酯	100		2.0	20
	58. 邻苯二甲酸二辛酯	100		3.0	20
	59. 丙烯腈	125		20.0	125
	60. 总硒	40	0.67	1.0	20

（四）特殊污染物污染当量值的确定

特殊污染物是指其排污量难以用污染物排放的总质量来计量和表示的污染物，如 pH 值、色度、总大肠菌群数和余氯量。新的收费标准根据特殊污染物的物理化学特点，实行不超标不收费，超标才征收排污费的原则。

1. pH 值的污染当量值

化学上，pH 值定义为溶液中氢离子活度的负对数，用 pH 值很难推断出排放酸碱污染物的数量，给制定 pH 值的收费标准带来困难。考虑 pH 值计量的特殊性，就以费用当量和毒性当量为基础，综合其污染当量值。课题组根据"上海市污水超标排污费征收标准"课题研究结果的数据，采用幂函数非线性回归的数学方法，确定 pH 污染因子的处理费用 Y（元/kg）与氢离子和氢氧根离子去除量（kg）之间的函数关系为：

$$Y = 103.9\, x^{-0.79}$$

当 pH<7 时，x 为氢离子去除量；当 pH>9 时，x 为氢氧根离子去除量。

因为原始数据是 1992 年的数据。1992 年计算治理成本为 75 元/kg 氢离子或氢氧根离子（1992 年价格），贴现到 1994 年的价格为 102.775 元/kg 氢离子或氢氧根离子。COD 的多因子收费标准为 1.40 元/kg，因此，确定 pH 值（氢离子或氢氧根离子）的费用当量为 14 g。

表 5-3　吨污水不同 pH 之下的氢离子或氢氧根离子量　　　　单位：g/t 污水

pH 值范围	氢离子或氢氧根离子量
0～1 或 13～14	391
1～2 或 12～13	39.1
2～3 或 11～12	3.91
3～4 或 10～11	0.39
4～5 或 9～10	0.039
5～6	0.003 9

pH 值的毒性当量采用Ⅲ类水域地表水的质量标准，根据毒性当量的定义，同等体积、浓度为 0.001 mg/L 的含汞污水与 pH 值为 6.5（即氢离子浓度为 $10^{-6.5}$ mol/L 或 $10^{-3.5}$ mg/L）的偏酸性污水的污染毒性和环境危害相同。总汞的毒性当量值为 0.006 7 g，推算出 pH 值（氢离子或氢氧根离子）的毒性当量值为 0.022 14 g。表 5-4 为在不同 pH 之下的费用当量数。

表 5-4　不同 pH 之下的费用当量数

pH 值范围	费用当量数/t 污水	毒性当量/t 污水	污染当量/t 污水	t 污水/污染当量
0～1 或 13～14	28	17 660	36	0.028
1～2 或 12～13	2.8	1 766	24	0.042
2～3 或 11～12	0.28	176.6	12	0.083
3～4 或 10～11	0.028	17.6	4	0.25
4～5 或 9～10	0.002 8	1.76	1	1
5～6	0.000 28	0.176	0.2	5

pH 值的毒性当量值要比费用当量值大 500 倍，实践证明，pH 值 6～9 是淡水鱼类、底栖无脊椎动物和浮游生物生存的适宜范围，超过或小于该范围将对水生生物产生危害，因此课题组研究设定 pH 值是以毒性当量为主确定吨污水的污染当量数。新的收费标准确定的当量值考虑了承受能力，略有所放宽。

2. 色度污染当量值

在环境监测上是用稀释倍数法来表示色度值的大小。造成色度污染的物质种类繁多，色度污染的环境监测值与废水中所含有色污染物的总量很难建立确定的关系。造成色度污染的主要是染料和纺织印染工业排放的有色有机化合物，色度污染的治理费用就以这两个行业来确定。有机物的去除都用一定量的化学需氧量来计量。先确定色度与 COD 之间的相关关系，再确定色度的污染当量值。

依据《纺织工业废水治理》以全国 42 个染整废水的样本点，建立色度（稀释倍数）Y 与化学需氧量 x（mg/L）之间的相关关系

$$Y = 3.32x^{0.69}$$

假定 1 个污染当量为 1 000 g COD，从上面关系式可以导出含 1 个污染当量 COD 时色度 Y 与污水量 Q（t 污水）之间的函数关系

$$Q = \frac{1\,000}{\sqrt[0.69]{Y/3.32}}$$

以 GB 8978—88 二级新扩改色度标准 80 和纺织染整废水二级新扩改色度标准 100 为标准。根据上面公式可以计算出不同的色度值时，含有 1 个污染当量 COD 对应的污水量及"超标吨水倍数"值。

表 5-5　1 个污染当量 COD 时对应的污水量及"超标吨水倍数"值

色度（稀释倍数）	50	80	100	160	180	200	300	400	500	600	700
污水量/t	19.6	9.94	7.19	3.64	3.07	2.63	1.46	0.96	0.70	0.54	0.43
色度 80 标准时的超标吨水倍数			1.80	3.64	3.83	3.95	4.02	3.86	3.66	3.48	3.32

在上述数据中，当色度标准选择 80 时，与 1 个污染当量 COD 相当的污水"超标吨水·倍数"值在 3.7 上下浮动，即 1 个污染当量等于 3.7 个"超标吨水·倍"。因此，《条例》附件规定超标 5 吨水·倍为 1 个污染当量。

3. 总大肠菌群数和余氯量的当量值

总大肠菌群数和余氯量的污染主要来自卫生和医院行业。总大肠菌群数 1989 年的超标收费标准为 0.14 元/t 污水，考虑贴现率，到 1994 年后应为 0.31 元/t 污水。按多因子收费标准 1.40 元/污染当量（1 个污染当量相当于 4.5 t 医院污水量）折算后，经过消毒后的医院污水收费标准约为 0.30 元/t 污水。《条例》附件规定得略低一些：为 3.3 t 医院超标污水量为 1 个污染当量。

当医院采用氯消毒时，如果余氯量过低，则大肠菌群数排放就可能超标；反之，如果余氯量过高，则余氯量会产生对水体生物有害的氯化物污染。当然使用超声波或臭氧杀菌

处理，就不存在余氯量超标的问题。总大肠菌群数和余氯量两个污染物指标，只能征收其中的一项，同时余氯量的征收标准与总大肠菌群数相同。

（五）特殊行业污染当量值的确定

1. 饮食服务行业的中小企业

饮食服务业的污水中污染物排放成分比较单一，主要是动植物油、COD、BOD 和 SS，污染物浓度变化幅度较大，水质不稳定，进行生化处理和隔油处理的排污单位较少。饮食服务业的污水排污费主要收费对象是没有监测数据的中小企业。收费标准的确定主要体现筹集资金的功能。为了收费合理，既简便又易于操作，实行按污染介质（吨污水）排放量计算排污费。

确定饮食服务业中小企业污染当量时，课题组采用的数据样本点主要取自上海市环保局提供的饮食服务业 1 361 个征收单位的资料。其中中小型饮食服务业的月排水量在 30～400 t，"大排档"每月污水排放量小于 30 t，由统计平均值计算出污水中动植物油、COD、SS 的平均排放浓度和浓度与排放量关系函数。表 5-6 中 COD 的浓度比实际情况要小很多。

表 5-6　中小型宾馆饭店污水中污染物排放浓度关系

污染物	浓度与排放量关系函数	样本点数	$F_{计}$统计检验	$F_{0.99\ (1,\ N-2)}$	平均浓度/（mg/L）
油	$Y = 134.7\,x^{-0.181}$	542	25.76	6.69	52.9
COD	$Y = 2\,096.13\,x^{-0.218}$	469	46.85	6.69	681.4
SS	$Y = 128\,000\,x^{-0.945}$	197	78.94	6.76	1 161.2
氨氮		193			4.53

注：函数式中 x 为月排污水量（t），Y 为排放的污水中污染物的浓度（mg/L）。

假定 1 个污染当量为 1 kg COD，计算出饮食服务业 1 t 污水的 COD 折合排放量以及费用当量、毒性当量、有害当量数，确定饮食服务业中小企业的吨污水的污染当量数为 1.28，即 0.78 t 饮食业污水=1 个污染当量。《条例》附件规定 0.5 t 污水为 1 个污染当量。

表 5-7　饮食业吨污水的污染当量数

依据	以治理成本为依据	以质量标准为依据	以排放标准为依据	污染当量/吨污水
折合 COD 量（kg/t 污水）	1.19	2.90	2.90	
污染当量/吨污水	1.2	2.90	2.90	1.28

注：地面水环境质量标准中没有动植物油和 SS 标准值。计算时用污水综合排放标准中的动植物油和 SS 标准值，按 COD 在两标准中倍数等比例缩小后采用（动植物油 1.5 mg/L，SS 10.5 mg/L）。

宾馆、饭店和洗浴美发等餐饮娱乐服务业在行业上污染物的种类和浓度有很大差别，如纯商业宾馆、餐饮排档、洗浴美发在行业的污染特征上就有很大差距，同时有些宾馆和饭店是综合性的，这几方面都有比例，也不尽相同。另外，纯餐饮的污染物浓度随着南北东西地域风味特点不同也有很大差异。实际上有条件的最好由地市级环境行政主管部门进行测算，按课题组的计算方法，自行确定 1t 污水折合的污染当量数。

2. 第三产业的其余行业

第三产业的其余行业污水大多属于一般性生活污水，污水中的污染物与生活污水相同，主要有 COD、BOD、SS、动植物油、氨氮等，各种污染物的浓度也与生活污水相近，因此这类污水的收费可以参考居民生活污水排放的收费标准。经测算居民生活污水的年收费标准应为 12.11 元/（人·a）。为简化收费标准，对第三产业的其余行业污水收费，以企业职工人数计算，1 个人·月排污量为 1 个污染当量。

3. 畜禽养殖业

目前国家还没有统一的畜禽养殖业的污水排放标准，但是，《污水综合排放标准》同样适用于畜禽养殖业排放的污水。确定畜禽养殖业的污染当量值，主要采用污染物流失率法。按上海农科院环境科学研究所推荐的畜禽粪尿污染物排泄系数（表 5-8），以此确定我国畜禽养殖业的有机物染排放量。

表 5-8　上海市郊县畜禽粪尿有机污染物排放系数

项目	牛		猪		肉鸡粪	蛋鸡粪	鸭粪（肉蛋平均）
	牛粪	尿	猪粪	尿			
COD	157.0	54	7.98	13.00	0.027 4	1.101 8	1.313
氨氮	7.67	72	0.45	4.77	0.004 0	0.276 3	0.328 2
总磷	1.818	1.53	0.134	0.752	0.001 14	0.106 8	0.185
折算成 COD	661.96	916.5	44.48	232.8	0.339	29.64	49.75

表 5-9　各类畜禽月排水体 COD 及其他污染物的当量数

畜禽	费用当量（相当 COD 量）	毒性当量（相当 COD 量）	有害当量（相当 COD 量）	污染当量（相当 COD 量）
牛	10　（10.33）	72　（72.3）	40　（42.3）	10（9.72）
猪	0.9　（0.88）	11　（11.0）	7　（7.0）	1（0.93）
鸡	0.05　（0.050）	1.1　（1.12）	0.7（0.73）	0.056　（0.048）
鸭	0.06　（0.063）	1.8　（1.85）	1.2　（1.22）	0.056　（0.064）

注：相当 COD 量的单位取 kg/（月·头）或 kg/（月·羽）。

将污染物的量折算成相当的 COD 的量，并以此为基础计算出牛、猪、鸡和鸭排放污染物的费用当量、毒性当量、有害当量值，从表 5-9 数据可以看出毒性当量值最高，费用当量值最低。畜禽养殖污水的污染当量值本应以毒性当量值为主，但考虑到畜禽养殖户的经济承受能力，污染当量的确定以费用当量为主，从而确定牛、猪、鸡鸭的污染当量值分别为 0.1 头·月、1 头·月、30 羽·月。

4. 小型工业企业

小型工业企业是指固定资产规模不超过 800 万元的企业，乡镇企业和个体企业不一定就是小型工业企业。小型工业企业一般很少自行处理废水，环保部门对其监测又比较困难，鉴于此，将环保部门不能进行环境监测的企业都列入小型企业的范围。对于小型企业，应以《污水综合排放标准》为基础，分行业按污染介质（吨污水）确定其收费标准。

表 5-10　小型工业企业的污染当量值

序号	行业名称	以治理成本为依据		以质量标准为依据		以排放标准为依据		污染当量
		相当COD量	费用当量	相当COD量	毒性当量	相当COD量	有害当量	
1	石棉	0.67	0.7	135.9	135.9	10.52	10.5	0.88
2	淀粉、酿酒	4.49	4.5	6.94	6.9	6.4	6.4	4.22
3	印染	1.01	1.0	1.77	1.8	1.37	1.4	0.96
4	制革	3.68	3.7	10.05	10.0	8.29	8.3	4.08
5	造纸	1.95	2.0	5.81	5.8	3.26	3.3	1.79
6	炼焦	5.38	5.4	847.88	847.9	66.88	66.9	7.19
7	硫黄	0.64	0.6	1.61	1.6	1.51	1.5	0.54
8	化工	1.01	1.0	9.69	9.7	2.43	2.4	0.94
9	水泥	0.13	0.1	0.45	0.4	0.45	0.4	0.09
10	砖瓦、陶瓷	0.52	0.5	1.87	1.9	1.8	1.8	0.34
11	金属冶炼	1.83	1.8	27.53	27.5	7.28	7.3	1.32
12	炼砷	56.72	56.7	425.58	425.6	283.52	283.5	70.86
13	电镀	1.15	1.2	64.9	64.9	8.77	8.8	1.69
	主要污染行业	1.76	1.8	14.83	14.8	3.76	3.8	1.65

　　小型企业污染当量值的确定主要采用排污系数法。排污系数是在正常的经济技术管理条件下生产单位产品排放的污染物量。根据全国乡镇工业污染源调查数据，作为制定小型企业行业污染物排放系数的样本。将除 COD 以外的其他 8 种污染物排污系数换算成相当的 COD 量，再累加成行业的 COD 总排污系数。可以换算出表 5-10 中 13 个行业吨污水的污染当量数以及它们的综合污染当量数，主要污染行业小型企业的污染当量值为 0.6t 污水。

　　一般污染行业的产污、排污系数国家未作统计调查，主要以小型企业污染治理运行费用为依据，将 SS、挥发酚、氰化物、砷、汞、镉和六价铬等污染物都换算成相当的 COD 量，累加成一般污染小型企业的 COD 综合排污系数，为 0.39 kg/t 污水。因此一般污染行业小型企业 1 t 污水相当于 0.39 个污染当量。

三、城市居民生活污水处理的收费标准

　　在发达国家和工业化国家中，城市居民的污水收费已经是一项普遍的环境收费制度，它体现了污染者负担的原则。我国也在许多城市逐步推广实施。《条例》规定了环保部门向排污单位征收排污费，对于居民的排污行为国家将采用"使用者付费"的原则，由城市污水集中处理设施按照国家规定向城市排污者（包括居民）提供污水处理的有偿服务，在水费中加收污水处理费，城市污水处理设施的运营部门负责城市污水集中处理，环保部门监督城市污水集中处理设施达标排放。现行的水污染控制体制还存在着如何协调水污染物处理成本和城市居民污水处理收费的问题。

　　城市集中污水处理收费性质属于使用者付费。它通过城市自来水费附加征收城市污水处理费，再向城市集中污水处理设施转让支付的形式，为城市集中污水处理设施筹集治理资金。

　　根据 1993 年城市污水的排放现状，中小城市（人口规模 20 万左右）的污水处理厂平均规模可以按 5 万 m^3/d 考虑，大中型城市（人口规模 20 万左右）的污水处理厂平均规模可以按 20 万 m^3/d 考虑。一级处理厂约占 40%，二级处理厂占 60%。一级处理去除率在 30%～50%，二级处理去除率在 85%～90%，三级处理去除率在 95% 以上。

　　在制定城市污水处理费收费标准时，主要考虑污水处理规模、处理效率和费用组成。污水处理规模按 30 万 m^3/d、20 万 m^3/d、15 万 m^3/d、10 万 m^3/d、7.5 万 m^3/d、5 万 m^3/d、3.5 万 m^3/d、2 万 m^3/d 八种情况考虑。污水处理效率按污水一级和二级处理各占 50%（B_1），污水全部二级处理（B_2）两种情况考虑。费用组成分五种情况考虑，它们分别是污水处理投资运行＋排水管网投资运行维护（C_1），污水处理投资运行＋排水管网运行维护（C_2），污水处理投资＋运行（C_3），污水处理运行＋排水管网运行维护（C_4），污水处理运行（C_5）。我国目前一般城市的污水处理能力远小于污水排放量，如按标准收费，其收费总额将超过污水处理所需的费用，因此生活污水处理费收费额应该满足相应的污水处理目标所需的全部费用。

　　表 5-11 是考虑平均处理规模下的居民污水收费标准（按当时的环境标准和价格水平计）。

表 5-11　城市污水处理费用　　　　　单位：元/m^3

费用	效率	不同处理规模下的污水处理成本								平均处理规模下污水处理成本
		30 万 m^3/d	20 万 m^3/d	15 万 m^3/d	10 万 m^3/d	7.5 万 m^3/d	5 万 m^3/d	3.5 万 m^3/d	2 万 m^3/d	
C_1	B_1	0.48	0.49	0.51	0.56	0.60	0.68	0.72	0.83	0.59
	B_2	0.61	0.64	0.66	0.71	0.76	0.85	0.91	1.07	0.75
C_2	B_1	0.30	0.31	0.33	0.38	0.42	0.50	0.54	0.65	0.41
	B_2	0.43	0.46	0.48	0.53	0.58	0.67	0.73	0.89	0.57
C_3	B_1	0.27	0.28	0.30	0.35	0.39	0.47	0.51	0.62	0.38
	B_2	0.40	0.42	0.45	0.50	0.55	0.64	0.70	0.86	0.54
C_4	B_1	0.13	0.14	0.15	0.19	0.23	0.29	0.33	0.38	0.21
	B_2	0.16	0.17	0.19	0.25	0.30	0.38	0.42	0.50	0.27
C_5	B_1	0.10	0.11	0.12	0.16	0.20	0.26	0.30	0.35	0.18
	B_2	0.13	0.14	0.16	0.22	0.27	0.35	0.39	0.47	0.24

第三节　大气污染物收费标准的制定

一、废气污染控制目标与治理投资

　　《国家环境保护"九五"计划和 2010 年远景目标》规定的大气污染控制目标为：到 2000 年大气污染物中的烟尘和工业粉尘等物质排放总量与"八五"末基本持平或有所增加，SO_2 综合治理能力有显著提高。工业废气处理率达到 80%，其中燃料燃烧废气消烟除尘率达到 84%，生产工艺废气净化处理率达到 74%。烟尘排放量控制在 1 750 万 t，其中工业烟尘排放量 1 650 万 t；SO$_2$ 排放量控制在 2 460 万 t，其中工业 SO$_2$ 排放量 2 200 万 t；工业粉尘排放量控制在 1 700 万 t。

"八五"期间大气污染防治是我国环境污染治理的重点之一，其投资占总投资的比例大约在 35%。"九五"期间污染投资中，大气污染防治投资 2 080 亿元，其投资比例超过了水污染防治，占"九五"污染治理总投资的 46%。如果"九五"期间大气排污收费的主要目的是为大气污染防治筹集资金，那么"九五"期间每年的大气排污费至少要达到416 亿元。

目前我国还缺少对大气污染损失的权威性的全面分析，据有关专家和专业文章分析，我国每年的大气污染损失在 500 亿～900 亿元，我国目前的大气污染治理投资和大气污染排污费远远低于大气污染造成的经济损失。按照经济学原理，理想的排污收费总额应等于环境资源补偿。从补偿污染损失的角度看，废气污染物排污费每年应不低于 500 亿元，否则就是一种欠量收费。

二、废气污染收费标准的制定

在确定大气排污收费标准时，根据大气污染物排放的特点和类型，将大气污染物分为燃料燃烧废气污染物、工艺废气污染物和流动污染源大气污染物三大类。

（一）燃料燃烧废气污染物排污收费标准制定

目前我国的大气污染结构虽然有些变化，但仍然属煤烟型污染，其中以烟尘和 SO$_2$ 为主要污染物。在我国的能源构成中，作为主要能源的煤约占近 70%，其中 80% 以上作为燃料。燃煤锅炉和炉窑是燃料燃烧的主要污染源，火力电厂锅炉是耗煤最多的燃煤设备，每年耗煤约占我国煤炭总消耗量的 40%。我国大量的中小型锅炉设备存在低效率、高污染、燃料适应性差、出力不足的问题，造成燃料燃烧污染物产生量大的环境问题，除了烟尘外，所排 SO$_2$ 占总排放量的 7/8，所排 NO$_x$ 占总量的 2/3。

燃料燃烧排放的污染物主要有 SO$_2$、NO$_x$、烟尘、CO 等，考虑到污染危害和数据的可得性，首先确定 SO$_2$ 和烟尘的收费标准，其他污染因子的收费标准将根据这两种污染物导出。

1. 我国煤炭中硫分和灰分的平均含量

根据我国 20 个省矿务局统配煤 1985—1992 年的煤炭产量、煤炭中平均含硫量、平均含灰量，经过加权计算可以算出全国煤炭的硫分和灰分平均含量，如表 5-12 所示。

表 5-12　全国煤炭平均含硫、含灰百分比　　　　　　　　　　　单位：%

	1985 年	1986 年	1987 年	1988 年	1989 年	1990 年	1991 年	1992 年	平均
含硫量	1.24	1.25	1.24	1.21	1.22	1.20	1.24	1.22	1.22
含灰量	23.7	23.7	23.9	25.0	23.9	23.9	23.8	23.8	23.9

2. 燃料燃烧 SO$_2$ 治理成本的确定

燃煤（油）炉窑分为三大类：电站锅炉、工业炉窑、民用锅炉。电站锅炉 75%～80%

是 400 t/h 以上的锅炉，排放强度高；工业锅炉和炉窑以中小型容量为主，全国共有工业锅炉几十万台。1995 年和 2000 年对各类锅炉耗煤情况进行了统计，如表 5-13 所示。

表 5-13　我国 1995 年统计和 2000 年预测的各类锅炉耗煤比例

	1995 年		预计 2000 年	
电站锅炉燃煤量	46 000 万 t	41.82%	58 600 万 t	45.46%
工业炉窑燃煤量	48 000 万 t	43.64%	52 200 万 t	40.50%
民用锅炉燃煤量	16 000 万 t	14.54%	18 100 万 t	14.04%
合计	110 000 万 t	100%	128 900 万 t	100%

电站锅炉目前主要采用旋转喷雾干燥烟气脱硫技术、石灰石-石膏法、磷铵肥法等脱硫技术，工业炉窑和民用锅炉根据炉型和规模大小分别采用循环流化床、角管式锅炉炉内喷钙脱硫技术、工业型煤固硫技术等。各类锅炉的脱硫处理成本、效率见表 5-14。

表 5-14　各类锅炉的脱硫处理成本、效率

燃煤设备	脱硫技术	单位投资成本/（元/t·a）	运行成本/（元/t SO$_2$）	处理成本/（元/t SO$_2$）	燃煤量所占比例/%	平均脱硫率/%	平均脱硫初投资/（元/t SO$_2$）	平均处理成本/（元/t SO$_2$）
电站锅炉	旋转喷雾干燥烟气脱硫	270	573	842	35	80	6 340	881.3
	石灰石-石膏法脱硫	481	740	1 221	35	>90		
	磷铵肥法脱硫	532	0	532	30	>95		
工业炉窑	循环流化床脱硫	206	300	506	8.33	80	4 611	1 183
	角管式锅炉炉内喷钙脱硫	178	726	904	16.67	50		
	工业型煤固硫	368	952	1 320	75	50		

电站锅炉、工业炉窑、民用锅炉的初投资和处理成本按照各自的耗煤量比例加权平均，得到全国处理 SO$_2$ 的初投资平均费用 5 372 元/t SO$_2$；处理成本平均费用为 1 052 元/t SO$_2$。

为了实现国家严格控制 SO$_2$ 的目标，遵循排污收费标准略高于平均治理费用的原则，以刺激为目的确定收费标准，SO$_2$ 的收费标准应在平均处理费用的基础上乘以 1.2，即收费标准为：

$$1\ 052 \times 1.2 = 1\ 260\ 元/t\ SO_2 = 1.26\ 元/kg\ SO_2$$

以筹集资金为目的的 SO$_2$ 收费标准确定：如 1995 年 SO$_2$ 产生量 2 300 万 t，排放量 1 890 万 t，征收面为 70%，收费额为 1 323 k（k 为收费标准），收费额中的 80% 用于治理，用于治理的费用为 1 058 k，治理单价（按初投资算）按 5 372 元/tSO$_2$，两年后（1997 年）削减量为 0.2 k。1997 年 SO$_2$ 产生量为 2 460 万 t，加取 1995 年收费投资的削减量，实际排放量为 2 460 万 t，其他计算与 1995 年相似。以此类推到 2000 年。2000 年的实际排放量应该等于 2000 年的 SO$_2$ 控制目标。以此计算以筹集资金为主要目的的 SO$_2$ 收费标准为：520 元/tSO$_2$=0.52 元/kg SO$_2$。

3. 炉窑烟尘处理成本的确定

为了确定我国炉窑除尘器的治理费用函数，国家对 7 000 余台锅炉进行数据统计分析，其中包括电站锅炉 705 台，占调查总数的 10.8%；工业炉窑 4 473 台，占调查总数的 63%；民用锅炉 1 860 台，占调查总数的 26.2%。

我国目前除尘器的使用现状，燃煤电厂的除尘设备主要选择：电除尘、袋式除尘、湿式除尘器（文丘里、斜棒栅除尘器）。燃煤工业炉窑和民用锅炉除尘设备主要选择：电除尘、袋式除尘、湿式除尘器（文丘里、斜棒栅除尘器）、旋风除尘器。各类锅炉除尘成本、效率见表 5-15。

表 5-15　各类锅炉和炉窑的费用函数（1995 年价格）

类型	除尘技术	除尘设备应用比例/%	投资费用函数/（万元/t）	典型规模/t	初投资/（元/t）	处理成本/（元/t）	样本数	相关系数 r	平均除尘率/%	
电力	电除尘	75	$24.85x^{0.39}$	22 000	613.6	334.7	73	0.832 8	98.5	97.7
	袋式	2			440	484	3		99	
	湿式	23	$72.72x^{0.30}$	15 000	298.0	641.3	179	0.740 7	95	
工业	电除尘	15	$1.98x^{0.52}$	1 800	596.4	561.2	103	0.772 3	97	89
	袋式	30	$0.66x^{0.72}$	1 600	920.0	360.6	43	0.824 1	99	
	湿式	15	$1.16x^{0.32}$	700	258.3	653.4	777	0.595 6	92	
	旋风	40	$0.82x^{0.32}$	300	186.6	219.1	826	0.587 9	85	
民用	电除尘	15	$1.6x^{0.4}$	200	732.6	409.6	19	0.849 0	97	89
	袋式	30	$0.45x^{0.4}$	45	504.2	343.8	9	0.904	99	
	湿式	15	$0.83x^{0.5}$	600	372.7	604.7	239	0.726 5	92	
	旋风	40	$0.81x^{0.45}$	200	483.5	214.1	484	0.732 4	85	

根据表 5-15 中除尘器费用及其相应的应用比例，按相应削减量加权平均，可以得到烟尘削减的平均处理费用，确定平均初投资为 514.2 元/t 烟尘；处理成本平均费用为 416 元/t 烟尘。

遵循排污收费标准略高于平均治理费用的原则，以刺激为目的确定收费标准，烟尘的收费标准为平均处理费用乘以刺激力度 1.2：

$$461 \times 1.2 = 553.2 \text{ 元/t 烟尘} = 0.55 \text{ 元/kg 烟尘}$$

以筹集资金为目的的烟尘收费标准的制定与 SO_2 的思路相同，计算出以筹集资金为目的的烟尘收费标准为：350 元/t 烟尘 = 0.35 元/kg 烟尘。

4. 烟尘依据林格曼黑度的收费标准

由于炉窑污染源的数量多，监测难度大，我国对炉窑烟尘的收费主要是以林格曼黑度作为烟尘的收费因子，在实际操作时简单易行。烟尘的林格曼黑度体现的是烟尘浓度，它们之间的关系如表 5-16 所示。

表 5-16 烟尘浓度与林格曼黑度的关系

林格曼黑度	0 级	1 级	2 级	3 级	4 级	5 级
烟尘浓度/（mg/m³）	200 以下	250	700	1 200	2 300	4 000～5 000

在计算中假设：

（1）烟气温度为 180℃，1t 蒸汽/h 锅炉产生的烟气量为 2 500m³/h；

（2）产生 1kg 蒸汽需要热量为 650kcal（或 2 718.3kJ）；

（3）煤的平均热值为 5 000kcal/kg（或 20 910kJ/kg），锅炉热效率平均为 70%，估计燃烧 1t 煤，可以产生 5t 蒸汽，并排放 12 500 m³ 烟气量，以此数据确定林格曼黑度的收费标准（表 5-17）。

表 5-17 林格曼黑度的收费标准

林格曼黑度	0 级	1 级	2 级	3 级	4 级	5 级
理论收费标准/（元/t 煤）	0	1.1	3.1	5.3	10.1	19.7
实际收费标准/（元/t 煤）	0	1	3	5	10	20

如林格曼黑度 2 级 1t 煤烟尘量为 $10^{-6} \times 12\,500 \times 700 = 8.75$kg/t 煤，以筹集资金为目的的烟尘收费标准为 0.35 元/kg 烟尘，则收费标准为 $8.75 \times 0.35 = 3.1$ 元/t 煤。

5. NOₓ 的收费标准

燃煤电厂是 NO_x 的排放大户，占排放总量的 80%。NO_x 的排放标准约为 SO_2 的 1/2，在《大气污染物综合排放标准》中 SO_2 的排放标准为 700 mg/m³，NO_x 的排放标准为 420 mg/m³。因此，从《大气污染物综合排放标准》规定的排放标准分析排放等量污染物对环境的影响出发，NO_x 的收费标准应是 SO_2 的 2 倍。但考虑 SO_2、NO_x 都是形成酸雨的主要污染物，从排放总量对环境的总体影响方面看，在形成酸雨危害上 SO_2 是 NO_x 的两倍。两者综合考虑将 SO_2 和 NO_x 的收费标准定为相同。

6. CO 的收费标准

在《大气污染物综合排放标准》中，SO_2 的最高允许排放浓度为 1 000 mg/m³，CO 的最高允许排放浓度为 5 200 mg/m³，因此，CO 的收费标准应为 SO_2 的 1/5，以刺激为主的收费标准为 0.25 元/kg，以筹集资金为主的收费标准为 0.1 元/kg。《条例》附件是以筹集资金目的为主的，确定 CO 的当量值为 0.1 元/kg。

7. 碳氢化合物（HC）的收费标准

目前我国大气环境质量标准和大气污染物排放标准中都没有碳氢化合物因子，碳氢化合物收费标准主要针对燃油锅炉。在制定标准时，以机动车污染物排放收费标准为参考，以筹集资金目的为主的收费标准为 0.4 元/kg，以刺激目的为主的收费标准为 0.8 元/kg。

（二）工艺废气污染物收费标准的确定

1. 大气污染物的收费标准

为了简便大气污染物排污收费的计算，课题组也采用污染当量进行污染物归一的总量计算方式。即以平均处理费用法确定的收费标准数值作为污染物的当量值，参考污水排污费收费单价 1.4 元/污染当量，设定废气污染物收费单价 1.0 元/污染当量，考虑排污收费标准略高于平均治理费用的原则，在基准收费标准的基础上乘以刺激系数 1.2，使大气污染物的收费标准提高到 1.2 元/污染当量。《条例》附件规定大气污染物收费标准初步定为 0.6 元/污染当量。统一大气污染物收费单价便于以后动态调整收费价格，但国家规定的大气污染物排污收费标准并未进行动态调整，目前仍然属明显的欠量收费。林格曼黑度的收费标准则采用燃料燃烧的物料衡算结果进行测算。

2. 工艺废气污染治理费用关系的确定

工艺废气排污收费标准确定的方法主要依据污染治理费用，同时采用产品价格法和污染有害当量法作为校核和补充。对于有大量污染治理费用样本数据的废气污染因子，使用统计分析方法确定治理费用和污染物削减量的回归关系。对样本量少的污染因子，利用重点调查数据，确定相关关系。对于可以回收利用又没有相应的污染治理费用关系的污染因子，也可以采用经济学的方法，将回收利用污染物的产品价格视为其污染治理的影子价格，作为该污染物的污染治理费用。

为了与污水排污费的计算用相同的方法，废气污染物也采用污染当量计算污染物排放量，统一收费单价的计算方式。采用当量的表达形式，以平均处理费用制定的收费标准数值为污染当量值，即每当量收费标准 1.2 元。各项污染物处理费用当量的数值可以通过收费标准的数值（平均治理成本）与每当量的单价确定当量关系。如果有的污染物没有治理成本数据，可以将这种污染物看作回收的产品，以产品价格代替治理成本，一般产品价格低于治理成本。表 5-18 反映了确定工艺废气污染物当量值的方法。

表 5-18　平均处理费用法确定的工艺废气污染物的当量值标准

类别	序号	污染物	处理成本/（元/kg）	产品价格/（元/kg）	排放标准/（mg/m³）	收费标准/（元/kg）	污染当量值	备注
无机气态污染物	1	二氧化硫	1.5	2.35	700	1.5	0.67	HCN 与 SO₂、NOₓ、Cl₂、HCl 同为酸性无机气体，均采用吸收法和吸附法处理
	2	氮氧化物	2.1		420	2.1	0.48	
	3	一氧化碳	0.06	0.07		0.06	16.7	
	4	氯气	2.97	3.00	85	2.97	0.34	
	5	氯化氢	0.93	0.40	150	0.93	10.75	
	6	氟化物	1.15		11	1.15	0.87	
	7	氰化氢			2.3	203.2	0.005	
无机雾态	8	硫酸雾	1.63	0.7	70	3.63	0.6	铬酸雾与汞及其化合物均可采用吸附法
	9	铬酸雾			0.08	1 426.3	0.000 7	
	10	汞及其化合物			0.015	7 725.0	0.000 1	
颗粒状污染物	11	一般性粉尘	0.25	0.23	150	0.25	4	均属固态粉尘状，处理方法相近，均以一般性粉尘作为主体污染物。烟尘的收费标准采用燃料燃烧部分数据
	12	石棉尘			20	1.89	0.53	
	13	玻璃棉尘			80	0.47	2.13	
	14	炭黑尘			22	1.70	0.59	
	15	铅及其化合物			0.9	41.7	0.02	
	16	镉及其化合物			1.0	37.5	0.03	
	17	铍及其化合物			0.015	2 500	0.000 4	
	18	镍及其化合物			5.0	7.5	0.13	
	19	锡及其化合物			10	3.75	0.27	
	20	烟尘				0.28	3.57	

类别	序号	污染物	处理成本/（元/kg）	产品价格/（元/kg）	排放标准/（mg/m³）	收费标准/（元/kg）	污染当量值	备注
有机烃或碳氢氧化合物	21	苯		3.4	17	19.54	0.05	均可采用催化燃烧法和吸附法处理，以甲醇作为主体污染物
	22	甲苯		4.2	60	5.54	0.18	
	23	二甲苯		3.9	90	3.69	0.27	
	24	苯并[a]芘			0.000 5	664 400	0.000 002	
	25	甲醛		1.3	30	11.07	0.09	
	26	乙醛			150	2.21	0.45	
	27	丙烯醛			20	16.61	0.06	
	28	甲醇	1.51	2.0	220	1.51	0.67	
	29	酚类		7.6	115	2.89	0.35	
	30	沥青烟	5.36	1.3	80	5.36	0.19	
有机碳氢氧及其他	31	苯胺类		8.2	25	4.71	0.21	不采用催化燃烧法处理，常采用吸附法处理，以氯乙烯为主体污染物
	32	氯苯类		3.8	85	1.38	0.72	
	33	硝基苯		4.0	20	5.88	0.17	
	34	丙烯腈		9.4	26	4.53	0.22	
	35	氯乙烯	1.81	7.3	65	1.81	0.55	
	36	光气			5	23.53	0.04	
恶臭污染物	37	硫化氢	3.5		0.03	3.5	0.29	除氨外，均可采用吸附法处理，以 H_2S 为主体污染物
	38	氨		1.8	1.0	0.11	9.09	
	39	三甲胺		8.2	0.05	26.25	0.32	
	40	甲硫醇			0.004	26.25	0.04	
	41	甲硫醚			0.03	3.5	0.28	
	42	二甲二硫			0.03	3.5	0.28	
	43	苯乙烯			3.0	0.04	25	
	44	二硫化碳			2.0	0.05	20	

3. 各类工艺废气污染治理费用的确定

如表 5-18 所示，按照《大气污染物综合排放标准》、《恶臭污染物排放标准》和有关行业污染物排放标准，课题组选择了 44 种污染物作为大气污染物的收费因子。以各类污染因子的污染特征和治理工艺相近为依据，将 44 种废气污染物分为六大类：无机气态污染物（7 种）、无机雾态（3 种）、颗粒状污染物（10 种）、有机烃或碳氢氧化合物（10 种）、有机碳氢氧及其他（6 种）、恶臭污染物（8 种）。

在工艺废气收费标准的制定过程中，将废气污染物也分为六大类，各类污染因子中有些污染因子有处理成本费用研究数据，其污染当量值依据其处理费用确定。将设定的单位污染当量的收费值（1 元/kg）与其处理成本相比可以得到每种污染因子的污染当量值。对于没有处理成本研究数据的污染因子，其处理费用为该污染物与同类大气污染物中各有处理成本数据的污染物的相对处理成本的平均值，相对处理成本由该污染物的排放标准与同类大气污染物排放标准相比得到。

课题组在对大气污染物的平均处理成本的分析中，发现汞及其化合物、铍及其化合物、苯并[a]芘的污染当量值特别小，即收费标准特别高，说明这几类污染物对环境的危害特别严重，对这几类污染物的排放要严格控制。实际操作中，若对这几类污染物高收费，排污单位将难以承受。课题组建议对这几类污染物，如排污单位可以承受的，可参考收费标准收费；如承受不了的，可以采取罚款、限期治理等其他替代方式督促排污单位进行治理。

第四节　固体废物收费标准的制定

一、我国固体废物控制目标和投资

我国工业固体废物产生量大、利用率低、占地多，1992—1995 年产生量稳定在 6.4 亿 t。全国工业固体废物从产生量的比例上看，尾矿占 29.5%、煤矸石占 19.6%、粉煤灰占 17.2%、冶炼渣占 11.1%、炉渣占 12.3%、化工渣占 4.5%、其他工业固体废物占 5.9%。

《国家环境保护"九五"计划和 2010 年远景目标》规定的固体废物控制的目标为：到 2000 年，固体废物产生量控制在 11.1 亿 t，其中工业固体废物产生量 9.3 亿 t，城市生活垃圾 1.8 亿 t，工业固体废物综合利用率达到 45%，城市生活垃圾无害化处理率达到 50%，工业固体废物排放量控制在 6 000 万 t 以下。

1995 年固体废物治理投资 140 768 万元，占总投资的比例为 14.26%。根据"九五"污染控制目标的要求，专家推算"九五"期间固体废物控制投资要达 500 亿元，平均每年为 100 亿元。

据专家估算，1990 年全国固体废物造成的损失在 90 亿～105 亿元。目前全国固体废物造成的损失大约在 100 亿元。

二、固体废物的处理费用分析

由于国家排放标准对固体废物中的污染物没有一个明确的含量标准规定，因此固体废物的管理很复杂。环境管理只是从来源上大致分为一般固体废物和危险固体废物。一般固体废物又可分为冶炼废渣、炉渣、煤矸石、粉煤灰、尾矿、其他渣。但实际上固体废物种类繁多、性质各异，固体废物的处理处置有很大的差别，处理成本也很难规范。固体废物的分类、处理处置、成本核算都很模糊，给固体废物的管理和收费标准的测算带来了许多技术上的困难。

工业固体废物收费标准估算方法如下：

（一）平均处理成本法

计算某种工业固体废物某种处置方法所有单价的算术平均值，称为该种工业固体废物该种处置方法的平均处置单价。

（二）占用土地的机会成本法

当工业固体废物进行堆存或填埋占用了一定数量的土地，可以用这些土地的面积折算出在其上建设工厂、商贸区或住宅能够产生的经济效益，再用产生的经济效益除以堆存或填埋在这个土地上的工业固体废物数量，就得到了工业固体废物进行堆存或填埋的成本。

三、危险废物的收费标准

（一）危险废物的平均处理成本

《北京区域有害废物处理处置技术经济分析》估算危险废物填埋成本为：分散填埋
1 584 元/t，集中式填埋 368 元/t，相对集中填埋 499 元/t。《沈阳市工业危险废物处置工程
可行性研究报告》估算危险废物处置成本为 925～1 063 元/t，加权平均处理成本为 1 140
元/t。深圳危险废物处置成本为 2 000 元/t。大连市对可再生利用的危险废物处理成本为 500
元/t，需焚烧无害化处置的废物平均处理成本为 2 000 元/t。按照平均法可以测算危险废物
的平均处置成本为 1 217 元/t。

（二）危险废物的收费标准

根据危险废物处置费用分析，不同的危险废物的平均处置费用如表 5-19 所示。

表 5-19　不同的危险废物的平均处置费用　　　　　　　　　　　　单位：元/t

危险废物	具有急性、慢性（"三致"）等毒性	具有浸出毒性	具有腐蚀性	具有反应性	具有易燃性	具有传染性（医疗垃圾）
平均处置费用	1 500	1 500	1 000 或 500	1 000	1 000	500

对各类危险废物的收费标准进行简化处理，新的收费标准规定都是 1 000 元/t。2005
年 4 月 1 日实施的《中华人民共和国固体废物污染环境防治法》第五十六条保留了原（以
填埋方式处置不符合国务院环境保护行政主管部门规定的）危险废物排污费的规定，危险
废物排污收费标准继续执行。

第五节　超标准噪声排污收费标准的制定

一、超标准噪声控制的目标与治理投资

国家《1996 年环境质量通报》指出，1996 年全国平均噪声源的比例结构为：生活噪
声源占 47%、交通噪声源占 26%、工业噪声源占 9%、建筑施工噪声源占 4%、其他噪声源
占 14%。

按照《国家环境保护"九五"计划和 2010 年远景目标》的规定，"九五"、"十五"期
间我国城市化发展加快，城市环境噪声控制目标是将城市区域噪声达标率提高 5%～10%。
城市环境噪声控制的目标是确保居民文化区的环境质量；加强建筑施工噪声、工业噪声和
社会生活噪声的监督管理，解决噪声扰民问题；加强工业噪声和交通干线的噪声防治。

　课题组认为环境噪声超标对人们生活和工作造成影响，导致休息、工作不好，工作效率降低，医疗费增加，房产地产的价值下降等巨大的潜在影响。以当时（1995 年）全国环境噪声的污染损害估算，每年对全国居民健康和社会环境影响造成的损失达 52 亿元。

二、固定噪声源收费标准的制定

（一）噪声污染的特点

　噪声污染主要与噪声源有直接关系，噪声源停止工作，噪声污染立刻消失；噪声污染与所在的功能区密切相关，不同的功能区有不同的噪声超标标准；噪声污染影响与噪声超标工作的时间有关系。噪声没有浓度，也没有总量，因此不能实行总量收费。排放环境噪声影响的范围越大、时间越长，受害的人群就越多，受害的程度也就越大。

　按照《环境噪声污染防治法》的规定，噪声排放只有超过一定程度才会形成污染，而且这种污染不会转移和残留，排污费的计算也是以达到噪声排放标准为管理目标，确定为超标准收费。按《条例》规定，只有超过国家或地方规定排放标准的，才应征收超标准噪声排污费。根据国际标准化组织（ISO）的规定，噪声声级每减少 3 dB(A)，能量级减半。在确定收费标准时，也应体现超标准噪声每增加 3 dB(A)，排污费增加 1 倍。

（二）固定噪声源污染治理费用的计算方法

　对于环境噪声污染造成的损失，国内外目前还没有一种合理的估算方法。环境噪声的污染防治费用只有噪声防治设施的建设和设备投资费用，噪声治理不需要设施的运行费。课题组选择以噪声防治设施的建设和设备投资费用作为噪声污染治理费用，并以污染治理费用与 1 年（12 个月）的排污费相同来确定治理成本。

（三）固定噪声源治理费用调查

　经常采用的噪声污染控制措施包括：吸声、隔声、消声、隔振、阻尼等。噪声源不同或采用的措施不同，降低每分贝噪声的治理费用也不同。对有噪声治理的 400 家企业的噪声治理费用进行调查所得数据如表 5-20 和表 5-21 所示。

表 5-20　不同噪声治理措施所需费用调查数据

治理方法	消声	隔声	消声隔声	其他
污染源数/个	132	202	54	108
平均费用/万元	12.43	17.64	21.54	23.37

表 5-21　不同超标分贝下治理费用调查数据

超标分贝/dB(A)	1～3	4～6	7～9	10～12	13～15	16 以上
治理项目数/个	15	60	55	92	49	260
平均费用/万元	5.32	9.24	10.46	10.65	14.1	26.93

（四）固定噪声源收费标准的确定

出于超标准噪声的管理目的，只有当收费率高于超标准噪声治理成本时，才能刺激治理。

根据以上调查数据利用非线性回归方法确立超标噪声治理费用函数为：

$$Y = 17\,500x^{0.4}$$

式中：x —— 治理到达标的噪声削减分贝数。

先求出每个噪声源的平均削减费用 Y，以上 400 家企业噪声治理的平均费用为 17 万元，平均超标值为 18 dB(A)，由于噪声治理设施没有运行费用，按 1 年收费额等于噪声治理一次性投资，则月平均费用为 1.417 万元。按噪声每 3 dB(A) 能量级减半的规律，课题组提出对环境噪声实行经济刺激型收费，刺激系数为 1.25，则超标 X dB(A) 时的收费费率为：

$$R = R_0/2^{(X-1)/3}$$

以治理超标值 18 dB(A)、平均月治理费用 14 170 元代入上式，可以算出超标准 1 dB(A) 时的平均收费标准为 $R_0 = 278.8$ 元。设定刺激系数为 1.25，$R_0 = 349$ 元，取整数定为 350 元。其余收费标准按公式 $R = R_0/2^{(X-1)/3}$，可以计算出超标准不同分贝数的收费标准。

《条例》规定的超标噪声排污费收费标准与表 5-22 相同。

表 5-22 固定噪声源新的超标噪声月收费额

超标值/dB（A）	1	2	3	4	5	6	7	8
收费额/（元/月）	350	440	550	700	880	1 100	1 400	1 760
超标值/dB（A）	9	10	11	12	13	14	15	16 及 16 以上
收费额/（元/月）	2 200	2 800	3 520	4 400	5 600	7 040	8 800	11 200

第六节 典型行业污染治理成本分析

一、火电工业 SO_2 治理的成本

近年来，由于工业的快速增长，我国电力需求急剧增加，导致火电装机容量和发电量大幅度增长，进而使其 SO_2 排放量不断增加。另一方面，由于 SO_2 污染物的治理成本较高，而目前 SO_2 排污收费的标准低于火电企业的守法成本，对火电厂的环境经济刺激作用不大，导致火电企业脱硫设施建设低于火电建设的速度。火电行业 SO_2 治理工作已经成为我国 SO_2 总量控制工作的关键。

（一）火电工业 SO_2 治理的守法成本

火电工业 SO_2 治理的守法成本应该是达标排放的处理成本，或为较高处理效率时的成本。火电工业采用石灰石-石膏法脱硫，具有较高的脱硫率，可以达到国家规定的排放标准，

但采用石灰石-石膏法脱硫的平均成本为 1.40 元/kgSO₂，则 1.40 元/kgSO₂ 为 SO₂ 治理的守法成本。

表 5-23　烟气脱硫工艺综合比较

	石灰石-石膏法	简易湿法	氨法脱硫	旋转喷雾干燥法	炉内喷钙，烟气增湿法	海水吸收法	循环流化床法	电子束辐照法
钙硫比	1.05	1.1	—	1.5	2～2.5		1.2	
脱硫率/%	85～95	65	>90	65～75	60～70	90	70～80	>90
脱硝率/%	7	—	27	—	—	—	—	80
耗电站发电容量比例/%	1.5～2	1	1～1.5	1	<0.5	1～1.5	<0.5	2～2.5
脱硫成本/（元/kg）	1～1.4	0.8～1	3～5	0.9～1.2	0.8～1		1～1.1	1.4～1.6

注：黄伟，等. 火电厂烟气脱硫工艺技术经济分析与选择//中国科协 2004 年学术年会电力分会场暨中国电机工程学会 2004 年学术年会论文集.

表 5-24　三种脱硫技术经济分析结果

		CFB-FGD	喷雾干燥	石灰石-石膏
平均脱硫成本/（元/kgSO₂）		1.08	1.26	1.36
运行费用比例/%	石灰石或石灰消耗	33.9	36.7	22.9
	电力与用水	27.6	22.0	29.4
	人员工资	1.6	1.8	1.8
	维护管理	13.4	14.0	13.1
	小计	76.5	74.5	67.2
总投资折旧比例/%（按 10 年计）		23.5	25.5	32.8
平均脱硫效率/%		70～85	60～75	85～95

（二）现行 SO₂ 排污收费标准

2003 年 1 月 2 日实施的《排污费征收使用管理条例》中规定大气污染物的收费标准为 0.60 元/污染当量。SO₂ 的当量值为 0.95 kg，相当于废气中排放 1 kg SO₂ 应征收 SO₂ 排污费 0.63 元。理论上，当 SO₂ 排污收费标准高于 SO₂ 治理的守法成本时，才会对火电企业产生一定的经济刺激作用。目前国家规定的 SO₂ 排污收费标准远远低于火电工业 SO₂ 治理的守法成本，企业对 SO₂ 治理的积极性明显是消极的。

（三）火电工业 SO₂ 治理的违法成本

我国 SO₂ 排放量已远远高于环境承载能力。2003 年在全国开展监测的 338 个城市中，63.5%的城市超过国家空气环境质量二级标准，处于中度或严重污染状态。燃煤产生的 SO₂、NOₓ 在一定条件下形成酸雨。继北欧、北美之后，我国青藏高原以东、长江干流以南已经成为世界第三大酸雨区，61.8%的南方城市出现酸雨，酸雨面积占国土面积的 30%，区域性酸雨污染严重。SO_2 污染和酸沉降污染已经对我国的自然资源、生态系统、材料、能见度和公众健康构成了威胁，造成了巨大的经济损失，严重影响了国民经济的发展和人民群众的正常生活。

火电工业 SO_2 治理的违法成本是火电企业违法超标排放 SO_2 对经济、环境、人体健康产生的损害价值。关于火电工业 SO_2 治理的违法成本有三种看法：

据有关统计资料显示，由于酸雨和 SO_2 污染造成农作物、森林和人体健康等方面的每年经济损失在 1 000 多亿元，国际上估计排放 1 t SO_2 造成的经济损失评估为 3 000 美元。按目前美元兑人民币的汇率，相当于 SO_2 治理的违法成本约为 20.5 元/kg SO_2。

2006 年 5 月 30 日国家环保总局局长周生贤在全国大气污染防治工作会议上、2006 年 8 月国家环保总局污控司副司长李新民的讲话中及 2005 年 8 月 3 日国家环保总局在国新办召开的新闻发布会上都认为：有关研究显示，考虑到从医疗成本到酸雨对建筑物的损害等多种因素，中国每排放 1 t SO_2 所造成的经济损失约 2 万元，相当于 SO_2 治理的违法成本为 20 元/kg SO_2。

中国环境科学研究院和清华大学等单位的研究结果表明，酸雨造成的经济损失每年超 1 100 亿元，即每排放 1 t SO_2 造成超过 5 000 元的损失。相当于 SO_2 治理的违法成本为 5 元/kg SO_2。以此估计我国大气污染造成的损失约占我国 GDP 的 2%～3%。但是有关专家指出，这一估算没有考虑大气污染对水体以及对材料、建筑物腐蚀的影响，因而所得的结果仍是偏低的。

（四）对火电工业 SO_2 治理成本的分析

编者认为火电企业 SO_2 治理的守法成本应该是 1.40 元/kg SO_2，但环保部门对火电企业排放 SO_2 征收的排污费目前仅为 0.63 元/kg SO_2，从对企业的 SO_2 污染治理积极性经济刺激作用分析，征收排污费对企业不会产生明显的刺激作用。另外，企业 SO_2 治理的违法成本在 5～20 元/kg SO_2，企业不积极治理 SO_2 和采用低效脱硫技术超标排放，转移给社会的公共社会成本就是违法成本，其远远高于对火电企业排放 SO_2 征收的排污费金额。企业 SO_2 治理的守法成本与违法成本相比，SO_2 的排污费难以体现企业的环境成本或企业排污对社会的环境补偿。

二、水泥工业粉尘处理成本

（一）水泥工业粉尘处理的守法成本

从水泥生产的最新《水泥工业大气污染物排放标准》（GB 4915—2004）及编制说明看，为了达到水泥粉尘的排放标准，应采用除尘率较高的高效袋除尘治理技术，水泥成本增加值一项提出了水泥工业去除粉尘的平均成本，该标准提出"环保投资折旧以及环保设备的运行维护，将使水泥成本平均增加 6～8 元/t。以每吨水泥 200 元计算，所占比例为 3%～4%"。水泥工业粉尘治理的守法成本应该是达标排放的处理成本，或为较高处理效率时的成本，约为 0.117 元/kg 粉尘（包括管理与监测成本），这时的粉尘去除成本对应 99.5%以上的去除率。

（二）水泥工业粉尘治理的成本与粉尘排污收费标准的比较

水泥企业粉尘治理的守法成本应该是 0.117 元/kg 粉尘，但环保部门对水泥企业排放粉尘征收的排污费目前为 0.15 元/kg 粉尘，征收排污费实际高于污染治理成本。

回收的水泥粉尘基本上都返回生产系统使用，也减少了水泥生产的原料消耗，一般认为水泥粉尘发挥生产系统产生的价值约 110 元/t 水泥尘（0.117 元/kg 水泥尘），同时回收水泥粉尘还能减少排污费 0.15 元/kg 水泥尘，企业在粉尘回收处理中得到的实际效益应为 0.26 元/t 水泥尘，远高于水泥企业的水泥粉尘回收的守法成本。

2003 年 1 月 2 日实施的《排污费征收使用管理条例》中，规定大气污染物的收费标准为 0.60 元/污染当量，粉尘的当量值为 4 kg，相当于水泥企业排放 1 kg 粉尘应征收排污费 0.15 元。

（三）水泥工业粉尘治理的违法成本

2005 年国家环境保护总局和国家统计局开展了全国十个省市的绿色国民经济核算和污染损失评估调查试点工作，并启动了"中国绿色国民经济核算研究"。该研究的技术支持单位包括国家环保总局环境规划院、中国人民大学、国家环保总局环境与经济政策研究中心、中国环境监测总站。研究报告就 2004 年全国各地区和各产业部门的水污染、大气污染和固体废物污染的实物量进行了核算，同时采用治理成本法和污染损失法的价值量核算方法，核算了虚拟治理成本和环境退化成本，并得出了经环境污染调整的 GDP 核算结果。

该项目研究报告的"3.2 大气污染治理成本"一项阐述："2004 年，全国的废气实际治理成本为 478.2 亿元，占当年行业合计 GDP 的 0.29%；全国废气虚拟治理成本为 922.3 亿元，占 GDP 的 0.55%。大气污染虚拟治理成本是实际治理成本的 1.93 倍。"该项目核算研究认为，违法成本为 0.225 8 元/kg 粉尘。

（四）对水泥工业粉尘处理成本的分析

从最新水泥工业大气污染物排放标准（GB 4915—2004）及其编制说明看，为了达到水泥粉尘的排放标准，应采用除尘率较高的高效袋除尘治理技术，目前符合环保要求的守法处理成本相应也高一些，应为 0.117 元/kg 粉尘左右。

立窑工艺（一般除尘率都比较低，多数不能达标）废气中粉尘去除成本约在 0.097 2 元/kg 粉尘；新型干法（一般除尘率都比较高，多数都采用袋式除尘），水泥废气中粉尘去除成本约在 0.124 7 元/kg 粉尘。

三、造纸工业 COD 处理成本

（一）造纸工业 COD 的处理成本

造纸工业 COD 治理的守法成本应该是达标排放的处理成本，或为较高处理效率时的成本，从全国造纸企业环境统计数据的整理分析，估计造纸废水中的 COD 的多因子去除成本约为 1.1 元/kg COD（全国造纸生产原料有国产木浆、进口干浆、国产草浆、进口干浆、废纸浆等），COD 的去除成本应介于 1.00～1.20 元/kg COD。

表 5-25　某草浆造纸厂废水处理厂运行费用

费用名称		费用值	占总处理费用比例
固定资产折旧费		0.19	15.2%
直接运行费	动力费	0.25	20.0%
	药剂费	0.33	26.4%
	修理费	0.06	4.8%
	检测费用	0.05	4.0%
	污泥处置费	0.30	24.0%
	合计	0.99	79.2%
管理费	工资福利费	0.03	2.4%
	管理和其他费用	0.04	3.2%
	合计	0.07	5.6%
单位污水处理成本		1.25 元/m³ 污水	COD 处理成本占总成本的 82%
单位 COD 处理成本		0.99 元/kgCOD	

注：废水处理厂主要运行费用指标：

1. 动力费：电价按 0.9 元/kWh 计算。

2. 药剂费：PAC 按 1 400 元/t，高分子混凝剂按 30 000 元/t 计算。

3. 工资福利费：按每人 20 000 元/a 计算。

4. 固定资产折旧：土建按 20 年，设备按 15 年折旧。

5. 折旧费：按 10 年折旧。

6. 污水处理设施进水 COD 浓度 1 200 mg/L，出水 COD 浓度 150 mg/L，COD 去除量约 1.05 kg/m³ 污水。

结论：再生造纸企业的废水处理 COD 的处理成本约为 1.00 元/kg COD。

（二）造纸工业 COD 去除成本与 COD 排污收费标准的比较

2003 年 1 月 2 日实施的《排污费征收使用管理条例》规定，水污染物的收费标准为 0.70 元/污染当量，COD 的当量值为 1kg，相当于废水中排放 1kgCOD 应征收 COD 排污费 0.70 元。理论上，当 COD 排污收费标准高于 COD 治理的守法成本时，才会对造纸企业产生一定的经济刺激作用。目前国家规定的 COD 排污收费标准远远低于造纸工业 COD 治理的守法成本，企业对 COD 治理的积极性明显是消极的。

（三）造纸工业 COD 治理的违法成本

原国家环境保护总局和国家统计局的绿色 GDP 核算项目报告指出："2004 年，全国行业合计 GDP（生产法）为 159 878 亿元，废水实际治理成本为 344.4 亿元，占 GDP 的 0.22%；全国废水虚拟治理成本为 1 808.7 亿元，占 GDP 的 1.13%。废水虚拟治理成本约为实际治理成本的 5 倍。"如果造纸工业 COD 治理的守法成本为 1.20 元/kg COD，则按虚拟治理成本核算结果，造纸工业 COD 治理的守法成本为 6.00 元/kg COD。

表 5-26 某再生浆造纸厂废水处理厂运行费用

费用名称		费用值	占总处理费用比例
固定资产折旧费		0.14	10.7%
直接运行费	动力费	0.30	22.9%
	药剂费	0.40	30.6%
	修理费	0.06	4.5%
	检测费用	0.05	3.8%
	污泥处置费	0.30	22.9%
	合计	1.11	84.7%
管理费	工资福利费	0.02	1.5%
	管理和其他费用	0.04	3.1%
	合计	0.06	4.6%
单位污水处理成本		1.31 元/m³ 污水	COD 处理成本占
单位 COD 处理成本		1.20 元/kgCOD	总成本的 78%

注：废水处理厂主要运行费用指标：
1. 污泥处置费：0.34 元/m³
2. 电费：0.30 元/m³
3. 药剂费：0.36 元/m³
4. 人工费：0.02 元/m³
5. 综合折旧率：5%　年折旧 103 万元　0.13 元/m³；土建按 20 年，设备按 15 年折旧。
6. 设备检修维护：6%　　年维修 48 万元　0.06 元/m³
7. 管理费：0.042 1 元/m³
8. 检测费：0.042 9 元/m³
总计　　1.307 5 元/m³ 污水，
　　　　1.31 × 0.78/0.85 = 1.20 元/kg COD
结论：再生造纸企业的废水处理 COD 的处理成本约为 1.20 元/kg COD。

（四）对造纸工业 COD 治理成本的分析

我们认为造纸工业 COD 治理的守法成本应该是 1.20 元/kg COD，但环保部门对造纸工业排放 COD 征收的排污费目前仅为 0.70 元/kg COD，从对企业的 COD 污染治理积极性经济刺激作用分析，征收排污费对企业不会产生明显的刺激作用。另外，造纸企业 COD 治理的违法成本在 6.00 元/kg COD，企业不积极治理 COD 和采用低效 COD 去除技术超标排放，转移给社会的公共社会成本就是违法成本，其远远高于对造纸工业排放 COD 征收的排污费金额，企业 COD 治理的守法成本与违法成本相比，COD 的排收费标准难以体现企业的环境成本或企业排污对社会的环境补偿。

2008 年 8 月 1 日起，国家对造纸行业的废水排放实行新的环保标准《制浆造纸工业水污染物排放标准》（GB 3544—2008）。新标准的实施，在不断提高行业环保准入门槛的同时，也使造纸工业 COD 治理的守法成本上升到 3～4 元/kg COD，加快了一批环保设施不健全的造纸企业的淘汰进程。

第六章　排污申报登记

第一节　排污申报登记制度

一、排污申报登记制度的法律地位

排污申报登记是指向环境直接或间接排放污水、废气、固废、噪声的工业企业、商业机构、服务机构、政府机构、公用事业单位、部队、社会团体、个体工商户等一切生产、经营、管理和科研等排污者，按环境保护法律、法规、规章的规定向所在地县级以上环境保护行政主管部门申报登记在生产、经营过程中排放污染物的种类、数量、浓度、排放去向、排放方式及与排污有关的生产、经营等情况的一种法律制度。

在1989年发布的《环境保护法》第二十七条规定："排放污染物的企业事业单位，必须依照国务院环境保护行政主管部门的规定申报登记。"在1984年颁布实施、1996年和2008年修订的《水污染防治法》，1987年颁布实施和2000年修订的《大气污染防治法》，1996年颁布实施的《环境噪声污染防治法》，以及1995年颁布实施和2004年修订的《固体废物污染环境防治法》中都授权环境保护行政主管部门负责排污申报登记工作。

1992年国家环境保护局根据法律的授权制定发布了《排放污染物申报登记管理规定》，明确了排污申报登记的具体要求。

《排污费征收使用管理条例》（以下简称《条例》）第六条规定："排污者应当按照国务院环境保护行政主管部门的规定，向县级以上地方人民政府环境保护行政主管部门申报排放污染物的种类、数量，并提供有关资料。"

国家环保总局在环发[2003]64号文和环发[2003]187号文《关于排污费征收核定有关工作的通知》中对排污申报登记制度作出了更加详细的规定。

环函[2003]220号文件《关于排污费核定权限的复函》中再次明确："除装机容量30万kW以上电力企业的SO_2排污费，由省、自治区、直辖市人民政府环境保护行政主管部门核定和收缴外，其他排污费应按照属地征收的原则，主要由市、县环境监察机构具体负责核定、收缴。考虑到污染物排放在城市范围内相对集中的特点，为保证执法的统一和公平，设区的市，城区的排污费应由市一级环境监察机构负责核定、收缴，其他远郊区的排污费应由该区环境监察机构负责核定、收缴。"

没有设立环境监察机构的市、县排污申报登记受理工作，《条例》规定由上一级环境监察机构负责。《条例》规定，排污收费与排污申报登记工作应由同一环境监察机构负责管理，但上级环境保护行政主管部门的环境监察机构根据工作的需要，有权要求本辖区所有排污者向该机构进行"随时申报"。

以上的法律法规都明确了排污申报登记工作由各级环境行政主管部门负责，由各级环境监察机构具体实施，同时明确了环境监察机构在排污申报登记工作中的各项职责。

排污申报登记制度是整个排污收费制度实施的基础。一方面，环境监察机构通过认真、详实的排污核定工作，及时了解辖区内所有排污者的污染状况及污染变动情况，进一步实行定量化监督管理和核算，为排污收费、污染减排工作和环境统计等项环境管理工作提供必要的数据信息。另一方面，通过排污申报登记工作，也能促进排污单位认真履行总量控制的环境保护责任，有利于排污者认真确定自己去除和排放的污染物数量，推动环境保护的污染减排和排污总量管理。通过排污申报登记和排污申报核定工作，可以详细记录每个排污单位排污的量化信息，建立辖区内更为详尽的动态污染源排放监控数据库，促使排污收费工作更加合理，同时能推进量化环境监督管理工作。

目前在许多排污者的排污量很难准确计量的情况下，进一步规范排污申报登记的核定工作，是做好排污收费征收管理工作的必要条件。排污申报登记制度的实施是强化排污收费依据的重要举措，是搞好排污量核算工作的关键，同时也是排污收费制度改革中的最大难点。

二、排污申报登记的定义

排污是排污者直接或间接向环境排放污水、废气、固体废物、环境噪声的行为。申报是排污者向环保部门的环境监察机构报告在正常作业条件下排放污染物的种类、数量、浓度及与排污情况有关的生产经营设施、污染防治情况并提供相关的资料。登记则是环保部门的环境监察机构对排污者申报的污染物情况、生产经营设施情况和污染防治设施情况进行登记注册。

（一）排污申报登记和核定的主体

《条例》第七条规定由国务院环境保护行政主管部门确定排污申报核定的权限和相关规定。县级以上环境行政主管部门按照国家环境保护总局发布的《关于排污费征收核定有关工作的通知》有关规定，负责排污申报登记工作，其所属的环境监察机构具体负责排污申报登记工作。排污申报登记的管理权限是排污费由谁征收，排污申报登记也由谁负责。

（二）排污申报的对象

环境法律规定直接或者间接向环境排放污染物的一切排污者都应依法进行排污申报登记。排污申报登记的具体对象应为在辖区内所有排放污水、废气、固体废物、环境噪声的企业事业单位、个体工商户、党政机关、部队、社会团体等排污者。一般居民和农民排污者除外。

（三）排污申报登记的内容

排污申报登记的主要内容包括：

（1）排污者的基本情况。包括排污者的详细地址、法人代表、产值与利税、正常生产天数、缴纳排污费情况、新扩改建设项目、产品产量、原辅材料等指标。

（2）生产工艺示意图。

（3）用水排水情况。包括新鲜用水量、循环用水量、污水排放量、污水中污染物排放浓度与排放量、污水排放去向及功能区、污水处理设施运行情况等项指标。

（4）废气排污情况。包括生产工艺废气排污情况，如生产工艺排污环节、生产工艺排污位置、生产工艺排放污染物的种类和数量、废气排放去向及功能区、污染治理设施的运行情况等；燃料燃烧排污情况，如锅炉、炉窑、茶炉及炉灶燃料的类型、燃料的耗量、污染物排放情况、废气排放去向及功能区、污染治理设施的运行情况等。

（5）固体废物的产生、处置与排放情况。包括各种固体废物的名称、产生量、处置量、综合利用量、排放量等。

（6）环境噪声排放情况。包括噪声源的名称，位置，所在功能区，昼间、夜间的等效声级等。

（四）排污申报的组织工作

每年进行一次的排污申报登记工作对各级环境监察机构是一项重要且烦琐的工作，涉及单位多、填写表格多、技术问题复杂、产生的矛盾和争议也多，因此做好排污申报登记组织工作，关系到排污收费工作能否真正做到排污就收费的关键问题。只有做好了准备和培训工作才能保证排污申报登记工作顺利、按时完成。

排污申报事前应做好如下准备工作：

（1）收集辖区内主要行业的生产工艺分析、介质流量、监测数据和排污测算等资料；

（2）建立排污申报登记报表的台账制度，做好排污数据的基础工作；

（3）对无法监测的小型企业，做好排污强度的测算；

（4）确定应缴排污费单位的污染源数据库；

（5）根据不同地区（如省、地市）编写排污申报登记手册；

（6）做好辖区内的排污单位的培训和沟通，使他们认识排污申报登记的重要性及应承担的义务，了解申报的基本要求，了解本单位污染源的排污测算方法。

排污申报事前应明确：

◆ 不同的排污单位填报不同类型的报表；

◆ 如实申报上一年的实际情况；

◆ 根据上年的情况预报本年的排污情况；

◆ 若有变化及时变更申报；

◆ 申报时要提供必要的材料；

◆ 负责征收排污费的环境监察机构负责辖区内排污单位的排污申报登记和审核工作。

（五）排污申报登记实施程序

1．排污申报

所有排污单位和个体工商户必须遵守《环境保护法》等法律法规的规定，于每年 12 月 15 日前领取相关的申报表格。以本年度实际排污情况和下一年度生产计划所需产生的排污情况为依据，如实填报下一年度正常作业条件下的排污情况；于下一年度 1 月 1—15 日内填写完毕及时交回环境监察机构，完成下一年度排污申报登记工作。

新、扩、改建建设项目工程的甲方单位，应按规定完成环评，然后工程进入建设项目的主体工程和配套的污染治理设施的"三同时"阶段，工程完成后应进行试生产，在进入建设项目试生产阶段前 3 个月内应向所在地的环境监察机构办理申报登记手续。

建制镇以上城市规划区范围内的建筑施工项目的施工单位（即建设项目的乙方），如在建筑施工过程中使用建筑机械设备，可能产生环境噪声和其他污染的，施工单位必须在工程开工 15 日前填写《建设施工排放污染物申报登记统计表（试行）》，办理排污申报手续。

为了在规定的时间内完成辖区内所有排污单位的排污申报登记工作，各级环境监察机构应提前做好组织、宣传、培训和污染源调查等项准备工作，提醒应填报的排污者做好填报的预备工作；通过排污申报计算培训将报表中的各项指标解释清楚，统一口径，统一计算方法，使排污者清楚各项指标的内涵或外延。应坚决杜绝由环境监察机构代为填写的行为，应让排污单位了解，如实填写排污申报登记表是每一个排污单位的法定义务。

环境监察机构可以要求排污单位在报送《排污申报登记表》时提供相关的补充资料，如原辅材料购进、产品销售、煤炭的低位热值等情况。

排污单位必须按照环境监察机构的要求如实填报，所填内容和数据，必须真实可靠，绝不允许漏报、瞒报、谎报和拒报。

各级环境监察机构在结束排污申报登记工作后，应按国家环境行政主管部门的要求建立排污申报登记数据库，并将数据与环保部环境监察局的数据库联网达到资源共享。

2．排污申报登记审核

环境监察机构在受理排污者排污申报登记表格后，应对排污者申报材料进行认真审核，并于下一年 2 月 10 日前完成辖区内全部排污单位的排污审核工作。

经过审核，对符合要求的，环境监察机构应于每年 2 月 10 日前向排污者发回一份经审核同意的《排污申报登记表》。经核查发现问题的，如问题属于对填报理解不清、技术方面或不符合规定等客观原因的，及时纠正或责令补报。通过审核对故意瞒报、谎报的排污者，要依法进行处罚并限期补报。排污申报不合格的排污者不按期补报的应视为拒报。

通过审查核实，环境监察机构对排污申报合格的排污者除了发回签署审核同意的排污申报登记表之外，还应逐一登记建档，以备查阅。

各级环境监察机构在收到排污者的年度排污申报登记表后，应依据排污者的实际排污情况，按照国家规定进行审核。

3．排污核定

依据环境保护法律法规要求，环境监察机构应当对排污者申报的《全国排放污染物申报登记表》按年进行审核，按月（或按季）进行核定。各级环境监察机构应在每月或每季终了后的 10 日内，依据经审核的《全国排放污染物申报登记表》《排污变更申报登记表》，并结合当月或当季的实际排污情况，核定排污者排放污染物的种类、数量，并向排污者送达《排污核定通知书》。

排污者对核定结果有异议的，自接到《排污核定通知书》之日起 7 日内，可以向发出通知的环境监察机构申请复核；环境监察机构应当自接到复核申请之日起 10 日内，重新核定该排污者的排污量，并作出复核决定，并将《排污核定复核决定通知书》送达排污者。

排污量的核定一般应经过 3 人以上小组进行核议，并得出核定结果，再将核议确定结果提交环境监察机构负责人进行审核。经负责人审核认为申报符合规定的，环境监察机构负责人应签发《排污核定通知书》并送达排污者；经审核认为不符合规定的，环境监察机构负责人应责成负责审议的环境监察人员进行重新核定。

三、排污申报登记审核要点

排污申报虽然是排污者对下一年度排污量的一种预报，与下一年度每个收费时段的实际排污数据有一定差距，但可以作为下一年度排污者的基本排污水平的估计。如果在下一年度某一收费时段没有申报变更或环境监察机构没有发现异常变化，则申报的预期数据即可作为核定数据。

排污申报登记的审核应以排污者的排污事实为依据。但我国的排污申报登记制度在实施的过程中还缺少相应的配套手段，除少量的重点排污单位设置了污染物排放自动监测设施外，多数排污者主要依靠监测数据确定排放的介质流量和污染物浓度。这种方法确定的排污量是一种抽样推断，诸多因素会影响排污量的真实性。许多中小排污单位没有自动监控设施、缺乏必要的监测数据，主要依靠物料衡算和排放系数的测算来确定排污量。由于物料衡算方法目前并不完善，许多计算方法并未经过权威机构立项研究，也未在法规和技术上统一规范；许多地市级环保部门尚不能对本地区主导工业排污数据进行科学测算和分析，确定一些小型工业企业的排污系数，编写本地区排污申报登记填报手册，因而在进行这些排污单位的污染物测算时误差较大，且依据也不充分。

各级环境监察机构应对排污申报登记工作中排污者送审的排污申报登记表内容进行仔细审核、分析和确认。审核排污申报登记表的主要数据和资料是否齐全，计算依据、指标逻辑关系是否合理，与生产实际是否相符等。排污申报审核的要点见表 6-1。

环境监察机构在对排污申报登记表审核期间，如对所报数据持有异议，应到排污者的排污现场进行现场勘察，通过现场勘察对排污数据做进一步的确认（表 6-2）。

已经进行排污申报登记的排污者，其排放污染物总量需作变更的，如排放污染物的种类、数量、浓度、排放去向、排放方式、污染处理设施、排污口规范化设施（包括排污口监控装置）要作重大改变、调整、停运检修的，应在实施变更前 15 日向所在地的环境监察机构说明变更原因，履行变更申报手续；其情况发生突然重大变化或者发生污染事故等造成污染物排放紧急变化的，必须分别在改变 3 日前或变化后 3 日内填报相应的《排放污染物月变更申报表（试行）》，履行变更手续。

表 6-1　排污申报审核要点

是否按时申报	排污者是否在规定时限内申报登记，未按时登记的，视为未按规定时限申报
申报内容是否齐全	检查申报内容是否有漏填的项目，内容是否齐全，尤其是与排污有关的生产数据、原材料消耗、有关资源的消耗量，缺项的要求补报，否则视为谎报
生产过程中物料投入产出是否平衡或合理	如用水的循环（新鲜水量＝排水量＋蒸发＋产品消耗水量）；所报耗煤量与生产实际是否相符、合理，从生产规模、产品量及锅炉、炉窑运行和消耗量审核；某种元素折算成基准物质在生产的投入和产出量是否平衡等。是否有谎报和瞒报行为
排污者实际生产能力、管理和治理水平与排污水平是否合理	通过对排污者生产工艺、设备水平、物料消耗、产品数量、产污系数、污染防治设施的运行分析与排污者所报排污量进行比较是否相匹配。是否有谎报和瞒报行为
产污量、排污量、污染物去除量是否平衡	产污量＝排污量＋去除量。污染治理设施的去除率是否稳定，是否真实，如燃煤锅炉的烟尘产生量＝炉渣量＋粉煤灰量＋烟尘排放量等
对所用监测数据进行分析	排污浓度大多是不稳定的，利用日常监督检查和对排污者的了解，判断其使用的监测数据是否不真实，如不真实，可突击抽样检测
利用相关部门的数据进行分析	主要是资源消耗量数据如新鲜水量、耗煤量等，从相关部门（如自来水公司、统计部门、行业管理部门等）获得数据；还可以用申报准确的同类企业的平均使用量进行对比、判断
利用排污者的历史数据进行动态分析	可以参考排污者环评、"三同时"的验收资料，前几年的排污水平、污染物浓度，结合近几年的生产发展，进行动态分析，以确认数据的合理性
分析排污者近几年的环境守法记录	如果排污者守法记录好，审核可以从简，守法记录不好，则要仔细核对，对其各项数据要认真核对。因此对辖区内所有排污者的守法记录要列表分类，对生产数据不稳定的、排污数据不真实的、污染治理设施运行不稳定的、经常超标的、有偷排行为的要分类，在排污核定时区别对待，才能发现问题

表 6-2　现场勘察内容

对生产状况、生产产品进行检查	生产规模是否正常？扩大还是减小？ 使用的原料、生产产品是否改变？
对生产工艺、环境管理进行检查	工艺是否有变化？是否采取清洁生产措施？ 是否有综合利用和循环使用措施？
对原料消耗、资源的消耗（水量、煤量）情况进行核查	核查生产记录，核对物料消耗
对污染治理设施的运行状况进行检查	是否运行正常？检查运行记录和资料
对排污口的排放情况进行检查	从排放介质的物理和化学特性判断是否有异常现象，一般应该进行突击性检查，以防排污单位有准备，应随车携带简易检测仪器，如发现异常应立即采样

四、排污申报登记审核方法

排污者依据排污申报登记的内容,每月结束后对其实际排污量应进行确认或作出变更。如没有确认或变更申请的,等于默认排污申报登记预报的排污量,环境监察部门应对排污者的确认(默认)或变更,根据掌握的实际监察情况进行认真核定。国家规定在排污申报核定污染物排放种类、数量的时候,如果排污者使用国家规定强制检定的污染物排放自动监控仪器对污染物排放进行监测的,其监测数据可以作为核定污染物排放种类、数量的依据;具备监测条件的,应按照国务院环境保护行政主管部门规定的监测方法进行核定;不具备监测条件的,可以按照国家环保部门规定的物料衡算方法进行核定;也可以由市(地)级以上环境保护行政主管部门根据当地实际情况,采用抽样测算办法核算排污量(确定行业排放系数或企业排污系数),核算办法应当向社会公开。

年排污申报登记审核与月排污申报核定本质上有很大区别,年排污申报登记审核是一种预测,不存在事实上的依据,只是排污申报登记主客体双方对明年排污量的一种共识,可以粗略一些;月排污申报核定是一种实测,应该有较明确的依据,必须细致一些。

排污单位填报的排污申报登记表是对自身排污情况的预报。如果排污情况发生变化,排污单位在每月(或每季)还要通过排污申报变更及时对自己的排污申报登记进行更改。

各级环保部门要对排污单位的排污申报登记进行核定,对排污单位实际排污量进行确认,因此在基础数据的采集上,应该注意其法律效力。

为了使排污申报登记核定工作进行得更加科学合理,各级环保部门必须加强环境基础设施建设,如环境监测手段建设、排污口规范化设置建设、污染源自动监控设施建设及物料衡算方法的研究等,力求申报核定准确合理,减少排污收费的争议。

排污单位必须按所在地的环境保护行政主管部门规定的内容、时间期限、要求,如实填写排污申报登记表,并按要求提供必要的资料。在对排污者各类污染物排放的种类、数量核定之后,负责污染物排放核定工作的环境监察机构应书面通知排污者,对排污申报登记合格的,予以登记、注册、建档,并发给排污申报登记注册证,不合格的要限期重新办理排污申报登记手续。

《条例》第九条规定:"负责污染物排放核定工作的环境保护行政主管部门在核定污染物排放种类、数量时,具备监测条件的,按照国务院环境行政主管部门规定的监测方法进行核定;不具备监测条件的,按照国务院环境行政主管部门规定的物料核算方法进行核定。"第十条规定:"排污者使用国家规定的污染物排放自动监控仪器对污染物排放进行监测的,其监测数据作为核定污染物排放种类、数量的依据。排污者安装的污染物排放自动监控仪器,应当依法定期进行校验。"

《排污费征收标准管理办法》第四条规定:"除《条例》规定的污染物排放种类、数量的核定方法外,市(地)级以上环境行政主管部门可结合当地实际情况,对餐饮、娱乐等服务行业的小型排污者,采用抽样测算的办法核算排污量,核算办法应当向社会公开。"

理论上,常见的污染物排放量的基本计算方法有三种,分别是实测法、物料衡算法和污染物排放系数法。

实测法包括连续监测和抽样监测。目前主要采用抽样监测的方法,测量污水和废气中污染物排放的流量和浓度。其测量的准确程度与抽样布点、监测频率、监测分析水平密切相关，因此必须严格按照《环境监测规范》的规定进行取样、监测、化验分析。最终由介质流量和污染物浓度数据计算出污水和废气中污染物的排放值。

目前各级环境保护部门，尤其是县一级环境保护部门，由于环境保护管理能力、环境监测设备和经费的局限，抽样监测只能在大中型排污单位进行，监测的频率往往达不到国家规定的 1 年进行 4 次监测的要求。由于监测次数较少，测算的数据缺乏随机性和代表性。

作为排污费征收依据的环境监测数据必须是严格按照《环境监测规范》的规定进行环境监测和计算污染物的数据。由于种种原因，许多排污单位无法进行合理的环境监测，致使目前对许多排污单位采取"协议收费的形式"。多数排污单位不同程度地少缴纳了排污费，而且也产生了许多矛盾。

为了适应各级环境保护部门执法能力的实际状况，《条例》在确定排污量核定方法时，增加了物料衡算法。物料衡算方法是对排污单位的经营过程中使用的物料情况进行定量分析的一种方法。某一生产过程（不管是物理过程，还是化学过程）中某种物质投入和产出的质量应该保证守恒。利用质量守恒原理，计算出物料流失量，最后计算出生产经营过程中某种污染物的排放数量。物料衡算必须使用国家环境保护行政主管部门确定的物料衡算方法来进行计算。

对于众多特征明显的行业，如饮食、娱乐、服务行业污水和废气中排放的污染物，对其使用监测和物料衡算有时极为不方便，或者成本过高，可以通过省级以上环境保护主管部门对行业采用"划类选典"的方法加以解决。

"划类选典"就是在抽样环境监测和物料衡算方法的基础上进行初步计算，并由各级人民政府用文件形式规定出某些特殊行业的排污系数，以便于推算排污量。但这种推算的排污量，最终应由双方利用排污申报登记表的形式认可，用具有法律效力的形式进行确定。

国家环境保护总局在《关于排污收费执法依据有关问题的复函》（环函[1999]429 号）文中规定："核定排污单位申报的排放污染物的种类、数量和浓度，作为征收排污费的依据。""对排污口不规范、不便监测的乡镇企业和饮食娱乐服务业的污染源，环保部门可以采取排污系数法、物料衡算法计算和核定其污染物的排放浓度和排放量。"

国家环境保护总局 1999 年 10 月 1 日颁布的《污染源监测管理办法》第十八条规定："国家、省、自治区和市环境保护局重点控制的排放污染物单位应安装自动连续监测设备，所安装的监测设备必须经国家环境保护总局质量检测机构的考核认可。"

为了适应污染物总量控制新形势，加强环境保护监督能力建设，提高环境监控能力和手段，国家环境保护总局从 1996 年开始推广使用污染源自动监控设施。其目标是以污染源自动监控软件为中心，实现污染源实施监控和信息自动传输的目标。由于技术和价格的原因，目前只限于连续监测污水流量和 COD 的排放量，还只限于在省、市一级环保部门控制的重点污染源安装使用，联网运行。从环境保护基础设施建设定量化、自动化、信息化的要求来看，所有的污染源都要安装连续计量设施，这不仅有利于对污染源的监控，也能为征收排污费提供可靠的排污数据。现在使用的连续监控设施有些在技术上还不太成熟，质量上还不够稳定，价格上还比较昂贵，还需要有一个逐步推广、使用和改进的过程。

《污染源监测管理办法》第二十条规定："省以下各级环境保护局可以委托所属的环境监察机构负责对本地区排污单位安装的污染源监测设施进行监督管理和现场监督检查；所

属环境监测站对污染源监测设施进行计量监督和稳定运行的监督抽测，对污染源监测设施采集的监测数据进行综合分析。"由于污染源自动监控设施要求运行稳定，确保较高精确度的计量，并需要进行日常维护管理，因此，规定必须定期由国家指定的质量监测机构进行校验、认可，保证其正常运行。

国家规定："污染源监测设施一经安装，任何单位和个人不得擅自改动，确需改动的必须报原批准安装的环境保护局批准。""污染源监测设施应与本单位污染治理设施同时运行，同等维护和保养，同时参与考评。""应建立污染源监测设施日常运行记录和设备材料，接受所在地环境保护局的监督检查。"

五、排污申报登记的表式

国家环境保护总局为了保证新的排污收费制度的顺利实施，进一步规范排污申报登记工作，于 2003 年 4 月 15 日发出《关于排污费征收核定有关工作的通知》（环发[2003]64号），统一了全国排污申报登记程序和表式，2003 年 11 月 26 日又下发环发[2003]187 号文件《关于排污费征收核定有关问题的通知》，对排污申报登记的指标体系进行了调整。

国家针对不同的生产情况的排污申报登记，分别作出了明确的规定。不同的生产情况为正常生产作业、新扩改建工程、建筑施工作业、排污情况发生重大改变、污染防治设施需要限制或拆除等作业情况。

国家环境保护总局在文件《关于排污费征收核定有关问题的通知》中，针对不同的生产类型编制了五种不同的排污申报登记报表，分别为《排放污染物申报登记统计表（试行）》《排放污染物申报登记统计简表（试行）》《建设施工排放污染物申报登记统计表（试行）》《污水处理厂（场）排放污染物申报登记统计表（试行）》《固体废物专业处置单位排放污染物申报登记统计表（试行）》和《排放污染物月变更申报表（试行）》，在文件附件中明确了 5 种报表的具体式样和填报要求与说明。

负责排污费征收管理工作的县级及以上环境保护行政主管部门及其所属的环境监察机构应要求排污者按照其实际情况分类申报登记。工业企业等一般排污单位应填报《排放污染物申报登记统计表（试行）》。小型企业、第三产业、个体工商户、畜禽养殖业、机关、事业单位等其他排污单位可填报《排放污染物申报登记统计简表（试行）》，地方环保部门可根据实际工作需要对该表进行简化，以便于申报。建设施工单位应填报《建设施工排放污染物申报登记统计表（试行）》。污水处理单位，包括城镇污水处理厂、工业区废（污）水集中处理装置、其他独立的污水处理单位等应填报《污水处理厂（场）排放污染物申报登记统计表（试行）》。固体废物专业处置单位，包括垃圾处理场、危险废物集中处置厂、医疗废物集中处置厂和其他固体废物专业处置单位等应填报《固体废物专业处置单位排放污染物申报登记统计表（试行）》。

第二节　排污量的基本计算方法

本节仅仅介绍"三废"排放量的基本计算方法，即实测法、物料衡算法和排放系数法。有关废气、污水和工业固废排污量的详细计算方法，将在本书第八章排污费计算中阐述。

一、实测法

理论上实测法应使用国家有关部门认定的连续计量设施和仪表，直接确定污染源的排污量，我国供电部门、供水部门、管道燃气管理部门都是采用这种方法确定消耗量的。用自动监控的连续计算计量数据来确定排污量，是最合理和科学计量污染物的方法。但是由于历史的原因，近几年才针对一些重要污染源开始进行监测。而绝大多数的排污单位没有安装自动监控设施，主要还是使用环境监测数据推算工业行业中比较合理的物料衡算计算方法，确定污染源的排污量。污染源排污量的实测法计算，日常更多的是使用监测计量和分析手段，测量废气、污水的流速、流量和污水及废气中污染物的浓度，使用环保部门认可的测量数据，再通过公式计算，来计算各种污染物质排放总量的统计计算方法。

$$G = K Q C$$

$$C = \frac{\sum CQ}{\sum Q}$$

式中：G —— 污染物的排放量；

　　　Q —— 介质流量；

　　　C —— 介质中污染物浓度；

　　　K —— 单位换算系数。

浓度和流量的单位不一致时，单位换算系数 K 取不同的值。在排污收费计算中污染物的排放量单位一般取 kg，因此，污水中污染物的浓度单位一般取 mg/L，系数 K 取 10^{-3}；废气中污染物的浓度一般取 mg/m^3，系数 K 取 10^{-6}。

实测法中使用自动连续监控数据，属于一定意义上的实测数据。现在的自动监控数据最小间隔可以达到每 30 秒传输一个数据，最后可以算出 1 天、1 个月的平均数据，实现了数据的准确测量和动态监测。利用环境监测数据计算平均值，实质上还是一种统计推算数据。大部分实测法的基础数据主要来自于环境监测站的抽样监测分析。抽样监测数据是通过科学、合理地采集样品，保存样品，进行样品数据分析的统计计算值。监测采集的样品是对监测的环境要素的总体而言，如果样品的代表性不强，尽管测试分析很准确，不具备代表性的数据也是毫无意义的。监测样品的代表性由采样布点、采样时间和频率、采集到的样品的完整性、监测数据的随机性和客观性等决定。

虽然环境监测数据是目前获得环境污染排放数据的基础，但除了少数重点污染源有比较准确的监测数据外，多数污染源还不能得到有效的监测，而进行监测的污染源又不能得到频率较高的监测数据。某一环境要素的总体，有很大的随机性，即便有可靠的监测数据，得到的监测数据依然要靠统计推算过程来实现。用实测法计算统计数据，不仅应保证监测数据的代表性和准确性，还要保证统计推算的科学合理性。

污水中的污染物数量主要采用实测法计算。实测法直接计算得到的是排放量 $G_{排}=KQC$。去除量为：

$$G_{去除}=KQC\eta/（1-\eta）$$

式中：Q —— 污水排放量，m³；

　　　　C —— 排放口污染物浓度，mg/L；

　　　　η —— 污水处理设施对该污染物的去除率；

　　　　K —— 单位换算系数。

二、物料衡算法

《条例》规定："不具备监测条件的，按照国务院环境保护行政主管部门规定的物料衡算方法进行核定。"物料衡算是对生产过程中使用的物料情况进行定量分析的一种方法。其基本原理是不管某一生产过程中物料发生的是物理变化还是化学变化，生产过程中某一基准物的投入和产出的质量是守恒的。物料衡算法是把工业污染源的排污量、生产工艺和管理、资源（原材料、水源、能源）的综合利用及环境治理结合起来，系统地、全面地研究生产过程中污染物的产生、排放的一种科学有效的计算方法。

物料衡算的基本原理是物质守恒定律。它涉及生产系统中的原材料、燃料、水源、产品、回收品、生产工艺、生产设备、处理设施、排污方式等诸多因素。生产过程中的物料衡算示意图如下：

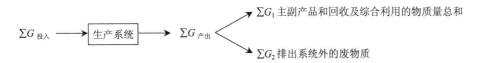

其中：$\sum G_{投入}$ —— 投入物料量总和；

　　　　$\sum G_{产出}$ —— 产出物料量总和。

$\sum G_2$ 包括可控制与不可控制生产性废物及工艺过程的泄漏等物料流失。该公式适用于整个生产过程的总的物料衡算，也适用于生产过程中某一局部生产过程的物料衡算。进入系统的物料无论发生物理变化或化学变化，该公式均适用。

物料衡算可分为总量法或定额法。总量法是以报告期内原材料总量、主副产品和回收产品总量为基础进行物料衡算，计算物料总的流失量。定额法是以报告期内原材料消耗额为基础，先计算单位产品的物料流失量，再求报告期内物料流失总量。一般对生产过程的某一步骤或局部设备进行物料衡算，采用总量法较为方便；而对整个生产过程采用定额法比较简单。

燃料燃烧产生废气中各种污染物产生量的计算主要采用物料衡算法。物料衡算法直接计算出的一般是污染物的产生量 $G_{产}$，污染物的去除量应为：$G_{去除}=G_{产}\eta$。

三、产污—排污系数法

产污—排污系数法是指在正常技术经济和管理条件下，生产单位产品所产生（或排放）的污染物数量的统计平均值。产污系数也称产污因子。

1. 污染物产污和排污系数

目前使用的排放系数有两种：

一种是在没有污染治理设施的情况下，生产某单位产品所排放的污染物的量，称为污染物产生系数（简称产污系数）。产污系数是指在正常技术经济和管理等条件下，生产单位产品或产生污染活动的单位强度所产生的原始污染量。

另一种是在有污染治理设施的情况下，生产某单位产品所排放的污染物的量，称为污染物排放系数（简称排污系数）。排污系数是指在上述条件下产污量，经污染控制措施削减后或未经削减直接排放到环境中的污染物的量。产污系数和排污系数与产品生产工艺、原材料、规模、设备技术水平及污染控制措施有关，产污系数和排污系数的数值是企业正常生产条件下，通过实测法、物料衡算法或调查所得到的单位产品产生或排放某种污染物的数量。

2. 排污系数的确定

排污系数一般在产污系数确定的基础上进行，如无治理措施，排污系数与产污系数相同。

在环境管理中，若某些企业生产规模不大，生产的产品又比较杂，还可以使用每生产1万元产值所排放污染物的数量（简称万元产值排污系数）作为某行业的排放系数。

利用排放系数可以方便地根据产品产量或生产规模计算出污染物的排放量。

$$G = KM$$

式中：K——污染物排放系数；

M——产品产量。

排污收费工作中，对许多小型企业和餐饮娱乐服务企业没有进行规定的监测，或对于非常规的污染物监测不能进行规定的监测，这些排污单位的生产又缺乏规律性，难以进行物料衡算，则对其排污量的推算就只能依赖排污系数。国家环保总局 1999 年在环函[1999]429 号文件中明确指出："对排污口不规范，不便监测的乡镇企业和饮食娱乐服务业的污染源，环保部门可以采用排污系数法、物料衡算法计算和核定其污染物的排放浓度和排放量，再按照国家统一的排污收费标准计征超标排污费。"

原国家环保局组织有关部门编写了两本工业污染物排放系数手册。一是国家环保局科技标准司于 1996 年 6 月依据科技标准司多年的科研课题成果 ——"工业污染源控制研究""燃煤设备产污系数的研究""乡镇工业污染物排放系数研究"中的大量数据，编写的《工业污染物产生和排放系数手册》；二是国家环境保护局计财司、自然司和科技司于1995 年 5 月从其科研项目"乡镇工业污染物排放系数研究"的成果中筛选出版的《乡镇工业污染物排放系数手册（试行）》。2008 年第一次全国污染源普查工业污染排污系数的调查和筛选课题已基本完成，各类工业排污系数也已公布，这些系数也可以作为工业污染源排污申报审核参考使用。

对于缺乏监测数据的小企业，可以根据国家和省环保机构利用监测数据和物料衡算确定的产品排污系数 K，用系数法根据产量进行估算（$G = KM$）。

第七章 排污费的征收管理

第一节 排污收费的管理体制

一、征收排污费的管理体制

环境监察机构实行"分级管理、属地征收"的排污收费管理体制。国家级、省级、市级环境监察机构负责下属环境监察机构的排污收费工作的指导和稽查,直辖市、设区的市和县级环境监察机构负责辖区内的排污申报审核、核定和排污费的征收管理工作,即"三级征收,四级管理",也就是说,排污费由省(直辖市、自治区)、市、县三级征收,实行国家、省、市、县四级使用的管理体制。同时,《排污费征收使用管理条例》特别规定,装机容量 30 万 kW 以上的电力企业排放 SO_2 的数量,由省、自治区、直辖市人民政府环境保护行政主管部门核定。这样做的目的是,30 万 kW 以上的电力企业排放 SO_2 的排污费到省一级环境监察部门进行集中征收管理后,集中筹集大笔资金专项用于电力企业的 SO_2 治理项目投资,每年可以将排污费集中使用于几家电力企业的 SO_2 治理项目。

关于排污费的征收权限问题,国家环境保护总局曾做过一个复函,明确环境收费的征收管理体制。

提示 7-1

关于排污费征收权限的复函

(环函[2004]44 号)

大连市环境保护局:

你局《关于排污费征收有关问题的请示》(大环发[2004]15 号)收悉。经研究,答复如下:

按照我局《关于排污费征收核定有关工作的通知》(环发[2003]64 号)"县级环境保护局负责行政区划范围内排污费的征收管理工作。直辖市、设区的市级环境保护局负责本行政区域市区范围内排污费的征收管理工作"的规定,对你市金州区、旅顺口区、开发区、保税区、金石滩国家旅游度假区、高新园区的排污者,可由你局负责征收排污费。

二〇〇四年二月二十三日

当然，具体到地方，排污费的征收管理略有差异，如《乌海市人民政府关于进一步调整市区两级环境监管职能及排污费分成管理的通知》（乌海政发[2009]15 号）规定，"市环保局负责海勃湾发电、乌海热电、乌达热电、君正发电事业部四家电力、神华乌海能源有限责任公司及所属企业的环境监管、排污申报、排污费核定与征收工作，其他企业由各区环保局负责。市环保局负责对规模以上煤焦化、建材、化工、冶金行业和重点新、改、扩建企业的排污费核定工作，并委托各区环保局负责征收，各区环保局负责对辖区内其他企业的排污费核定与征收工作"。深圳市则根据排污者的隶属关系确定市、区两级征收排污费管理权限，对于不能按照上述隶属关系划分的私营企业、个体企业、股份制企业、合作和合资企业征收排污费的管理权限，则按工商营业执照的审批、发放权限划分来确定征收排污费的权限。

二、征收排污费过程中环境保护行政主管部门的权利

《排污费征收使用管理条例》明确规定县级以上环境保护行政主管部门负责污染物排放核定工作、确定排污者排污费数额以及向排污者送达排污费缴纳通知单等项排污费征收管理具体工作。《关于排污费征收核定有关问题的通知》中明确规定了县级以上环境保护行政主管部门所属的环境监察机构具体负责排污申报登记和排污费征收管理工作。在征收排污费过程中，环境监察机构的权利主要包括：

（一）排污申报审核权

各级环境监察机构应对排污申报登记工作中排污者送审的排污申报登记表内容，进行仔细审核、分析和确认。审核排污审报登记表的主要数据和资料是否齐全，计算依据、指标逻辑关系是否合理，与生产实际是否相符等内容。

（二）污染物排放量的核定权

污染物排放量的核定是排污收费工作的基础，有助于加快环境管理工作的定量化进程，保证总量控制制度顺利实施。环保部门进行排污申报核实工作，一方面可以了解和监督排污者污染物排放情况、污染物处理情况、环境管理水平；另一方面也可以为计算和征收排污费提供有效可信的事实依据。

为了使排污申报登记核定工作进行得更加科学合理，各级环境保护行政主管部门必须加强环境基础设施的建设，如环境监测手段和设施的建设、排污口规范化设置工作的落实、污染源自动监控设施的推广及物料衡算方法的研究等，力争做到排污申报登记核定准确合理，逐渐加快各类排污口计量的现代化和信息化发展进程。2011 年环保部出台的《关于应用污染源自动监控数据核定征收排污费有关工作的通知》（环办[2011]53 号）规定："充分利用重点污染源自动监控能力建设成果，科学、准确核定主要污染物排放量，推动排污费规范、足额征收，经研究，决定自 2011 年第二季度起，30 万 kW 以上电力企业二氧化硫排污费必须应用经有效性审核的污染源自动监控数据进行核定、征收，并将核定、征收情况纳入对各省、自治区、直辖市环保部门有关工作的年度考核。"

在排污单位填写排污申报登记表后，所在地的环境保护部门应对其填报的水、气、危

险废物、噪声等排放污染物的种类和数量及排污强度进行核定。排污申报登记表的核定，应该把连续监控数据、监测数据、物料衡算数据及现场监督检查得到的排污数据结合起来，并通过从水源、能源、统计等部门得到的有关数据资料，核对排污者用水量、耗煤量、原材料用量、产品产量等基础数据。通过分析排污者生产经营活动中原料、产品的物料衡算关系，分析经营内容、经营规模与排污状况、排污规模的逻辑关系，以及历史排污状况、污染调查资料和污染治理设施的处理水平等因素，对基础数据进行综合分析和计算，确定排污单位各种环境要素中污染物的排放量。

（三）排污费征收权

排污者对环境监察机构核定的污染物排放种类和数量没有异议的，由负责污染物排放核定工作的环境监察机构根据排污费征收标准和污染者排放的污染物的种类、数量，计算并确定排污者应当缴纳的排污费数额。环境监察机构审议小组对排污费结果确定无误后，由环境监察机构负责人签发《排污费缴纳通知单》，要求排污者在规定时间向银行缴纳相应的排污费。

环境监察机构向排污者下达《排污费缴纳通知单》进行排污费征收的行为属于具体行政行为，排污者对缴费通知规定的内容不服，可以向签发《排污费缴费通知单》的环境监察机构的上一级行政部门申请行政复议，也可以不经行政复议，直接向法院提起行政诉讼。如果排污者逾期未缴纳排污费，也未申请行政复议或提起行政诉讼，环境保护行政主管部门有权向法院申请强制执行，并按每日排污费金额的 2‰ 征收滞纳金。

三、征收排污费排污者的义务

依据《排污费征收使用管理条例》，排污者是指直接向环境排放污染物的单位和个体工商户，凡在辖区内排放污水、废气、危险废物、噪声的企事业单位、个体工商户、部队、社会团体和行政机关都属于排污者。在征收排污费过程中，排污者承担的义务主要包括：

（一）如实申报的义务

《排污费征收使用管理条例》第六条规定，一切向环境排放污染的排污者应按照规定向所在地的环境保护行政主管部门进行排污申报。这是国家规定的环境管理制度，也是排污收费工作必须履行的程序，同时也是排污者应当承担的义务。

1989 年的《环境保护法》第二十七条规定："排放污染物的企事业单位，必须依照国务院环境保护行政主管部门的规定申报登记。"此外，《大气污染防治法》、《水污染防治法》以及《环境噪声污染防治法》等都规定了排污者的排污申报义务。

排污者的如实申报义务并非要求排污者对以往的排污情况如实申报，而是要求排污单位根据自身实际，按照正常状态来合理预测以后的排污状况，不能因为预测就脱离实际随便填报，畸轻畸重。排污申报中谎报所造成的危害是显而易见的，在某种意义上说它并不"逊色"于拒报。首先，谎报是一种违法行为，严重践踏法律的尊严。其次，排污申报是计征排污费的法定依据，认可了排污者谎报的排污状况，在计算排污费时就会出现偏差，甚至征不上应征的排污费。再次，排污申报是进行环境监督管理的基础，谎报则给管理提供了错误的信息，最终导致环境保护决策出现失误。最后，市场经济是建立在依法公平的基础之上的，谎报显然违反公平竞争的原则。

排污者如实申报有利于本单位改善排污状况，完善环境管理，为履行法定环保义务提供基础资料，也为维护本单位合法排污权利和环保部门依法管理提供依据。经过核定的排污申报是以往一段时间各种状态下的排污情况的真实反映，将有利于当地环境保护部门根据本地区排污控制的宏观调控计划，合理安排污染源的排放指标。

（二）按规定缴纳排污费的义务

《排污费征收使用管理条例》第十二条规定：排污者应当按照大气污染防治法、水污染防治法、环境噪声污染防治法等法律的规定缴纳排污费；第十四条规定：排污者应当自接到排污费缴纳通知单之日起 7 日内，到指定的商业银行缴纳排污费；第二十一条规定：排污者未按照规定缴纳排污费的，由县级以上地方人民政府环境保护行政主管部门依据职权责令限期缴纳；逾期拒不缴纳的，处应缴纳排污费数额 1 倍以上 3 倍以下的罚款，并报经有批准权的人民政府批准，责令停产停业整顿。

缴纳排污费是排污单位对国家和社会应履行的一种法律责任和社会义务。根据"污染者负担"原则，排污者缴纳的排污费实质是企业承担的污染环境的治理成本。由于环境是一项公共产品，适宜生存的环境需要由政府来提供。排污费作为一项治理环境污染的重要资金来源，在体现企业外部成本内部化的同时，能提高政府治理环境的能力。

第二节　排污收费的征收程序

一、排污收费的法律依据

排污收费制度的法律依据是环境保护行政主管部门进行排污费征收的权力来源，包括《大气污染防治法》、《水污染防治法》、《环境噪声污染环境防治法》、《固体废物污染环境防治法》等法律，《排污费征收使用管理条例》等行政法规，《排污费征收标准管理办法》等部门规章，以及大量的环境标准和环保部出台的有关排污收费的规范性法律文件（包括有关排污收费的通知和复函）。

排污收费的法律依据，一方面是环境保护行政主管部门的权力来源，是进行排污费征收的合法性基础；另一方面，能对排污收费的主体、排污收费的对象、排污收费的程序和计算等一系列问题予以说明，是环境保护行政主管部门执法的合理性来源。

有关排污收费制度法律依据的详细情况，请见第四章排污收费制度的法律体系。

二、排污收费的征收程序

根据《条例》和《关于排污费征收核定有关工作的通知》（以下简称《核定通知》）的规定，征收排污费应遵循如下程序：

（一）申报登记

《条例》第六条和《核定通知》第二条规定，排污者应当于每年 12 月 15 日前填报《全国排放污染物申报登记报表（试行）》（以下简称《排污申报登记报表（试行）》，申报下一年度正常作业条件下排放污染物种类、数量、浓度等情况，并提供与污染物排放有关的资料；新建、扩建、改建项目，应当在项目试生产前 3 个月内办理排污申报手续；在城市市区范围内，建筑施工过程中使用机械设备，可能产生环境噪声污染的，施工单位必须在工程开工 15 日前办理排污申报手续；排放污染物需作重大改变或者发生紧急重大改变的，排污者必须分别在变更前 15 日内或改变后 3 日内履行变更申报手续，填报《排污变更申报登记表（试行）》。排污者可以采取书面填表、网上申报等申报方式进行排污申报。排污者应以本年度实际排污情况和下一年度生产计划所需产生的排污情况为依据，如实地申报下一年度正常作业条件下的排污情况；于每年 1 月 1—15 日内填写完毕及时交回环境监察机构，完成年度排污申报登记工作。

（二）审核

负责征收排污费的环境监察机构应于每年 2 月 10 日前对排污者申报的《排放污染物申报登记统计表（试行）》等进行审核。对符合要求的，环境监察机构向排污者发回经审核同意的《排放污染物申报登记统计表（试行）》等，对不符合要求、错报、漏报的，要责成其限期重报或补报。

环境监察机构在进行排污收费年度审核时，第一，对排污者申报的新建、扩建、改建项目的《排污申报登记报表（试行）》和排放污染物需作重大改变或者发生紧急重大改变的《排污变更申报登记表（试行）》应当及时进行审核；第二，对符合要求的，环境监察机构向排污者发回经审核同意的《排放申报登记报表（试行）》；第三，对符合减免规定的，按规定予以减免并公告；对不符合要求的，责令限期补报；逾期未报的，视为拒报。

（三）核定

《核定通知》对排污费征收核定权限、核定依据、核定通知书的送达以及核定异议的处理作了如下规定：

（1）核定权限。根据《核定通知》第一条规定，县级环境保护局负责行政区划范围内排污费的征收管理工作；直辖市、设区的市级环境保护局负责本行政区域市区范围内排污费的征收管理工作；省、自治区环境保护局负责装机容量 30 万 kW 以上的电力企业排放二氧化硫排污费的征收管理工作。

（2）核定依据和顺序。《核定通知》第四条规定，环境监察机构应当依据《条例》，按照下列规定顺序对排污者排放污染物的种类、数量进行核定：排污者按照规定正常使用国家强制检定并经依法定期校验的污染物排放自动监控仪器，其监测数据作为核定污染物排放种类、数量的依据；具备监测条件的，按照国家环境保护总局规定的监测方法监测所得的监督监测数据；不具备监测条件的，按照国家环境保护总局规定的物料衡算方法计算所得物料衡算数据；对餐饮、娱乐、服务等第三产业的小型排污者，采用抽样测算的办法核算排污量。

提示 7-2

关于排污费核定权限的复函

（环函[2003]220 号）

重庆市环境保护局：

你局《关于对排污费核定征收权限解释的请示》（渝环发[2003]48 号）和《关于排污费征收管理有关问题的请示》（渝环发[2003]88 号）收悉。经商财政部、国家发改委，现函复如下：

《排污费征收使用管理条例》（国务院令第 369 号）第七条规定："县级以上地方人民政府环境保护行政主管部门，应当按照国务院环境保护行政主管部门规定的核定权限对排污者排放污染物的种类、数量进行核定。

装机容量 30 万 kW 以上的电力企业排放二氧化硫的数量，由省、自治区、直辖市人民政府环境保护行政主管部门核定。

污染物排放种类、数量经核定后，由负责污染物排放核定工作的环境保护行政主管部门书面通知排污者。"

《排污费资金收缴使用管理办法》（财政部、国家环境保护总局令第 17 号）第五条规定"排污费按月或者按季属地化收缴。

装机容量 30 万 kW 以上的电力企业的二氧化硫排污费，由省、自治区、直辖市人民政府环境保护行政主管部门核定和收缴，其他排污费由县级或市级地方人民政府环境保护行政主管部门核定和收缴。"

我局《关于排污费征收核定有关工作的通知》（环发[2003]64 号）规定："县级以上环境保护局应当切实加强本行政区域内排污费征收管理工作的贯彻实施，其所属的环境监察机构具体负责排污费征收管理工作。

县级环境保护局负责行政区划范围内排污费的征收管理工作。

直辖市、设区的市级环境保护局负责本行政区域市区范围内排污费的征收管理工作。"

按照以上规定，除装机容量 30 万 kW 以上电力企业的二氧化硫排污费，由省、自治区、直辖市人民政府环境保护行政主管部门核定和收缴外，其他排污费应按照属地征收的原则，主要由市、县环境监察机构具体负责核定、收缴。

考虑到污染物排放在城市范围内相对集中的特点，为保证执法的统一和公平，设区的市，城区的排污费应由市一级环境监察机构负责核定、收缴，其他远郊区的排污费应由该区环境监察机构负责核定、收缴。

请你局按上述原则会同有关部门对所辖 15 个区的排污费核定、收缴权限作出具体规定。

二○○三年八月五日

（3）核定通知书的送达。《核定通知》第五条第一款规定，各级环境监察机构应当在每月或者每季终了后 10 日内，依据经审核的《排污申报登记报表（试行）》、《排污变更申报登记表（试行）》，并结合当月或者当季的实际排污情况，核定排污者排放污染物的种类、数量，并向排污者送达《排污核定通知书（试行）》。

（4）核定异议的处理。《核定通知》第五条第二款规定，排污者对核定结果有异议的，自接到《排污核定通知书（试行）》之日起 7 日内，可以向发出通知的环境监察机构申请复核；环境监察机构应当自接到复核申请之日起 10 日内，做出复核决定。

排污者对核定有异议的，应当先缴排污费，然后再申请行政复议或者提起行政诉讼。

（四）公告及排污费的缴纳

根据《核定通知》第六条规定，各级环境监察机构应当按月或按季根据排污费征收标准和经核定的排污者排放污染物种类、数量，确定排污者应当缴纳的排污费数额，并予以公告；排污费数额确定后，由环境监察机构向排污者送达《排污费缴纳通知单（试行）》；排污者应当自接到《排污费缴纳通知单（试行）》之日起 7 日内，到指定的商业银行缴纳排污费；逾期未缴纳的，负责征收排污费的环境监察机构从逾期未缴纳之日起 7 日内向排污者下达《排污费限期缴纳通知书（试行）》。

排污费征收流程见图 7-1。

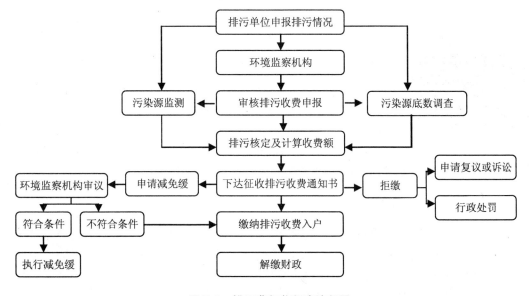

图 7-1　排污费征收程序流程图

三、排污费的减免缴纳程序

（一）申请程序

排污费减免申请的期限为排污者自遇到不可抗拒自然灾害或其他突发事件之日起 30 日内。

排污费减免申请的主要内容为排污者的单位名称、申请减免排污费减的理由、申请减免排污费的数额、减免应缴排污费的期限及与申请减免排污费相关的证明等。

按不同审批权限规定不同排污费减免的申请程序如下：

如属于本级环保部门征收排污费、申请本级行政管理部门审批的，可以直接进行申请；

属于本级环保部门征收排污费、申请上级行政管理部门审批的，应先在同级行政管理部门备案，向上级行政管理部门申请；

属于本级环保部门征收排污费、申请国家行政管理部门审批的，应先在同级行政管理部门备案，向省级行政管理部门申请，经省级行政管理部门审查，由省级财政、价格、环保部门向国家申报。

排污者应按审批权限同时向财政、价格、环保部门提出申请，接受申请与备案的部门为财政、价格、环保部门。

（二）核实程序

市（地、州）级财政、价格、环保部门收到排污者减免排污费的书面申请后，应当在30日内由环保部门先进行调查核实，并提出审核意见报同级财政、价格主管部门审核批准。

（三）批准程序

批准减免排污费申请的期限为30天内，即不应超过30日。排污费减免的最终批准形式应统一为书面批复。

排污费减免的批准方式应为：

（1）市级行政机构承办的应直接批复给排污者，同时抄送上级财政、价格、环保部门；

（2）省级行政机构承办的应直接批复给排污者，同时抄送上级和负责征收排污费的同级财政、价格、环保部门；

（3）国家级行政机构承办的应批复给省级财政、价格、环保部门，抄送排污者，再由省级三部门发往负责征收排污费的同级财政、价格、环保部门。

（四）减免排污费的公告程序

为了增加批准减免排污费工作的透明度，使这项工作更加公正和公开，同时增加公众的监督力度，《条例》规定被批准减免排污费的排污者名单，由环保部门会同同级财政、价格主管部门每半年公告一次。批准减免排污费公告的主要内容应当包括批准机关、批准文号、批准减免排污费的主要理由等内容。

四、排污费的缓缴程序

（一）申请程序

排污费缓缴申请的受理机关为负责征收排污费的环保部门。

排污单位确有特殊困难不能按时缴纳排污费，需要申请缓缴排污费的，自接到排污费缴纳通知单之日起7日内，可以向发出缴费通知单的环保部门申请缓缴排污费。

排污费缓缴申请的主要内容包括写明排污者的单位名称、排污费缓缴的理由、申请缓缴的期限，并附上申请排污费缓缴的相关证明等。

（二）审批程序

审批机关为负责征收排污费的环保部门。

环保部门应当自接到申请之日起 7 日内，作出书面决定，批准时限为自接到申请之日起 7 天内。《条例》同时规定了行政制约条件，对期满还未做出决定的，视为同意排污费的缓缴申请。

（三）公告程序

为了增加排污费缓缴工作的透明度，让公众对此进行监督，和排污费减免工作一样《条例》规定对批准缓缴排污费的单位应定期进行公告。

排污费缓缴的公告机关应为环保部门。排污费的缓缴的审批工作常年进行，但排污费缓缴的公告期限应为每半年集中进行一次。

排污费缓缴公告的主要内容是除了公布每批缓缴的排污单位名称外，还应注明排污费缓缴的批准机关、批准文号、每个排污单位被批准缓缴排污费的主要理由等内容。

为了减少行政工作量，排污费缓缴的公告也可与排污费减免情况一并公告。

第三节 排污费征收

一、排污费的计算与公告

各级环境监察机构应根据排污收费的各项法律依据、标准依据和《排污费核定通知书》核定排污者实际排污的事实依据，根据国家规定的各项排污费的计算方法，计算出排污者应当缴纳的各项排污费的具体数额，为确定企业排污费的缴纳奠定基础。

（一）排污费的计算

本节仅介绍排污费计算的基本原则，计算方法将在第八章排污费的计算中说明。

1. 污水排污费的计算

（1）污水排污费计算的原则：

① 排污就收费。

② 对每一排放口征收污水排污费的污染物种类数，以污染当量数从多到少的顺序，最多不超过 3 项；对于冷却水、矿井水等排放污染物的污染当量数计算，应扣除进水的本底值。

③ 同一排放口中的化学需氧量（COD）、生化需氧量（BOD）和总有机碳（TOC），只征收 1 项；大肠菌群数和总余氯只征收 1 项。

④ 超标不再征收超标排污费，而是对超标排放的进行罚款（排污费的 2～5 倍）。

⑤ 企业将污水排入城市污水集中处理设施并交污水处理费后不交排污费。

⑥ 污水处理厂若排放达标的不收费，超标排放不仅征收排污费，还要进行罚款。

（2）收费标准：每一污染当量征收标准为 0.7 元。

（3）污水排污费的计算步骤（一般污染物）：

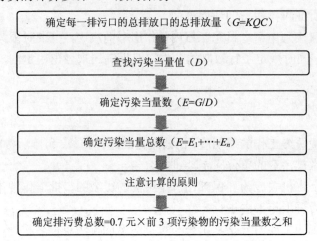

2. 废气排放费的计算

（1）废气排放费的计算原则：

① 排污就收费。

② 对每一排放口征收废气排污费的污染物种类数，以污染当量数从多到少的顺序，最多不超过 3 项。

③ 机动车、船、飞机等流动污染源暂不收废气排污费。

（2）收费标准。每一污染当量征收标准为 0.6 元。对难以监测的烟尘，可按林格曼黑度征收排污费。每吨燃料的征收标准为：一级 1 元、二级 3 元、三级 5 元、四级 10 元、五级 20 元。

（3）废气排污费的计算步骤：

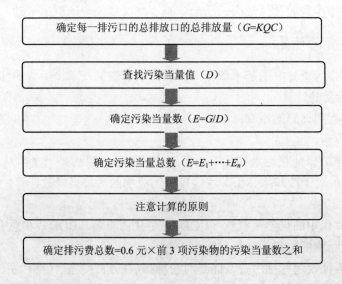

提示 7-3

关于机动车排污收费有关问题的复函

（环函[2003]107 号）

杭州市环境保护局：

　　你局关于机动车排污收费问题的来信收悉。经研究，现函复如下：

　　……

　　最近出台的《排污费征收标准管理办法》（国家计委、财政部、国家环保总局、国家经贸委令第 31 号）规定："对机动车、飞机、船舶等流动污染源暂不征收废气排污费。"并规定"国家环境保护总局、国家计委、财政部《关于在杭州等三城市实行总量排污收费试点的通知》（环发[1998]73 号）等，以及地方政府制定的排污收费标准的规定同时废止"。对机动车等暂不征收排污费的主要原因：一是《国务院办公厅关于治理向机动车辆乱收费和整顿道路站点有关问题的通知》（国办发[2002]31 号）规定："今后，除法律法规和国务院明文规定外，任何地方、部门和单位均不得再出台新的涉及机动车辆的行政事业性收费、政府性集资和政府性基金项目。"《排污费征收使用管理条例》（国务院令第 369 号）未明文规定对机动车征收排污费。二是《排污费征收使用管理条例》（国务院令第 369 号）规定的排污费收费对象是单位和个体工商户，未包括自然人。现在拥有机动车的自然人越来越多，如果对单位和个体工商户的机动车征收排污费，对自然人拥有的机动车不能收费，会造成社会的不平等。

　　请你局按照《排污费征收使用管理条例》的有关规定，妥善解决停止机动车总量收费后的遗留问题。

二〇〇三年四月二十三日

3. 噪声超标排污费的计算

（1）计算的原则：

①　超过国家规定的环境噪声排放标准，且干扰他人正常生活、工作和学习的才收费。

②　一个单位边界上有多处噪声超标，征收额应根据最高一处超标声级计算，当沿边界长度超过 100m 有 2 处及 2 处以上噪声超标，则加 1 倍征收。

③　一个单位若有不同地点的作业场所，收费应分别计算、合并征收。

④　昼、夜均超标的环境噪声，征收金额按本标准昼、夜分别计算，累计征收。

⑤　声源 1 个月内超标不足 15 天的，噪声超标排污费减半征收。

⑥　夜间频繁突发和夜间偶然突发厂界超标噪声排污费，按等效声级和峰值噪声两种指标中超标分贝值高的一项计算排污费。

⑦　一个工地同一施工单位多个建筑施工阶段同时进行时，按噪声限值最高的施工阶段计收超标噪声排污费。

⑧　以每分贝为计征单位，不足 1dB(A) 的按四舍五入原则计算。

⑨　不收噪声排污费的情况：对农民自建住宅不得征收噪声超标排污费（含在镇及乡村工业区范围外的建筑噪声）；机动车、船、飞机等流动污染源。

（2）收费单价：见表7-1。

表7-1 噪声超标排污费征收标准

超标分贝数/dB(A)	1	2	3	4	5	6	7	8
收费标准/（元/月）	350	440	550	700	880	1 100	1 400	1 760
超标分贝数/dB(A)	9	10	11	12	13	14	15	16及16以上
收费标准/（元/月）	2 200	2 800	3 520	4 400	5 600	7 040	8 800	11 200

（3）噪声超标排污费的计算步骤：

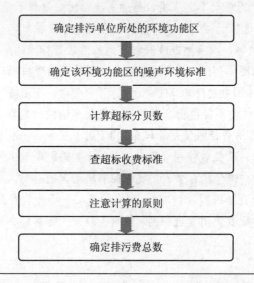

提示 7-4

关于《排污费征收标准管理办法》第三条适用问题的复函

（环函[2008]72号）

辽宁省环境保护局：

你局《关于〈排污费征收标准管理办法〉第三条适用问题的请示》（辽环[2008]8号）收悉。经研究，函复如下：

《环境噪声污染防治法》第二条第二款规定："本法所称环境噪声污染，是指所产生的环境噪声超过国家规定的噪声排放标准，并干扰他人正常生活、工作和学习的现象。"

企业内部无论是固定噪声源，还是企业厂界内运输车辆产生的噪声，均属于企业整体产生的噪声，应在企业厂界外按照《工业企业厂界噪声标准》（GB 12348—90）的规定进行监测。如果厂界噪声超过国家规定的噪声排放标准，并干扰了厂界外他人正常生活、工作和学习，应对企业征收噪声超标准排污费。

二○○八年五月十三日

提示 7-5

关于征收噪声超标排污费有关问题的复函

（环函[2005]446 号）

福建省环境保护局：

你局《关于征收噪声超标排污费有关问题的请示》（闽环保法[2005]17 号）收悉，经研究，现函复如下：

根据《中华人民共和国环境噪声污染防治法》的规定，加油站经营场所内机动车进出场地产生的噪声属于交通运输噪声，直接产生噪声的是进出场地的机动车辆。《排污费征收标准管理办法》（国家发展计划委员会、财政部、国家环境保护总局和国家经济贸易委员会[2003]第 31 号令）第三条第四款规定："对环境噪声污染超过国家环境噪声排放标准，且干扰他人正常生活、工作和学习的，按照噪声的超标分贝数计征噪声超标排污费。对机动车、飞机、船舶等流动污染源暂不征收噪声超标排污费。"根据以上规定，目前对机动车辆进出加油站产生的噪声不征收超标排污费。

二〇〇五年十月二十日

4. 危险固体废物排污费的计算

（1）计算的原则：

① 对以填埋方式处置危险废物不符合国家有关规定的危险废物收费。

② 排污费按吨收取。

（2）收费标准：危险废物排污费征收标准为每次每吨 1 000 元。

（二）排污费的公告

各级环境监察机构应当按月或按季根据排污费征收标准和经核定的排污者排放污染物种类、数量，确定排污者应当缴纳的排污费数额，并予以公告。公告的项目包括公开排污申报事项；收费项目、依据和标准；减免缓条件和结果；排污费使用公示。环保部门应当将主动公开的政府环境信息，通过政府网站、公报、新闻发布会以及报刊、广播、电视等便于公众知晓的方式公开，便于公众进行查询、监督。

排污费公告是环境监察机构实行政务公开的重要体现。政务公开不仅方便了排污者及时申报、缴纳排污费，也便于社会公众的监督，同时也是开展行政效能监察，加强勤政廉政建设的有效载体，能够推进排污收费制度的不断完善。

提示 7-6

环境信息公开办法（试行）（节选）

（国家环境保护总局令 第 35 号 2007 年 4 月 11 日）

第二条 本办法所称环境信息，包括政府环境信息和企业环境信息。

政府环境信息，是指环保部门在履行环境保护职责中制作或者获取的，以一定形式记录、保存的信息。

企业环境信息，是指企业以一定形式记录、保存的，与企业经营活动产生的环境影响和企业环境行为有关的信息。

第十一条 环保部门应当在职责权限范围内向社会主动公开以下政府环境信息：

……

（九）排污费征收的项目、依据、标准和程序，排污者应当缴纳的排污费数额、实际征收数额以及减免缓情况； ……

第十三条 环保部门应当将主动公开的政府环境信息，通过政府网站、公报、新闻发布会以及报刊、广播、电视等便于公众知晓的方式公开。

第二十六条 公民、法人和其他组织认为环保部门不依法履行政府环境信息公开义务的，可以向上级环保部门举报。收到举报的环保部门应当督促下级环保部门依法履行政府环境信息公开义务。

……

二、《排污费缴费通知单》的送达

（一）排污费结果的审议

根据排污量核定计算出的各排污者的排污费应征收额，应经过环境监察机构审议小组的审议，确定无误后，由环境监察机构负责人签发《排污费缴费通知单》。环境监察机构审议小组审议的主要内容包括：

（1）排污核定的事实是否清楚和属实；

（2）使用的法律、法规是否正确；

（3）排污费计算的方法是否正确。

（二）《排污费缴费通知单》的内容

《排污费缴费通知单》应载明以下内容：

（1）应缴纳排污费所属的时期和时点。

（2）污水排污费、废气排污费、噪声超标准排污费、危险废物排污费应征金额和排污费合计金额。

（3）受纳排污费的银行名称、缴费专户名称、账号。

（4）明确告知排污者对缴费通知不服的救济途径。即告知其对缴费通知不服可以申请行政复议或者不经行政复议，可直接向法院提起诉讼。《排污费缴费通知单》中应当载明排污者申请复议的期限、申请复议机关以及提起行政诉讼的期限、有管辖权的法院。

（5）拒缴排污费的行政强制措施。逾期不申请行政复议，既不向人民法院起诉，又不按要求缴纳排污费的，环保部门将申请人民法院强制执行，并每日按排污费金额的 2‰征收滞纳金。

（6）排污费征收机构的相关信息，包括机构名称、签章、地址、电话、联系人以及日期。

（三）《排污费缴费通知单》的送达

《排污费缴费通知单》经环境监察负责人签发后，环境监察机构应及时将缴费通知单送达排污者，作为排污者缴纳排污费的依据。

提示 7-7

《排污费缴纳通知单》式样

_____号

排污费缴纳通知单（试行）

_____：

　　根据《排污费征收使用管理条例》和有关环境保护法律、法规、规章的规定，依据《排污核定通知书》和《排污核定复核决定通知书》，经计算，决定征收你 _____ 年_____月（季）以下排污费：

排污费项目	金额（元）	排污费项目	金额（元）
污水排污费		噪声超标准排污费	
废气排污费		危险废物排污费	
合计金额（元）			
大写	仟 佰 拾 万 仟 佰 拾 元 角 分		

　　你应当自接到本通知之日起 7 日内，到_____银行_____缴费专户_____ 账号缴纳。

　　如对本排污费缴纳通知有异议，可在接到本通知单之日起 60 日内，向_____
_____申请复议；也可在 3 个月内直接向_____人民法院起诉。逾期不申请复议，也不向人民法院起诉，又不按要求缴纳排污费的，本机关将申请人民法院强制执行，并按每日排污费金额 2‰征收滞纳金。

征收机关（盖章）　　　　　　　　　　　地　　址：
年　　月　　日　　　　　联系电话：　　　　　　联 系 人：

《排污费缴费通知单》可以采用直接送达或挂号邮寄送达等方式进行。送达必须有送达回执，送达回执既是排污者收到通知单的凭证，同时送达签收日期也是开始征收排污费的起始日期。直接送达是常使用的方式，派人将通知单直接送交排污者，由排污者在送达回执上注明签收日期，并签名或者盖章。

如受达人拒绝签收，送达的环境监察人员应邀请见证人到场，说明情况，并在送达回执上记明拒收的理由和日期。把《排污费缴费通知单》留在受达人处，即被认为送达。使用挂号邮寄送达方式，可以避免排污者拒绝签收的麻烦，但要和当地邮政局进行相应的协商，邮局将挂号信送达排污者处后，应有签收日期的回执返回环境监察机构，以做凭证。

在发出《排污费缴费通知单》的同时，环境监察机构应同时建立排污收费统计台账记录，便于以后的排污收费征收的系统管理和查询，同时定期将其转为排污收费的环境监察管理档案。

三、排污费的减免缴和缓缴条件

（一）排污费减免缴的条件

1. 减免的一般条件

《条例》第十五条规定："排污者因不可抗力遭受重大经济损失的，可以申请减半缴纳排污费或者免缴排污费。"按照这条规定，排污费减免的一般条件应是排污者的污染排放是由主观不能避免的客观原因造成的。一般条件具体可以分为下述三种情况：

（1）因不能预见并不能克服的自然灾害，如台风、地震、火山爆发等，造成重大损失的；

（2）因可以预见，但不可避免也不易克服的自然灾害，如洪水、干旱、气温过高或过低等造成重大损失的；

（3）因战争或重大突发事件，如战争、恐怖事件、来自外界的重大破坏事件，或者他人事故祸及排污者如他人火灾、事故造成排污者的重大损失等。

应该明确的是，由于排污者自身原因引发的事故不应列入减免排污费范围。在上述不可抗力因素给排污者造成重大经济损失的情况下，排污者应积极采取有效措施控制污染，在不可抗力造成排污者损害的时候，如排污者未能及时采取措施，造成环境污染的，也不得申请减缴或免缴排污费。

2. 排污费减缴、免缴的特殊条件

在《条例》规定一切排污者应依法缴纳排污费的公平原则下，国家考虑养老院、残疾人福利机构、殡葬机构、孤儿院、特殊教育学校、幼儿园、中小学校（不含其校办企业）等非营利性的社会公益事业单位的困难，在征收排污费中国家还有特殊政策，可以申请免缴排污费。《条例》并未明确规定非营利性的社会公益事业单位免缴排污费，上述单位申请免缴排污费是按照国务院有关对社会公益事业单位免收行政事业收费的规定，作为特殊的收费政策制定的。但是这些单位还应自觉遵守国家的环境保护法律法规，履行各项环境保护的义务，承担环境保护责任。这些单位需要按年度申请，经征收排污费的环保部门核实后才可以免缴排污费。如果违反环保法律法规，并不会免除相应的法律责任，如处罚或赔偿，属于国家淘汰的企业都应按相关法规办理。

3. 排污费减免的程度和限额

在实施排污减免的时候，为了提高可操作性和公平性，《条例》规定排污费的减免程度只分为两种：减半缴纳和全额免缴。

《条例》同时规定对某一排污者申请减免排污费的最高限额不得超过 1 年的排污费应缴数额。

4. 申请排污费减免的审批

对于排污者依照减免条件申请减免排污费，按申请减免数额分为 50 万元以下、500 万元以下和 500 万元以上三个级差，由国家、省、市（地、州）三级行政管理机关进行分级审批。

减免排污费数额在 50 万元以下（含 50 万元）的，由市（地、州）级财政、价格主管部门会同环保部门负责审批。减免排污费数额在 50 万元以上 500 万元以下（含 500 万元）的，由省、自治区、直辖市财政、价格主管部门会同环保部门负责审批。减免排污费数额在 500 万元以上的，由省、自治区、直辖市财政、价格主管部门会同环保部门提出审核意见，报国务院财政、价格主管部门会同环保部门审批。

针对《条例》中规定的征收体制，装机容量 30 万 kW 以上的电力企业申请减免二氧化硫排污费，减免数额在 500 万元以下（含 500 万元）的，由省、自治区、直辖市财政、价格主管部门会同环保部门负责审批。减免排污费数额在 500 万元以上的，由省、自治区、直辖市财政、价格主管部门会同环保部门提出审核意见，报国务院财政、价格主管部门会同环保部门审批。

（二）排污费的缓缴条件

排污费缓缴主要是考虑到排污者受市场经济的影响，生产经营不利，造成经济困难，在支付排污费上确实存在困难，以此作为缓缴排污费的条件。同时，与减免排污费政策的配套衔接，对于正在办理减免手续的排污者也应给予缓缴处理。每次排污者申请缓缴排污费的应缴费最长时限不应超过 3 个月。在每次批准缓缴排污费之后 1 年内不得再重复申请。

缓缴排污费的基本条件如下：

（1）由于经营困难处于破产、倒闭、停产、半停产状态的排污者。

（2）符合条件，正在申请减免排污费以及市（地、州）级以上财政、价格、环保部门正在批复减免排污费期间的排污者。

四、对拒缴排污费行为申请法院强制执行

环境行政强制执行，是指在行政相对人不履行法定义务时由行政机关或者由行政机关申请人民法院依法采取强制的手段，迫使其履行义务或达到与履行义务相同状态的行政行为。实施行政强制执行的主体包括行政机关和人民法院。行政强制执行针对相对人的人身、财产等采取措施，对相对人是一种影响重大的行为，从保护当事人的合法权益出发，实施强制执行必须十分慎重。因此，我国行政强制执行以申请人民法院执行为原则，行政机关自行执行为例外，只有法律、法规明确规定的享有强制执行权的行政机关才能自行执行。一般情况下，行政强制执行不以法律规范为直接依据，而是以行政机关已作出的行政决定

为依据。此外，无论是行政机关还是人民法院执行，执行的依据都是行政决定。行政机关申请人民法院执行，由人民法院对行政决定的内容进行审查，认为合法的则依行政决定的内容具体实施强制执行，否则不予执行。

对违反排污收费制度的行政行为，申请人民法院强制执行的条件主要包括两个方面，一是针对排污者逾期仍不履行环境保护部门要求其履行缴纳排污费义务的强制执行；二是针对排污者逾期仍不履行环境保护部门作出的行政处罚决定的强制执行。

（一）非诉行政案件的执行程序

1. 强制执行的申请

（1）申请主体。根据《排污费征收使用管理条例》规定，县级以上人民政府环境保护行政主管部门负责排污申报核定、复核和排污费数额的确定、征收及违反规定的行政处罚。但根据原国家环境保护总局《关于排污费征收核定有关工作的通知》（环发[2003]64 号）规定，县级以上环境保护局所属的环境监察机构具体负责排污费的征收管理工作，目前我国排污费的征收工作是由环境监察机构负责的。但根据原国家环境保护总局《关于统一规范环境监察机构名称的通知》（环发[2002]100 号）、《环境监理工作暂行办法》（1991 年 8 月 29 日）及《行政诉讼法》第二十五条第四款的规定，县级以上环境保护局所属的环境监察机构征收排污费的行为是委托执法性质。因此，对违反排污收费制度的排污者有权向人民法院提出强制执行申请的主体应为县级以上环境保护行政主管部门，而不是环境监察部门。

（2）申请的条件。根据法律法规的规定，对行政机关的具体行政行为，当负有履行义务的当事人逾期既不起诉，不申请复议也不履行的情况下，依法可以由人民法院强制执行。对排污者的强制执行包括两种情况：第一种情况是，对逾期不履行缴纳排污费义务的排污者，如其在《排污缴费通知单》送达之日起 60 日内不申请复议，3 个月内不提起行政诉讼，也不履行的情况下，负责征收排污费的环境保护部门就可以向当地的基层人民法院申请强制执行。第二种情况是，对因违反排污收费制度而受到环境保护部门行政处罚的排污者，如其在接到《行政处罚决定书》之日起 15 日内不提起行政诉讼，在 60 日内不申请复议，又不自行履行的，作出处罚决定的环境保护部门可向当地的基层人民法院（即申请人所在地的基层人民法院）申请强制执行。

（3）申请强制执行的期限。根据《最高人民法院关于执行〈中华人民共和国行政诉讼法〉若干问题的解释》第八十八条规定，行政机关申请人民法院强制执行其具体行政行为，应当自被执行人的法定起诉期限届满之日起 180 日内提出。逾期申请的，除有正当理由外，人民法院不予受理。申请人民法院强制执行应当符合《最高人民法院关于执行〈中华人民共和国行政诉讼法〉若干问题的解释》的规定，并在下列期限内提起：行政处罚决定书送达后当事人未申请行政复议且未提起行政诉讼的，在处罚决定书送达之日起 60 日后起算的 180 日内；复议决定书送达后当事人未提起行政诉讼的，在复议决定书送达之日起 15 日后起算的 180 日内；第一审行政判决后当事人未提出上诉的，在判决书送达之日起 15 日后起算的 180 日内；第一审行政裁定后当事人未提出上诉的，在裁定书送达之日起 10 日后起算的 180 日内；第二审行政判决书送达之日起 180 日内。

（4）应提交的材料。应该包括：环境保护行政机关的强制执行申请书、排污缴费通知单（或行政处罚决定书）、其他相关证明材料（如监测数据等）及所依据的法律法规以及其他必须提交的材料。

2. 强制执行的措施

我国法律强制执行的措施主要有：强制拘留、强制服兵役、强制传唤、滞纳金、强制划拨、强制拆除、强制扣缴、强制拍卖、强制检疫等。对欠缴排污费或者因违反排污收费制度行政处罚强制执行的措施主要有：滞纳金、强制划拨、强制扣缴等。

（二）已诉环境行政案件的执行（行政诉讼的执行）

1. 执行机关及依据

我国行政案件的执行机关包括人民法院和行政机关，因法律并未赋予环境保护部门强制执行的权力，因此环境行政案件的强制执行只有通过人民法院。一般情况下，环境行政案件由一审人民法院执行。但一审法院在执行被告行政机关败诉的判决可能会受到行政机关的干扰和压力。因此在特殊情况下，行政诉讼的法律文书，也可以由二审人民法院执行。

环境行政案件的执行依据包括：行政判决书、裁定书、赔偿判决书和行政赔偿调解书等已发生法律效力的法律文书。

2. 执行程序

（1）申请执行人。申请执行人必须具有主体资格，必须是法律文书中享有权利的一方当事人，可以是环境保护部门也可以是排污者。

（2）法定期限。对排污者拒绝履行人民法院维持原环境保护部门具体收费行为的判决、裁定的或者排污者拒绝履行维持原环境保护部门作出的处罚决定的，由原作出具体行政行为的环境保护部门向第一审人民法院申请强制执行。申请执行的期限从法律文书规定的履行期限最后一日起计算；法律文书中没有规定履行期限的，从该法律文书送达当事人之日计算180日内。逾期申请的，除有正当理由外，人民法院不予受理。

对环境保护部门败诉的案件，排污者也可以向第一审人民法院申请强制执行，要求归还罚款或者给付赔偿金等。这种情况下，申请人是公民的，申请执行生效的司法文书的期限是1年，申请人是法人或者其他组织的为180天。

第四节　环境保护专项资金的使用

一、环境保护专项资金使用的性质

按照《环境保护法》第十二条的规定，我国的排污费"必须用于污染的防治，不得挪作他用，具体使用办法由国务院规定。"

原排污收费制度规定排污费解缴财政后，全部返回环保部门进行统一使用，返回的排污费的资金称为环境保护补助资金。按国务院规定，环境保护补助资金的80%用于补助排污者的污染治理和重点综合污染治理项目；20%用于环境保护部门的自身建设费用。

随着国家排污收费制度的改革，利用环境保护补助资金对排污者的污染防治进行补助的方式，逐步实行由拨款向贷款转化。许多环保部门在使用环境保护补助资金时，为了刺激排污者缴纳排污费的积极性，用于排污者单项治理的环境保护补助资金仍然大于用于综合治理项目，未能高效发挥其环境效益；另外，由于国家对环境执法所拨经费不足，用于环境保护部门自身建设费用的比例逐渐超过 20%，使得用于重点综合污染治理项目的环境保护补助资金的比例很有限，未能按《环境保护法》的规定，严格保证"必须用于污染的防治"的要求，充分发挥排污费用于补助重点综合污染治理项目的作用。

现行排污收费制度中对排污费的使用范围做出较大改革，明确规定环境保护部门依法征收的排污费应全部上缴财政，列入环境保护专项资金进行管理。

国外许多国家征收的排污费和各项环境污染税费，主要是用于补偿治理环境污染的工程费、集中污水处理厂的建设费用和运行费用或者用于环境污染损害的赔偿金的支出。我国的环境保护专项资金是环境保护治理投资的一条重要渠道，是国民经济和社会发展固定资产的组成的一部分。它的目的是体现污染者负担的原则，保护环境，防治污染，把排污者转嫁给社会的治理费用纳入排污者的环境成本中，实现经济效益、社会效益和环境效益的统一。国家将逐渐提高排污收费的征收标准，将征收的排污费以环境保护专项资金的形式对重点污染治理项目和污染防治的新技术新工艺的开发和应用进行补偿。

环境保护专项资金是不参与体制分成的预算内专项资金。环境保护专项资金的这一性质决定了其所有权应属于国家，应用于纳入政府预算的污染治理项目的支出，而不能再对排污者的污染治理行为进行补助。现行规定体现了"污染者付费"的原则，排污者污染环境缴纳排污费，纳入其经营成本，政府将排污费用于综合治理、消除污染危害。环境保护专项资金作为一种环境补偿纳入社会公益投资。

现行排污收费制度明确规定了环境保护专项资金的使用方向，应严格做到专款专用，各级政府部门、财政部门和环保部门必须按照规定严格审批、管理和监督，任何单位不得截留、挤占和挪作他用。以前有些地方政府因财政困难挪用和截留排污费，是严重违反财经纪律的行为。

现行排污收费制度为了保证环境保护专项资金能严格用于重点污染防治项目，在资金的使用方向上取消了对环境保护自身建设的补助部分。《财政部、国家环境保护总局关于印发〈关于环保部门实行收支两条线管理后经费安排的实施办法〉的通知》明确规定，将环境保护管理的相关费用（人员经费、公用经费、监督执法费用、仪器设备购置费用以及基础设施经费等环保经费）纳入统计财政预算予以保障，同时规定环保机构的基础设施建设应纳入地区社会发展计划，实行统一规划和管理。

为了严格环境保护专项资金的使用管理和监督，现行排污收费制度明确规定排污费的使用管理，由环境保护部门和财政部门按职能分工共同管理的体制，互相监督，以保证资金的专款专用。环境保护部门负责编制环境保护专项资金使用项目的计划和计划审批后实施过程中的检查、监督和验收；财政部门负责计划的资金审批、资金使用方向的审查。这种管理方式，有利于保证环境保护专项资金能严格按照国务院的规定进行使用。

二、环境保护专项资金使用的范围和对象

《条例》第十八条规定："排污费必须纳入财政预算，列入环境保护专项资金进行管理，

主要用于下列项目的拨款补助或者贷款贴息：（一）重点污染源防治；（二）区域性污染防治；（三）污染防治新技术、新工艺的开发、示范和应用；（四）国务院规定的其他污染防治项目。"此条对环境保护专项资金的支出范围和使用管理方向做出了明确规定。

《排污费资金收缴使用管理办法》第十三条规定："环境保护专项资金应当用于下列污染防治项目的拨款补助和贷款贴息：（一）重点污染源防治项目。包括技术和工艺符合环境保护及其他清洁生产要求的重点行业、重点污染源防治项目；（二）区域性污染防治项目。主要用于跨流域、跨地区的污染治理及清洁生产项目；（三）污染防治新技术、新工艺的推广应用项目。主要用于污染防治新技术、新工艺的研究开发以及资源综合利用率高、污染物产生量少的清洁生产技术、工艺的推广应用；（四）国务院规定的其他污染防治项目。环境保护专项资金不得用于环境卫生、绿化、新建企业的污染治理项目以及与污染防治无关的其他项目。"

为了规范和指导项目单位申请专项资金，《排污费资金收缴使用管理办法》规定，国务院财政、环境保护行政主管部门应当编制环境保护专项资金申请指南，地方财政、环境保护行政主管部门可以根据国务院财政、环境保护行政主管部门编制的环境保护专项资金申请指南，制定本地区环境保护专项资金申请指南。环境保护专项资金申请指南的编制增加了使用单位申请专项资金工作的透明度，有利于申请单位及时了解政府的方针和政策，能根据各级政府和环境保护要求选择项目，节省时间，降低申请费用。

环保专项资金不应该支持下列项目：

（1）新建项目需要配套建设的环境保护设施，即环境保护"三同时"项目。

（2）环境影响评价认定对社会或自然环境有较大不良影响的项目。

（3）城市绿化、环境卫生、城镇污水处理、城镇垃圾处理、城市燃气、集中供热等城市环境基础设施项目以及与污染防治无直接关系的其他项目。

（4）国家产业政策不支持、明令淘汰、禁止的项目。

三、中央环境保护专项资金项目

"十一五"期间，中央环境保护专项资金（以下简称专项资金）重点支持环境监管能力建设项目、集中饮用水源地保护项目、区域环境安全保障项目、建设社会主义新农村小康环保行动项目、污染防治新技术新工艺推广应用项目以及财政部、环保部根据党中央、国务院有关方针政策确定的其他污染防治项目。具体内容如下：

（一）环境监管能力建设项目

1. 地、县级环境监测能力建设项目

按照建设先进的环境监测预警体系的要求和填平补齐、一次性配齐的原则，通过专项资金对环保系统地、县级城市环境监测能力建设的补助，使其基本具有国家颁布的环境监测站建设标准要求的常规监测能力。专项资金仅限于支持地、县级环境监测站按标准配置的监测设备及仪器，不含自动站、办公用房建设和办公设备购置以及业务经费。

2. 地级环境监察执法能力建设项目

按照建设完备的环境执法监督体系的要求，通过专项资金对地级（直辖市县级，下同）

以上环保系统监察机构能力建设的补助，使其基本具有国家颁布的环境监察机构建设标准要求的环境执法能力。专项资金仅限于支持环境监察机构的"装备建设"标准中的交通工具、取证设备、通讯工具以及应急设备等配置。

3．环境保护重点城市环境应急监测能力建设项目

专项资金对 113 个国家环保重点城市配置国家颁布的环境监测站建设标准专项配置标准中"应急监测"仪器给予补助，使上述重点城市的环境保护局基本具备标准要求的应急监测能力。

4．重点污染源自动监测项目

专项资金对环保机构为有效防范重点污染源和敏感区域的主要风险源以及重点流域内化工、石化等企业的污染隐患所配置的污染源自动监控装置给予补助，以此提高污染防治水平，确保环境安全。

本类项目承担单位为地、县级（含）以上环保局直属的环境监测站、环境监察机构。

（二）集中饮用水水源地污染防治项目

专项资金支持的集中饮用水水源地污染防治项目应同时具备以下条件：

（1）污染源位于集中饮用水水源地上游。

（2）污染源短期难以搬迁或转移。

（3）污染源排放基本达标，但仍存在较大环境风险。

（4）计划或正在对污染源实施污水回用、"零排放"或少排污染物、节水降耗、提高污染防治水平等污染防治措施。

专项资金优先支持纺织印染、食品及饮料制造、医药、化工等行业排放致毒、致畸、致突变物质，直接影响饮用水水源地水质安全的污染防治项目。

专项资金不支持水源地周边垃圾填埋场建设、划定水源保护区范围内污染企业搬迁以及单纯改变污水排放去向的管道工程、截污排海工程等基本建设项目。

（三）区域环境安全保障项目

1．燃煤电厂脱硫脱硝技术改造项目

专项资金支持二氧化硫削减量大且列入《全国酸雨和二氧化硫污染防治"十一五"规划》的脱硫项目；列入《燃煤电厂氮氧化物治理规划》的脱硝项目。

优先支持具有自主知识产权的燃煤电厂脱硫脱硝项目。

专项资金不支持新建机组脱硫项目、投产 20 年以上或单机容量 10 万 kW 以下的发电机组脱硫项目。

2．区域性环境污染综合治理项目

专项资金支持在地方政府统一组织和规划下，以改善区域性环境质量为目标，以解决污染源有效治理为重点，通过发挥政府多种资金的整体效益，带动社会资金，采取综合性措施进行环境污染治理的项目。

专项资金不支持城市绿化、环境卫生、城市垃圾处理、城市燃气、集中供热等城市基础设施建设项目或与污染防治无直接相关的项目。

3．排放重金属及有毒有害污染物的冶金、电镀、焦化、印染、石化等行业或企业的污染防治项目

专项资金支持排放含硫、含铵、含铬废水的皮革企业，排放砷、醛、酮、酚、苯及其衍生物、多环芳烃以及高分子合成聚合物的石化、化工企业，以及造成水域铬、镉、汞等重金属污染的冶金、电镀等行业的污染防治项目。

专项资金不支持仅以扩大产品生产能力为目的的技改项目。

4．严重威胁居民健康的区域性大气污染治理项目

专项资金支持单台炉容量大于 12 500kV·A 的电石、铁合金大气污染治理项目；炭化室 4.3m（含）以上、年生产能力 60 万 t 以上的焦炭行业大气污染治理项目；黄磷生产尾气变压吸附污染治理及综合利用、黄磷尾气制甲酰胺项目；磷酸或电解铝含氟废气治理项目；硫酸生产酸洗净化改造和尾气治理项目；有色金属冶炼烟气二氧化硫治理、净化项目。

5．重大辐射安全隐患处置项目

专项资金支持《放射同位素与射线装置安全防护条例》（国务院第 449 号令）实施前已经终止生产、销售、使用放射性同位素和射线装置的单位，进行废旧放射源和放射性废物安全处置项目；支持伴生放射源矿开发利用过程中的放射性污染物安全处置项目。

（四）建设社会主义新农村小康环保行动项目

1．土壤污染防治示范项目

专项资金支持在全国重点城市及流域基本农田保护区、与人民群众食品安全保障密切相关的农产品生产基地（如"菜篮子"基地等）、全国重点污灌区、固体废物堆放区、矿山区、油田区、典型工矿企业废弃地等，针对不同土壤污染类型（重金属、农药残留、有机污染、复合污染等），采取生物（生态）修复、植物治理、提气通风、施加抑制剂、客土、淋洗清洗等工程措施开展的土壤污染综合治理示范项目。

2．规模化畜禽养殖废弃物综合利用及污染防治示范项目

专项资金支持遵循资源化、无害化、减量化和综合利用优先的原则，以固液分离、综合治理、粪污处理利用等工程措施为主，提高规模化畜禽养殖场的污水排放达标率和粪便资源化率，控制农村面源污染的污染防治示范项目。

（五）污染防治新技术、新工艺推广应用项目

专项资金支持符合《国家鼓励发展的环境保护技术目录》和《国家先进污染治理技术推广示范项目名录》中的污染防治新技术、新工艺推广应用项目。

（六）其他

根据党中央、国务院有关方针政策，财政部、环保部确定的其他污染防治项目（如与推进排污权有偿取得及交易相关的项目等）。

四、项目要求

（一）除环境监管能力建设项目以外的其他项目

除环境监管能力建设项目以外的其他项目须符合以下基本要求：

（1）有利于减少有毒有害污染物排放量、改善区域环境质量，环境效益和社会效益显著。

（2）项目前期工作基础好，已经完成可行性研究报告，项目投资结构合理，资金来源多元化，并已基本落实；已实施或已具备实施的条件。

（3）按国家规定需要进行环境影响评价，已编制完成并依法经有关部门批复环境影响报告书（表）。

（4）项目实施周期一般不超过3年。

（5）项目承担单位（如是排污单位）近3年无违反环保法律法规行为和恶意偷排行为，能够按照规定及时足额缴纳排污费。

（6）项目责任主体为企业的，项目承担单位为具有独立法人资格的企业；责任主体已灭失或以政府为主体组织实施的，项目承担单位为项目所在地县级以上环境保护行政主管部门；污染防治新技术、新工艺推广应用项目的项目承担单位为具有独立法人资格的企事业单位或环保科研机构。

（7）同一项目承担单位同一年不得同时申报两个或两个以上的项目。

（二）专项资金不支持项目

（1）不符合国家产业政策、环境政策、技术政策的落后生产工艺、产品、技术的项目。

（2）属于新建项目需要配套建设的环境保护设施（"三同时"项目），或者属于"三同时"配套应建而长期未建的项目。

（3）同时申请贷款贴息和拨款补助两种支持方式的项目；申请贷款贴息但贷款用途与治污无关的项目；已经完成竣工验收手续而申请拨款补助的项目。

（4）没有其他资金来源的项目。

（5）其他财政专项资金、国债资金和基本建设资金已经支持或计划支持的项目。

（6）多个独立法人单位或项目承担单位治理工程的汇总、打捆项目。

（7）财政部和环保部确定的其他不支持项目。

五、环境保护专项资金使用的程序

环境保护专项资金使用时的主要程序如下：

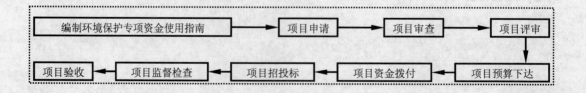

（一）环保部门负责编制环境保护专项资金使用指南

《排污费资金收缴使用管理办法》第十四条规定，国务院财政、环境保护行政主管部门每年应当根据国家环境保护宏观政策和污染防治工作重点，编制下一年度环境保护专项资金申请指南。地方财政、环境保护行政主管部门可以根据国务院财政、环境保护行政主管部门编制的环境保护专项资金申请指南，制定本地区环境保护专项资金申请指南，指导环境保护专项资金的申报和使用。

项目申报单位应该依据各级政府编制的环境保护专项资金申请指南确定的内容，选择国家和地方支持和鼓励的污染治理项目进行申请。县级及其以上财政部门和环境保护部门也应根据各级环境保护专项资金申请指南，审批使用环境保护专项资金。

（二）污染治理项目组织实施单位提出污染治理项目专项资金的申请

由于环境保护专项资金按规定分别划拨各级政府的财政部门管理和审批，因此污染治理项目组织实施单位，应根据提出的污染治理项目和开发项目是参考哪一级政府行政部门编制的环境保护专项资金申请指南，去向哪一级政府的相关主管部门申请。征收排污费是属地管理的体制，排污费的财政缴库是按行政级别按比例划拨，环境保护专项资金的使用审批也是按行政级别管理的，即申请哪一级的环境保护专项资金，向哪一级相关行政主管部门提出申请。使用环境保护专项资金可以按照各级环境保护专项资金申请指南提出项目，要求审批；也可以由各级政府根据各级环境保护工作重点提出相关项目，通过招投标形式进行委派。

1. 中央环境保护专项资金的申请

对申请使用中央环境保护专项资金的污染防治项目和污染防治新技术、新工艺的项目，其项目组织实施单位或承担单位，属于中央直属单位的，可通过其主管部门直接向环保部和财政部提出申请；项目组织实施单位或承担单位为非中央直属的，不能直接提出申请，应通过其所在地的省、自治区、直辖市财政、环境保护行政主管部门联合向财政部、环境保护部提出申请。

2. 省级环境保护专项资金的申请

对使用省级环境保护专项资金的污染防治项目和污染防治新技术、新工艺的项目，其项目组织实施单位或承担单位，属于省级直属单位的，可通过其主管部门直接向省级环境保护部门和财政部门提出申请；属于非省级直属单位的，不能直接提出申请，应通过其所在地设区市级环境保护部门和财政部门联合向省级环境保护部门和财政部门提出申请。

3. 设区市级环境保护专项资金的申请

对使用设区市级环境保护专项资金的污染防治项目和污染防治新技术、新工艺的项目，其项目组织实施单位或承担单位，属于市级直属单位的，可通过其主管部门直接向市级环境保护部门和财政部门提出申请；属于非市级直属单位的，不能直接提出申请，应通过其所在地县级环境保护部门和财政部门联合向市级环境保护部门和财政部门提出申请。

4. 县级环境保护专项资金的申请

对使用设县级环境保护专项资金的污染防治项目和污染防治新技术、新工艺的项目，其项目组织实施单位或承担单位可直接向县级环境保护部门和财政部门提出申请。

申请使用环境保护专项资金的项目组织实施单位或承担单位，在提出申请时应提前准备好申请经费的文件，申请文件包括正文和附件。正文为申请环境保护专项资金的正式文件，一般由申请书和相关的申请表构成。附件为每个项目的可行性研究报告，项目可行性研究报告内容包括：项目的目的、技术路线、投资概算、申请补助金额及使用方向、项目实施的保障措施、预期的社会效益、经济效益、环境效益等。

如果不是申请行政拨款，而是申请使用贷款贴息的单位，还应提供经办银行出具的专项贷款合同和利息结算清单。

（三）环境保护行政主管部门对申请环境保护专项资金的项目进行形式审查

在申请使用环境保护专项资金的项目组织实施单位或承担单位提出申请后，由环境保护行政主管部门对申请项目进行形式审查。

（1）项目内容是否属于环境保护专项资金使用范围内的项目，属于《条例》规定的四类项目外的项目不予批准，属于新、扩、改建项目的不予批准，属于环卫和绿化等市政工程项目的不予批准。

（2）项目的内容是否符合国家和地方的环境保护政策和污染防治的重点，是否属于环境保护行政主管部门编制的环境保护专项资金申请指南范畴，还要对同类项目进行比较，突出重点项目投资的审批。

（3）项目申请的文件（包括正文和申请表）是否齐全，是否有可行性研究报告，报告是否合理和真实，项目申请表的内容是否齐全等。

（4）项目申请内容是否符合项目使用的规定要求。

（四）环境保护行政主管部门会同财政部门组织有关专家对项目进行评审

报审的项目经环境保护部门初步审查后，对符合环境保护政策、污染防治工作重点和专项资金使用规定和要求、所报材料齐全的项目，环境保护部门应会同财政部门组织有关专家对项目进行综合评审。经过专家对项目是否符合国家法律规定、在技术上的可行性、经济上的合理性、环境效益和社会效益显著性等方面进行综合评议。按项目的轻重缓急及专家评审结果进行排序，建立相应的使用环境保护专项资金的项目库进行统一管理，根据专项资金的财政情况分期列入预算。

（五）环境保护行政主管部门和财政部门联合下达项目预算

环境保护部门和财政部门根据环境保护专项资金的结存和排污费征收转缴情况，按照"先收后用"的原则，确定能够支付的财力基础，按照支付能力从列入项目库的项目中分期分批下达使用环境保护专项资金的项目预算。

（六）环境保护行政主管部门和财政部门联合拨付项目资金

对列入使用环境保护专项资金的项目预算，由环境保护部门和财政部门根据国家规定的拨付方式，将项目的专项资金按规定下拨给项目组织实施单位或承担单位。

（七）项目组织实施单位或承担单位进行项目招投标

项目组织实施单位或承担单位，在收到环境保护专项资金后，应当严格按照国家有关招投标的管理规定，对其实施的环境污染防治项目进行公开招投标。

（八）项目实施过程中的监督检查

使用环境保护专项资金拨付后，财政部门应负责对环境保护专项资金及其配套资金到位情况和使用情况进行监督检查；环境保护部门应负责对项目组织实施单位或承担单位制订的治理方案、设备和工艺的优劣、项目实施进度、污染物削减措施等实施监督检查。检查的内容包括：

（1）项目是否确实属于《条例》规定的四类项目。

（2）项目是否在申请专项资金前属于已经完成的项目。

（3）环境保护专项资金的配套资金是否按时到位，并投入使用。

（4）项目是否在规定的时间开始建设施工，项目是否能在规定的时间完成。

（5）建设过程中是否存在擅自变更项目计划内容的情况。

（6）在项目实施过程中有否存在挪用和转移资金的情况。

（九）项目竣工后的验收和分析

项目组织实施单位或承担单位在污染治理项目建设竣工后，应及时向负责项目环境保护专项资金审批的环境保护部门和财政部门申请验收，并提供相关的文件。文件包括：项目工程竣工验收申请；项目工程竣工资金决算表；项目竣工验收申请表和治理效果监测报告等。环境保护部门和财政部门在接到验收申请后，应及时组织有关专家对实施的项目进行验收。

对符合规定并通过验收的项目，应按规定进行项目效益（项目能发挥的社会效益、经济效益、环境效益）评估分析，然后写出评估报告并随项目档案一并归档。

各级地方财政、环境保护行政主管部门应当于年度终了后的 30 日内，将排污费征收情况及环境保护专项资金使用情况年度报告上报上一级财政、环境保护行政主管部门。

对在项目验收过程中，有违反规定，徇私舞弊行为的行政部门、单位和人员，应按国家规定追究有关行政部门、单位和人员的相关法律责任。

六、环保专项资金项目的监管

环境保护专项资金补助项目在实施过程中存在亟待改进的地方。环保、财政部门通过对各地报送的项目执行情况进行总结和分析，发现存在的问题突出表现为：部分项目未按计划进度实施，工期滞后；项目未按照可研报告实施，擅自变更建设内容；部分项目资金缺口大，自筹资金不落实；部分项目单位技术水平和管理水平有限，项目建设质量不高，环境效果不尽理想；监督管理机制不健全，环保和财政等管理部门存在指导服务不够、检查审核不严、监督管理不力的现象。

为加强和规范环境保护专项资金使用和管理，提高资金使用效益和项目建设质量，强化项目监管，提出以下几项要求：

（1）充分认识项目监管的重要性。要严格按照国家基本建设管理的有关规定，实行法人责任制、合同制、招投标制、工程监理制。项目承担单位对资金筹措和管理、施工建设、技术方案、设备采购以及建成后的设施运行全过程负责。环保部门会同财政部门负责对环境保护专项资金补助项目实施情况进行检查、监督，组织或参与竣工验收。各级环保部门应高度重视项目监管工作，结合各地实际建立健全管理制度，督促项目承担单位规范建设程序，按规定使用资金，提高项目建设质量，确保达到项目预期建设目标。

（2）进一步加强项目前期申报审核论证。各级环保部门要积极与财政部门协商，认真组织项目前期申报论证工作，对备选项目的实施基础、开工条件、建设方案、工艺流程、环境效益等进行充分论证和审查，把好项目申报关，提高申报项目质量，并对所申报项目的真实性、可行性负责。

（3）加强项目日常检查和监督。各级环保部门要联合财政部门根据实际情况，采取定期检查、不定期抽查或委托项目所在地环保和财政部门等方式，对资金的使用和项目实施情况进行督促检查。项目承担单位对技术方案、处理规模、配套资金等有重大变更时，应向财政和环保部门、项目立项原审批部门提出项目变更申请，财政和环保部门或项目立项原审批单位组织专家重新进行论证，提出解决方案和处理措施。

（4）建立项目竣工验收制度。使用环境保护专项资金的项目建成后，项目单位应及时申请进行竣工验收。环境保护专项资金补助项目验收工作应由项目立项原审批部门或环保、财政部门组织，并尽可能与其他验收统筹安排。验收重点包括环保补助资金使用、项目原申报内容完成、项目环境效益等情况。

（5）充分发挥建成项目的环境效益。项目单位应确保建成项目持续运行并发挥环境效益。环保部门要监督污染治理设施的正常运行，加强污染排放的动态监测和执法监察。项目正常运行1年后，环保部门要会同财政部门组织开展绩效评估，对资金管理、项目建设以及运行情况，特别是环境效益进行衡量比较和综合评判。环境效益评价要依据项目建设前后的监测报告，对资源能源消耗、污染物削减、周边环境质量改善等进行对比分析，同时对达到预期目标的程度进行评价。

（6）切实加强资金使用监管。各级环境保护部门要积极配合财政部门监督下级政府主管部门以及项目单位严格执行国家有关财政资金管理的规章制度。

（7）对违法违纪行为进行严肃查处。各级环保部门在检查中如发现项目承担单位有违规违法行为，要及时向上级环保部门报告。上级环保部门配合或会同财政部门依法对违法违纪的有关人员给予经济和行政处罚，对构成犯罪的，移交司法机关处理。

第八章 排污收费的计算

第一节 排污收费项目

各级环境监察机构应根据排污收费的各项法律依据、标准依据和《排污核定通知书》或《排污核定复核通知书》核定排污者实际排污的事实依据，根据国家规定的各项排污费的计算方法，计算出排污者应缴纳的污水、废气、超标准噪声、固体废物等各项排污费。

一、排污收费的项目与规定

《排污费征收使用管理条例》第十二条规定对排污收费项目按照下列规定缴纳排污费：

（1）依照 2000 年 9 月 1 日起施行的《中华人民共和国大气污染防治法》第四十八条、1999 年 12 月 25 日起施行的《中华人民共和国海洋环境保护法》第七十三条的规定，向大气、海洋排放污染物的，按照排放污染物的种类、数量缴纳排污费，规定超过标准排放污染物的应依相关法律由有监督管理权的部门责令限期治理（限期改正），并处以罚款。

（2）依照 2008 年 6 月 1 日起施行的《中华人民共和国水污染防治法》第四十八条的规定，向水体排放污染物的，按照排放污染物的种类、数量缴纳排污费；排放水污染物超过国家或者地方规定的水污染物排放标准，或者超过重点水污染物排放总量控制指标的，由县级以上人民政府环境保护主管部门按照权限责令限期治理，处应缴纳排污费数额 2 倍以上 5 倍以下的罚款。

（3）依照 2005 年 4 月 1 日起施行的《中华人民共和国固体废物污染环境防治法》第五十六条的规定，以填埋方式处置危险废物不符合国务院环境保护行政主管部门规定的，应当缴纳危险废物排污费。危险废物排污费征收的具体办法由国务院规定。危险废物排污费用于污染环境的防治，不得挪作他用。

（4）依照 1997 年 3 月 1 日起施行的《中华人民共和国环境噪声污染防治法》第十六条的规定，产生环境噪声污染的单位，应当采取措施进行治理，并按照国家规定缴纳超标准排污费。征收的超标准排污费必须用于污染的防治，不得挪作他用。

《环境保护法》第四十一条规定："造成环境污染危害的，有责任排除危害，并对直接受到损害的单位或者个人赔偿损失。"体现了排污收费不免除民事责任的原则。根据民法通则和环境保护法律、法规的相关规定，应承担的民事责任包括排除所造成的环境危害、支付消除危害所需的费用、对造成的损失进行赔偿等。

二、收费标准确定的依据

为规范排污费征收标准的管理,国家计委、财政部、国家环保总局、国家经贸委于2003年2月28日制定发布了《排污费征收标准管理办法》,其附件《排污费征收标准及计算方法》明确规定了污水、废气、固体废物和危险废物排污费和噪声超标排污费的有关收费标准、污水、废气各种污染物的当量值、污水、废气、固体废物和危险废物排污费的计算方法。

国家规定了污水、废气各种污染物的当量值,就是确定了各种污染物与污染当量之间的换算关系,在污水(或废气)中的各种污染物1个当量的排放量在收费时都是同质等价的,从而解决了多因子总量计算的困难。

危险废物的收费标准是以分散处置和集中处置的平均处置成本确定的。

对于固定噪声源的超标排放收费标准的确定,是按国际标准化组织(ISO)的规定,噪声声级每减少3dB,能量级减半,在确定收费标准时,体现超标准噪声值每增加3dB,排污费应增加1倍的原则。通过测算噪声,超标1dB应收费350元,其余的收费标准以经验公式 $350 \times 2^{(dB-1)/3}$ 确定。

三、排污费计算的环境指标

实施多因子总量收费,在计算污水和废气排污费时,应以排污者每月(或每季)排污申报核定的排污量(污水和废气中的各种污染物的排放总量、各种固体废物排放量、噪声的昼夜超标分贝值)为基本排污收费计算的法定依据,并以此计算排污者的污水、废气、固体废物、超标噪声排污费。污水和废气排污费由于实行三因子总量收费,还需要将各种污染物的排污量转换成污染当量数,综合成排污总量,再进行计算。排污费计算过程中涉及排污量、收费单价。新的收费标准设计中,对计算污水和废气的排污费,还提出了污染当量的概念,以便多因子污染物可以进行排污总量计算。

(一)污染物排放量

污水、废气、固体废物和超标准噪声排污量的确定,是计算各项排污费的基本指标。污水和废气中的排污量一般可以用实测法,通过介质流量和污染物浓度可以计算出污染物排放量;也可以根据相关的能源、产品等数据,使用物料衡算法或测算系数确定污染物排放量,其单位为kg。确定排污者厂(场)界昼夜最大超标准噪声值是计算超标准噪声排污费的主要排污数据,单位取dB(A)。

(二)污染当量

污染当量是污水和废气进行多因子收费的重要指标,它的数量是根据各种污染物或污染排放活动对环境的有害程度、对生物体的毒性以及处理的技术经济性,规定的有关污染物或污染排放活动的一种等质等价的污染数量。污染当量是体现有害当量、毒性当量和费用当量的一种加权等价综合当量概念。

（三）污染当量值

污染当量值体现了不同种类的污染物排放量在综合考虑其污染危害和治理费用方面的一种等标关系。以污水为例，将废水中的主体污染物 COD 1 kg 作为基准，把其他水污染物的一定数量对环境的有害程度、对生物体的毒性以及污染治理费用进行加权综合测算，认为 4 kg 的 SS、0.1 kg 的石油类、0.05 kg 的氰化物……在排放时的污染危害和污染治理费用的综合效果是相当的，即定义为污水中 SS 的当量值为 4 kg，石油类的当量值为 0.1 kg，氰化物的当量值为 0.05 kg……国家计委、财政部、国家环保总局、国家经贸委四部委联合发布的《排污费征收标准管理办法》明确规定了污水和废气中各种污染物的当量值，明确了排污量和污染当量之间的换算关系。

废气中的各种污染物的当量值也是采取类似的方式确定的。由于只有污水排污费和废气排污费实行多因子总量收费，因此污染当量的概念只在计算污水和废气排污费时使用。

（四）污染当量数（无量纲）

污染当量数是污水（或废气）中各类污染物折合成污染当量的数量，可以是某一污染物排放量折算成当量的数量，也可以是多因子排污当量的总数量。

对于某种污染物，其排放量与当量数的换算关系为：

$$污染当量数＝污染物的排放量÷污染物的当量值$$

对污水（或废气）中任一污染物，1 个当量数污染物的污水（或大气）治理成本和对环境危害是等价的。

（五）收费单价

由于水污染物和大气污染物对环境的污染危害机制和治理方法有很大区别，因此污水中排污总量与废气中的排污总量应分别计算。同样一个当量的污水中的污染物和废气中的污染物的具体收费标准应分别制定。

收费单价就是国家规定单位当量数的具体收费标准，即单位污染当量的收费额。

《排污费征收标准管理办法》附件规定污水排污费的收费单价为 0.7 元/污染当量，废气排污费的收费单价为 0.6 元/污染当量，水污染物和大气污染物排污费收费标准如有地方物价部门调整的，按地方标准计算。

"十一五"期间，偏低的资源性产品价格及环保收费标准在我国已成现实问题。节能减排在我国已上升至战略高度。为了遏制高耗能、高污染产业盲目扩张，提高资源性产品价格及环保收费标准正是我国节能减排工作的重要举措。2007 年 6 月国家发改委价格司表示，"我国准备分三年将现在的排污费标准提高到污染治理的成本。""我国将逐步把排污费征收标准提高到能够补偿环境治理的成本，并且使治污企业能够盈利。""从长远来看，我国污水处理费应与城市供水价格大体相同。污水处理费的征收范围亦将由城市逐步扩大到城镇。"

《排污费征收标准管理办法》规定的收费单价实质上还是一种欠量收费，对企业的污染治理还缺乏有效的经济刺激作用，随着对企业环境污染治理管理力度加大，许多省份已率先进行了提高污水和废气征收标准的改革。

表 8-1   部分省市污水和废气排污费征收标准的调整

省（市）	调整的排污费征收标准
江苏省	从 2007 年 7 月 1 日起，江苏省提高排污收费标准，废气排污费从 0.6 元/当量提高到 1.2 元/当量，废水排污费从 0.7 元/当量提高到 0.9 元/当量 面对"十二五"污染减排空间逐步缩小的严峻形势，江苏省决定启动提高排污费征收的第二步方案，从 2010 年 10 月 1 日起，将太湖流域污水排污费征收标准由 0.9 元/当量提高到 1.4 元/当量，进一步促进了化学需氧量、氨氮等污染物的总量减排工作
山东省	《关于印发〈山东省物价局、山东省财政厅、山东省环保局关于运用价格政策促进环境保护的意见〉的通知》（鲁价费发[2008]105 号）规定提高排污费征收标准。废气排污费征收标准由每当量 0.6 元提高到 1.2 元/当量；废水排污费征收标准由 0.7 元/当量提高到每当量 0.9 元/当量
山西省	2009 年，山西省进行了环境污染外部成本内部化改革，开始实施二氧化硫排污费差别收费政策。对未完成烟气脱硫标准设施建设或二氧化硫排放超标的单位，二氧化硫收费标准由现行的每千克 0.63 元提高至每千克 1.26 元，提高一倍。对已完成烟气脱硫设施建设并且二氧化硫排放达标的单位，二氧化硫排污收费标准仍执行老标准
河北省	河北省为进一步提高差别电价、水价标准，并将实施范围扩大到所有"两高"行业，对限制类和淘汰类企业实施惩罚性差别电价、水价，落实有利于烟气脱硫的电价政策。河北省二氧化硫排污费自 2009 年 7 月 1 日起提高到 1.2 元/当量。其他大气污染物征收标准按原规定执行。污水 COD 排污费征收标准自 2009 年 7 月 1 日提高到 1.4 元/当量。其他水污染物征收标准按原规定执行
云南省	云南省化学需氧量排污费从 2009 年 1 月 1 日起，每个污染当量由 0.7 元提高到 1.4 元。二氧化硫排污收费标准从 2010 年 1 月 1 日开始调整为 1.2 元/当量
上海市	2008 年 6 月 1 日起调整上海市污水排污费收费标准。由 0.70 元/当量提高至 1.00 元/当量；具体污染物排污费收费标准同比例调整。对直接向水体排放污染物，超过国家或本市规定的排放标准 1 倍以内的（含 1 倍），按照排放污染物的种类、数量和规定的收费标准，加 1 倍计征超标准排污费；超过排放标准 1 倍以上的，加 3 倍计征超标准排污费

第二节   污水排污费的计算

一、污水排污费的收费规定

（一）实行排污就收费，且实行三因子总量收费

按《排污费征收管理使用条例》第十二条、《排污费征收标准管理办法》第三条及附件中（一）、（二）规定，对向地表水体或地下水体直接排放污水的，按照排放污染物的种类、数量向排污者征收污水排污费。对同一排污口排放多种污染物的，按各种污染物的污染当量数从大到小的顺序排列，将排污量最大的前三种污染物分别计算，叠加收费，称为三因子总量收费。

（二）对超标准排放的，要按《水污染防治法》罚款

《关于停止征收水污染物超标排污费问题的复函》（环函[2008]287 号）规定，根据《立

法法》第七十九条的规定，法律的效力高于行政法规、地方性法规、规章。修订后的《水污染防治法》规定对超标或超总量排污的，应当给予行政处罚，取消了征收超标准排污费的条款。据此，2008 年 6 月 1 日新修订的《水污染防治法》实施后，对直接向水体排放污染物超过国家或者地方规定的排放标准的企业事业单位和个体工商户，应当依照《水污染防治法》第七十四条予以处罚，不应再加 1 倍征收超标准排污费。

排放水污染物超过国家或者地方规定的水污染物排放标准，或者超过重点水污染物排放总量控制指标的，由县级以上人民政府环境保护主管部门按照权限责令限期治理，处应缴纳排污费数额 2 倍以上 5 倍以下的罚款。新《水污染防治法》将《条例》规定的超标加倍收费改成了超标应处罚款。

另外，在《排污费征收标准管理办法》附件《排污费征收标准计算方法》中规定对污水的特殊污染物 —— pH、色度、总大肠菌群数、余氯量四种污染物实行不超标不征收排污费，超标准排放才征收排污费，而且按规定还应征收罚款。

（三）城市集中污水处理设施实行超标收费的政策

国务院法制办公室在《对〈关于征收超标准排污费有关问题的请示〉的复函》（国法秘函[2005]141 号）中明确规定："排污者向城市排水管网排放污水，进入城市污水处理厂的，按规定缴纳污水处理费用；未进入城市污水处理厂的，应当依法缴纳排污费或者超标准排污费。"

凡开征污水处理费的城市，超过三年未建成污水处理厂，没有为缴纳污水处理费的排污单位提供污水处理的有偿服务，当地环保部门对直接向环境排放污水的单位，应当按国家规定的标准征收其污水排污费或者污水超标准排污费。

环保部《关于城镇污水集中处理设施直接排放污水征收排污费有关问题的复函》（环函[2011]188 号）规定："城镇污水集中处理设施的出水水质超过国家或者地方规定的水污染物排放标准的，应当按照国家有关规定缴纳排污费。"对城市污水集中处理设施接纳的污水，处理后排放的有机污染物（COD、BOD、TOC）、SS 和总大肠菌群数达到国家或地方排放标准排放的污水，《条例》附件规定不征收污水排污费。如以上污染物超过国家或地方排放标准排放的污水，应按排放污染物的种类和数量向城市污水集中处理设施运营单位征收污水排污费。对城市污水集中处理设施运营单位征收污水排污费中，对氨氮和总磷暂不收费。对于污水来源既有生活污水，又有工业污水的污水处理厂应按地方环保部门界定的收费对象征收。

（四）一类污染物按车间排放口排放量收费

《污水综合排放标准》（GB 8978—1996）规定第一类污染物不分行业和污水排放方式，也不受收纳水体的功能类别限制，一律在排污者车间或车间处理设施排放口采样，其最高允许排放浓度必须达标。因此，排污者排放的污水中的一类污染物应以车间排放口处为准计算。排入城市污水集中处理设施的污水中的一类污染物也应缴纳排污费，以其车间排污口处为准计算，超过标准排放的还要依照《水污染防治法》处罚。

（五）对同一排放口中的同类污染物或相关污染物的不同指标不应重复收费

对同一排放口中的 COD、BOD 和 TOC 由于都是关于有机物含量的不同监测指标，虽属不同的污染因子，但不应重复收费，只按其中一项污染当量数最高的因子征收排污费。同一排放口中的总大肠菌群和余氯量是两项相关联的污染因子，《条例》附件中也规定了只按其中污染当量数最高的一项因子征收排污费。

（六）对冷却排水和矿井排水只按增加的污染物征收

由于一般的排污者的污水是在净水的基础上，经使用转变成污水的，而冷却排水和矿井排水主要是地表或地下有一定污染物的水，经生产使用后排放的，不应将原有污染物的责任归咎于排污者。原有的超标收费规定，冷却排水和矿井排水中污染物没有增加，不应征收排污费。《条例》附件本着公平合理的原则，规定冷却排水和矿井排水在计算排污量时应扣除原有进水污染物本底值，只按生产过程中增加的污染物排放数量计征排污费。

（七）对规模化畜禽养殖场征收污水排污费

《条例》附件规定，规模小于 50 头牛、500 头猪、5 000 羽鸡（鸭）的畜禽养殖业，不征收污水排污费。但是全国各地许多环境监察机构纷纷反映畜禽养殖业规模化的规定限额太高，实际情况中还有很多畜禽养殖场规模小于以上标准，但污染却严重，希望能降低畜禽养殖业规模化的规定上限，以利于现场监督管理。

（八）对医院能监测的要按监测值收费

规模大于 20 张床位不能监测的，按床位或污水排放量中收费额的较高项计费，规模小于 20 张床位的可按小型排污者进行测算确定排污量。

二、污水排污费的收费计算

（一）污水的污染当量收费单价

污水的单位污染当量的收费单价是国家根据 12 000 多套污水污染治理设施的边际治理费用（包括治理设施的固定资产折旧、能耗、物耗、管理维修费用和人工费用等）进行测算后，按照排污费高于污染治理成本的原则确定单位污染当量收费的目标值应为 1.4 元/污染当量。但 2002 年国务院考虑到排污收费制度在执行中排污者的承受能力，在《排污费征收标准管理办法》规定单位污染当量收费的实际收费标准为 0.7 元/污染当量。

（二）确定每一排污口的总排污量

根据排污者排污申报，核定每一污水排放口的各种污染物种类的排放量（可用实测法和物料衡算法），应利用公式换算成污染当量数，再以各类污染物的当量数从多到少的顺序，确定前 3 项（可以取不到 3 种，最多不超过 3 项），相加得到每个污水排放口的水污染物排放总量。

《排污费征收标准管理办法》中规定了 65 项水污染因子的污染当量换算值，也规定了四类污染当量数的计算方式（表 8-2）。

表 8-2 四类污染当量数的计算方式

计算项目	计算公式
一般污染物的污染当量数计算	某污染物的污染当量数 E_n＝该污染物的排放量（kg）÷该污染物的污染当量值（kg）
pH、大肠杆菌群数、余氯量的污染当量数计算	pH（或大肠杆菌群数、余氯量）的污染当量数 E_n＝污水排放量（t）÷该污染物的污染当量值（t）
色度的污染当量数计算	色度的污染当量数 E_n＝污水排放量（t）×色度超标倍数÷该污染物的污染当量值（t 水·倍）
畜禽养殖业、小型企业和第三产业的污染当量数计算	污染当量数 E_n＝污染排放特征值÷污染当量值
某一污水排放口水污染物的污染当量数总数的计算	将每个排污口的当量数在前三位的污染物的当量数（对超标排放污染物的当量数应加 1 倍计算）相加得到该排污口的总污染当量数，即为每个排污口的排污总量（当量总量）

污水中所含污染物的排放量的计量因为大多数水污染源还没有安装连续自动监控设施，主要还是采用实测法，即先确定污水排放量和污染物的浓度，再推算出污染物的排放量。排污申报填写的新鲜水量主要是核查污水量的平衡关系的指标。

1. 新鲜水量消耗的计算

（1）根据新鲜水量推算法

新鲜用水量指用水单位取用自来水、地下水、地表水和其他水源（如雪水、雨水、中水等）作为排污单位新鲜用水的总量。自来水量是指排污单位消耗的自来水水量。地下水量是指排污单位抽取的地下水水量。地表水量是指排污单位直接从地表水（如湖泊、河流、水库）中抽取的地表水水量。其他水量是指排污单位使用的其他水源的水量（如雨水、雪水和从其他单位取得的废水但可作为申报单位新鲜使用的水），不包括处理后回用水。其中地下水量、地表水量和其他水量统称自备水量。

$$新鲜水量：W_X = W_{ZL} + W_{ZB}$$

式中：W_X —— 新鲜水量；

　　　W_{ZL} —— 自来水量；

　　　W_{ZB} —— 自备水量。

自来水量可以从自来水公司的水费收据中查得，自备水量可以用流量计和泵的抽水量记录统计得到。

在用水量的计量中经常会涉及用水总量、重复用水量和重复用水率的概念。

重复用水量是指申报单位在上年度用水中重复再利用的用水量（含经处理后回用量）。也可以指企业内部循环、循序使用的总水量，指企业内部循环再用、一水多用、串级使用（包括处理后回用的水量）的水量。

重复用水给水方式分为直流给水系统（新鲜水一次用后，即以废水形式排放）、循环给水系统（循环多次使用）、循序给水系统（或称串级给水，按生产工序多次使用）。循环循序过程中第二次以上再使用的水量总和称为循环水量。它是一个抽象数据，是以一次用水排放的比较数据。重复用水量是指申报单位在用水中重复再利用的用水量（含经处理后回用量）。

$$W_重 = W_总 - W_X$$

式中：$W_总$ —— 不采用循环、循序用水措施所需新鲜水量；

$\quad\quad W_X$ —— 采用循环、循序用水措施后所需新鲜水量。

用水总量指申报单位上年度使用的新鲜用水量和重复用水量之和。用水总量也是一个抽象数据，包括实际消耗的新鲜水量和抽象的重复用水量。

用水总量：$W_总 = W_X + W_重$，水重复利用率：$\eta = \dfrac{W_重}{W_总}$

重复用水率反映了申报单位上年度对污水的循环利用效率。

如 2007 年各行业水重复利用率全国电力、热力工业为 80.6%，黑色金属冶炼及压延加工业为 93.0%，有色金属冶炼及压延加工业为 88.1%，石油加工及炼焦和核工业为 94.0%，黑色金属采选业为 79.4%，有色金属采选业为 58.1%，化学原料及化学品制造业为 90.1%，医药制造业为 80.4%，造纸及纸制品制造业为 51.4%，纺织业为 27.1%，食品制造业为 63.4%，金属制品业为 75.7%。这些数据反映了我国工业生产过程中，还有节水的潜力可挖。

2. 污水排放量的计算

污水排放量是指按所有污水排放口加总后的污水排放量（体积）。它包括外排的生产废水、厂区生活污水、直接冷却水、矿井水等，不包括独立外排的间接冷却水（清污不分流的间接冷却水应计算在内）。按规定排污单位应将生产污水与生活污水分流管理，这样工业废水不包括生活污水。排污单位应将生产废水中的间接冷却水进行分流管理，不得从总污水排放口排出，以稀释排放浓度。如生活污水和间接冷却水与生产废水混合从总排放口排放，均应计入排污单位的污水排放量。

（1）污水排放量的计算。污水排放量的计量有使用各种流量计测量的，可以直接读出污水的流量；除了连续计量数据外，因为污水流量是不稳定的动态值，一般监测值不稳定，利用新鲜用水量的多少，再用系数法推算出污水排放量的平均值更为合理（所谓新鲜水量推算法）；还有些使用三角薄壁堰测出水头高度，计算污水排放量的；对于许多排污不规律、排污量不确定，所报排污量不真实的小排污单位，还可以采用排污系数法，根据实测、物料衡算或国家环境保护行政主管部门确定的行业排污系数和排污单位的产品量计算其污水排放量。

第一，实测数据：如监测数据、各种流量计测得的数据和连续自动监控测得的数据等。

第二，浮标流速法：将一漂浮物置于较直的排水渠中测 10 次流速，取其平均流速 $\bar{u}$，则流量为 $Q = 0.7 \text{ m}^3/\text{s}$。

第三，三角薄壁堰：三角薄壁堰是测定污水流量常用的简易且准确的测量设备，该法适用于水头 $0.05 \text{ m} \leqslant H \leqslant 0.35 \text{ m}$，流量小于 $0.1 \text{ m}^3/\text{s}$ 的污水流量的测定。该法简便易行，结果较准。任意角的三角堰流量公式如下表示：

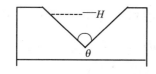

H —— 堰口的水头高度

θ —— 堰口的角度

μ —— 流量系数约为 0.6

g —— 重力加速度，取 9.808 m/s^2

三角堰夹角 $\theta=90°$ 时，称为直角三角堰。该公式可以简化为下式：

当 $H=0.02\sim0.20$ m 时，流量 $Q_1=1.41H^{5/2}$ 　　　m^3/s

当 $H=0.301\sim0.35$ m 时，流量 $Q_2=1.343H^{2.47}$ 　　m^3/s

当 $H=0.201\sim0.30$ m 时，流量 $Q=(Q_1+Q_2)/2$ 　m^3/s

第四，系数估算法。一般可以从排污单位的新鲜用水量来估算其污水排放量。如排污单位的新鲜水量没有进入其产品，一般其污水排放量可以估算为新鲜水量的 0.8～0.9 倍，如有相当部分变成产品（如啤酒、饮料行业），则其污水排放量应以新鲜水量减去转成产品数量的 0.8～0.9 倍，还有部分行业水的重复利用率很高，水经过多次使用，蒸发和流失都很大，这时用新鲜水量推算污水排放量时所用的系数就比较小，有时甚至会达到 40%～50%。

$$W=KQ$$

式中：K 为工业污水排放系数（即工业污水排放量与工业生产用新鲜水量的比值，工业类型不一样，其值也不一样，一般在 0.60～0.90 内取值；常取工业废水排放系数为 0.80 或 0.9）。

新鲜水量数据不完整的小企业的污水排放量可以参照国家或地方环保部门规定的产品排污系数 K 进行计算。

（2）污水去向

排污单位在统计污水排放量时，还要分别填写污水排放的去向，包括直接排入海量、直接排入江河湖库量、排入城市管网量、排入城镇污水处理厂量和其他去向量。

直接排入海量是指直接排入海域的污水量之和。直接排入是指未经城市下水道或其他中间体，直接排入海域的污水。

直接排入江河湖库量是指直接排入江河湖库的污水量之和。直接排入是指未经城市下水道或其他中间体，直接排入江河湖库的污水。

排入城市管网量是指每一排放口排入城市管网的污水量之和。

排入城镇污水处理厂量是指每一排放口直接或间接排入城镇污水处理厂的污水量之和。

其他去向量是指每一排放口除直接排入海（江河湖库）量、城市管网量外的污水量之和。

污水排放去向根据排污单位的排污口实际流入的海或江河湖库的具体名称，按《水体/流域代码表》填写污水排放去向代码。

工业污水中污染物排放量是指企业生产期内排放的工业污水中所含汞、镉、六价铬、铅等重金属和砷、挥发酚、氰化物、COD、BOD、石油类、悬浮物、硫化物等一般无机物和有机物等污染物本身的重量。污水排污费的多少就是针对工业污水中的污染物的多少而确定的。

3. 污水中污染物的计算

（1）污水中污染物排放量多根据监测数据，一般使用实测法计算，公式如下：

$$G=KQC（1-\eta）$$

式中：C —— 污水排放浓度；

Q —— 污水排放量；

η —— 污水处理设施的去除率。

（2）对于缺乏监测数据的小企业可以根据国家和省环保机构确定的产品排污系数 K，用系数法根据产量进行估算。

$$G=KM$$

在使用物料衡算法和排污系数法确定排污单位的污水中污染物的排污量时，一定要结合工业企业的生产工艺、使用的原料、生产规模、生产技术水平和污染防治设施的去除率等，才能合理反映排污量。

在污水污染物的申报登记统计中某种污染物除了要统计排放量外，还要统计去除量、达标排放量和超标排放量。排污单位所有污水排放口中该污染物能够做到全年稳定达标排放的每个排放口该污染物的排放量之和为达标排放量，未达标的即为超标排放量。

某污染物的去除量＝排放量 $\eta/（1-\eta）$（η 为污水处理设施对该污染物的去除率）

4. 某一排污者污水排污费的计算

若同一排污者有多个排放口，应分别计算，叠加征收排污费。在排污口规范化整治规定中规定排污者一般只应有一个污水排放口。对同一排污者有多个排污口的情况，应实行每个排放口分别按规定计征污水排污费，多个排放口再叠加计征污水排污费。

先计算每个污水排污口的当量总量 $\sum E_n$ 和污水排污费额 R_n。

第 n 个污水排污口排污费收费额 $R_n=0.7\times\sum E_n$（前 3 项污染物的污染当量数之和）（元）。

对超过国家或者地方规定排放标准的污染物，应在该种污染物排污费收费额基础上计加罚款数额，按罚款处罚。

再将同一排污者几个废水排污口的污水排污费额相加，得到总的污水排污费（元）：

$$R=\sum R_n$$

表 8-3　水污染物污染当量值

污染物分类	污染物名称	污染当量值 D/kg	污染物名称	污染当量值 D/kg
第一类污染物	1. 总汞	0.000 5	6. 总铅	0.025
	2. 总镉	0.005	7. 总镍	0.025
	3. 总铬	0.04	8. 苯并[a]芘	0.000 000 3
	4. 六价铬	0.02	9. 总铍	0.01
	5. 总砷	0.02	10. 总银	0.02

污染物分类	污染物名称	污染当量值 D/kg	污染物名称	污染当量值 D/kg
第二类污染物	11. 悬浮物（SS）	4	37. 五氯酚及五氯酚钠（以五氯酚计）	0.25
	12. 五日生化需氧量（BOD$_5$）	0.5	38. 三氯甲烷	0.04
	13. 化学需氧量（COD）	1	39. 可吸附有机卤化物（AOX）（以Cl计）	0.25
	14. 总有机碳（TOC）		40. 四氯化碳	0.04
	15. 石油类	0.1	41. 三氯乙烯	0.04
	16. 动物油类	0.16	42. 四氯乙烯	0.04
	17. 挥发酚	0.08	43. 苯	0.02
	18. 氰化物	0.05	44. 甲苯	0.02
	19. 硫化物	0.125	45. 乙苯	0.02
	20. 氨氮	0.8	46. 邻-二甲苯	0.02
	21. 氟化物	0.5	47. 对-二甲苯	0.02
	22. 甲醛	0.125	48. 间-二甲苯	0.02
	23. 苯胺类	0.2	49. 氯苯	0.02
	24. 硝基苯类	0.2	50. 邻二氯苯	0.02
	25. 阴离子表面活性剂（LAS）	0.2	51. 对二氯苯	0.02
	26. 总铜	0.1	52. 对硝基氯苯	0.02
	27. 总锌	0.2	53. 2,4-二硝基氯苯	0.02
	28. 总锰	0.2	54. 苯酚	0.02
	29. 彩色显影剂（CD-2）	0.2	55. 间-甲酚	0.02
	30. 总磷	0.25	56. 2,4-二氯酚	0.02
	31. 元素磷（以P$_4$计）	0.05	57. 2,4,6-三氯酚	0.02
	32. 有机磷农药（以P计）	0.05	58. 邻苯二甲酸二丁酯	0.02
	33. 乐果	0.05	59. 邻苯二甲酸二辛酯	0.02
	34. 甲基对硫磷	0.05	60. 丙烯腈	0.125
	35. 马拉硫磷	0.05	61. 总硒	0.02
	36. 对硫磷	0.05		

注：①第一类、第二类污染物的分类依据为《污水综合排放标准》（GB 8978—1996）。

②同一排放口中的化学需氧量（COD）、生化需氧量（BOD$_5$）和总有机碳（TOC）只征收一项。

表8-4 pH、色度、大肠杆菌群、余氯量当量值

非污染物形式表述污染当量值	1. pH	1. 0～1，13～14	0.06t 污水
		2. 1～2，12～13	0.125t 污水
		3. 2～3，11～12	0.25t 污水
		4. 3～4，10～11	0.5t 污水
		5. 4～5，9～10	1t 污水
		6. 5～6	5t 污水
	2. 色度		5t 水·倍
	3. 大肠菌群数（超标）		3.3t 污水
	4. 余氯量（用氯化消毒的医院废水）		3.3t 污水

注：①大肠菌群数和余氯量只征收一项。

②pH 5～6（pH大于等于5，小于6），pH 9～10（pH大于9，小于等于10），其余类推。

表 8-5　禽畜养殖业、小型企业和第三产业污染当量换算表

禽畜养殖业	1. 牛		0.1 头·月
	2. 猪		1 头·月
	3. 鸡、鸭等家禽		30 羽·月
	4. 小型企业		1.8t 污水
	5. 饮食娱乐服务业		0.5t 污水
6. 医院	消毒		0.14 床·月
			2.8t 污水
	不消毒		0.07 床·月
			1.4t 污水

注：① 只适用于计算无法进行实际监测或物料衡算的禽畜养殖业、小型企业和第三产业等小型排污者的污染当量数。
　　② 仅对存栏规模大于 50 头牛、500 头猪、5000 羽鸡（鸭）等的畜禽养殖场收费。
　　③ 医院病床数大于 20 张的按本表计算污染当量数。

例题一： 有一石化工厂 1990 年建成投产，2003 年 8 月确定污水总排放口月污水排放量 12 万 m^3，经监测污水中污染物排放浓度 COD 200 mg/L、BOD 80mg/L、SS 150 mg/L、pH 值 5、石油类 20 mg/L、硫化物 1 mg/L。该厂排污口通向 IV 类水域。

求：该化工厂 8 月份应缴纳污水排污费多少元？

解：

1. 排放标准

该厂污水总排放口执行《污水综合排放标准》表 2 中二级标准，查出排放标准如下：

COD 150 mg/L、BOD 60 mg/L、SS 200 mg/L、pH 值 6～9、石油类 10 mg/L、硫化物 1.0 mg/L。

2. 各种污染物核定排污量

污水总排放口 8 月份排放各种污染物核定数值为：

COD 月排放量 $= KQC_{COD} = 10^{-3} \times 120\,000 \times 200 = 24\,000$ kg/月　（超标排放）；

COD 的当量数 = 24 000 kg/1kg = 24 000 污染当量；

BOD 月排放量 $= KQC_{BOD} = 10^{-3} \times 120\,000 \times 80 = 9\,600$ kg/月　（超标排放）；

BOD 的当量数 = 9 600 kg/0.5kg = 19 200 污染当量；

SS 月排放量 $= KQC_{SS} = 10^{-3} \times 120\,000 \times 150 = 18\,000$ kg/月　（达标排放）；

SS 的当量数 = 18 000 kg/4kg = 4 500 污染当量；

石油类月排放量 $= KQC_{石油类} = 10^{-3} \times 120\,000 \times 20 = 2\,400$ kg/月（超标排放）；

石油类的当量数 = 2 400 kg/0.1kg = 24 000 污染当量；

硫化物月排放量 $= KQC_{硫化物} = 10^{-3} \times 120\,000 \times 1 = 120$ kg/月　　（达标排放）；

硫化物的当量数 = 120 kg/0.125kg = 960 污染当量；

pH 值的当量数 = 120 000t 污水/5 t 污水 = 24 000 污染当量　　（超标排放）。

3. 总排污量

排污量前三位是 COD（超标）、石油类（超标）、pH 值（超标），COD、BOD 只收一项。

污水排放口 8 月份排放总量 = 24 000＋24 000＋24 000 = 72 000 污染当量/月

4. 污水排污费计算

该化工厂 8 月份污水排污费基本收费额＝0.7 元/污染当量×72 000 污染当量/月＝50 400 元/月

该厂 COD、pH 值及石油类超标排放，将按照《水污染防治法》的有关规定实施处罚，不再收取超标排污费。

例题二：某印染厂 1998 年建成投产，2003 年 8 月消耗新鲜水量 30 000 m³，经监测总污水排放口排放污水中污染物浓度为：色度 300 倍、COD 120 mg/L、BOD 30 mg/L、pH 4。该厂废水排入Ⅳ类水域。

求：该印染厂 8 月份应缴纳污水排污费多少元？

解：

1. 排放标准

该厂污水总排放口执行《污水综合排放标准》表 4 中二级标准，查出排放标准如下：

色度 80 倍、COD 150 mg/L、BOD 30 mg/L、pH 值 6～9

2. 各种污染物核定排污量

污水总排放口 8 月份排放各种污染物核定数值为：

污水总排放口 8 月份污水排放量＝0.8×30 000＝24 000 m³/月；

COD 月排放量＝KQC_{COD}＝10^{-3}×24 000×120＝2 880 kg/月　（达标排放）；

COD 的当量数＝2 880 kg/kg＝2 880 污染当量；

BOD 月排放量＝KQC_{BOD}＝10^{-3}×24 000×30＝720 kg/月（达标排放）；

BOD 的当量数＝720 kg/0.5kg＝1 440 污染当量；

色度的超标排放量＝24 000×（300－80）/80＝66 000 t 水·倍（超标排放）；

色度的污染当量数＝66 000 t 水·倍/5 t 水·倍＝13 200 污染当量（超标排放）；

pH 值的当量数＝120 000 t 污水/5 t 污水＝24 000 污染当量（超标排放）。

3. 总排污量

排污量前三位是 COD（超标）、色度（超标）、pH 值（超标）。

废水排放口 8 月份排放总量＝2 880＋13 200＋24 000＝40 080（污染当量/月）

4. 污水排污费计算

该化工厂 8 月份污水排污费基本收费额＝0.7 元/污染当量×40 080 污染当量/月＝28 056（元）。对于 COD、色度和 pH 值的超标排放还应按规定进行罚款。

例题三：某餐馆 2003 年 8 月份消耗新鲜水量 1 000 m³，污水排入地表水体，无法进行监测，排水去向Ⅳ类水域。

求：该餐馆 8 月应缴纳污水排污费多少元？

解：查畜禽养殖业、小型企业和第三产业污染当量值表中规定，饮食娱乐服务业没有监测数据，取 0.5 m³ 污水/污染当量

该餐馆 8 月排放污水量＝0.8×1 000 m³＝800 m³；

该餐馆 8 月污水总排污量＝800÷0.5＝1 600（污染当量）；

该餐馆 8 月污水排污费＝0.7×1 600＝1 120 元

第三节　废气排污费的计算

一、废气排污费的收费规定

（一）实行排污就收费的原则

按《排污费征收管理使用条例》第十二条、《排污费征收标准管理办法》第三条的规定，应该按照排放污染物的种类、数量向排污者征收废气排污费。

按《排污费征收标准管理办法》附件中（二）、（三）和（六）的规定，废气排污费的多因子收费规定为排污量最多的三个污染因子叠加收费。对于超标准排放废气污染物的排污者，还要按照《大气污染防治法》的规定进行相应处罚。

（二）同种污染物不同污染因子不得重复收费

烟尘和林格曼黑度都是反映燃料燃烧产生的烟尘污染的监测指标，为体现不重复收费的原则，按《排污费征收标准管理办法》附件中（二）、（三）和（六）的规定执行。因为两者反映的是同种污染物，烟尘和林格曼黑度只能按收费额最高的一项收费。

（三）一个排污者有多个排污口，应分别计算、合并征收

由于排污者废气污染源的排污口都是孤立的，即一个污染源就有一个排污口，同一排污者的废气排污口一般都有多个，必须对每个排污口的废气排污费分别计算，然后再合并征收。

二、废气排污费的收费计算

（一）废气排污费的收费单价

国家规定废气排污费的收费单价为 0.6 元/污染当量，地方财政与物价部门下文调整污水和废气排污收费单价的省（市），应按地方规定的排污费的收费单价计算排污费。

对锅炉排放的烟尘，也可按林格曼黑度征收排污费，收费单价为：

黑度一级：1 元/t 燃煤；二级：3 元/t 燃煤；三级：5 元/t 燃煤；四级：10 元/t 燃煤；五级：20 元/t 燃煤。

（二）确定每一排放口的排污总量

根据排污者排污申报核定，确定每一废气排污口的各种污染物种类数的排放量（可用实测法和物料衡算法），利用公式换算成污染当量数，再将各类污染物的当量数按从多到少的顺序，确定排序前三位的污染物的当量数（可以取不到三项，最多不超过三项），相

加得到每个废气排放口的废气污染物排放总量。

一般污染物的污染当量数计算公式如下：

某污染物的污染当量数 E_n＝该污染物的排放量（kg）÷该污染物的污染当量值（kg）

废气量的统计包括燃料燃烧废气总量和生产工艺废气总量两项指标，污染物的统计包括某种污染物的排放量、去除量等项指标。

1. 燃料燃烧废气排放量的计算

燃料燃烧废气排放量是指燃煤、油、气锅炉、烘干炉、锻造加热炉、退火炉及其他纯燃料燃烧的炉窑在燃烧过程中所排废气总量。

燃料燃烧废气量的物料衡算。

① 计算理论空气需要量。理论空气需要量指标准状态下燃料中的可燃物（CHS）完全燃烧时理论上需要的空气量 V_0。

固体燃料　　　$V_0 = 1.1 Q^Y/4\ 186$　　　m^3/kg；

液体燃料　　　$V_0 = 0.85 Q^Y/4\ 186$　　　m^3/kg；

气体燃料　　　$V_0 = 0.875 Q^Y/4\ 186$　　m^3/kg；（$Q^Y < 10\ 455\ kJ/kg$）

$\qquad\qquad\qquad V_0 = 1.09 Q^Y/4\ 186$　　m^3/kg。（$Q^Y > 14\ 637\ kJ/kg$）

② 产生烟气量的计算

固体燃料　　　$V^Y = 1.04Q^Y/4\ 186+0.77+1.016\ 1（\alpha-1）\ V_0$　　m^3/kg；

液体燃料　　　$V^Y = 1.11Q^Y/4\ 186 + 1.016\ 1（\alpha-1）\ V_0$　　　m^3/kg；

气体燃料　　　$V^Y = 0.725Q^Y/4\ 186+1.0+1.016\ 1（\alpha-1）\ V_0$　m^3/kg；（$Q^Y < 10\ 455\ kJ/kg$）

$\qquad\qquad\qquad V^Y = 1.14Q^Y/4\ 186-0.25+1.016\ 1（\alpha-1）V_0$　m^3/kg。（$Q^Y > 14\ 637\ kJ/kg$）

③ 燃烧废气排放系数

燃烧废气排放系数　　　$1\ 000V^Y$

以上公式中如低位热值 Q^Y 的单位取 kcal/kg，则参数 4 186 应改为 1 000。

α 为过剩空气系数。层燃锅炉 α 取 1.8～2.2，悬燃锅炉 α 取 1.45，其他工业炉窑，α 可取 1.3～1.7。

$$\alpha = \alpha_0 + \Delta\alpha$$

α_0 为炉膛过剩系数；$\Delta\alpha$ 为各段受热面的漏风系数，一般为 0.2～0.4。

表 8-6　漏风系数 $\Delta\alpha$ 值表

漏风部位	炉膛	对流管束	过热器	省煤器	空气预热器	除尘器	钢烟道（10m）	砖烟道（每10m）
$\Delta\alpha$	0.1	0.15	0.05	0.1	0.1	0.05	0.01	0.05

表 8-7　炉膛过剩空气系数 α_0 值表

燃烧方式	烟煤	无烟煤	重油	煤气
手烧炉及抛煤机炉	1.3～1.5	1.3～2		
链条炉	1.3～1.4	1.3～1.5	1.15～1.2	1.05～1.10
煤粉炉	1.2	1.25		
沸腾炉	1.23～1.30			

例：某电厂使用的煤炭的低位热值为 5 000 kcal/kg，$\alpha = 1.5$。求：吨煤燃烧废气排放系数？

解：理论空气需要量 $V_0 = 1.1 \times 5\,000/1\,000 = 5.5$（m³/kg）

$V^Y = 1.04\,Q^Y/1\,000 + 0.77 + 1.016\,1\,(\alpha-1)\,V_0$

$\quad = 1.04 \times 5\,000/1\,000 + 0.77 + 1.016\,1 \times (1.5-1) \times 5.5$

$\quad = 8.764$（m³/kg）

吨煤燃烧废气排放系数为　$V_系 = 8\,764$ m³/t，

如此题中锅炉为工业锅炉，则煤的低位热值为 5 500kcal/kg，$\alpha = 1.8$

则计算结果为：

$$V_0 = 1.1\,Q^Y/1\,000 = 6.05\ (\text{m}^3/\text{kg})$$

$$V^Y = 11.408\ (\text{m}^3/\text{kg})$$

吨煤燃烧废气排放系数为　$V_系 = 1\,000 \times 11.408 = 11\,408$（m³/t）。

2. 燃料燃烧排放废气中主要污染物的计算

燃料燃烧废气中的主要污染物是二氧化硫、烟尘、氮氧化物和一氧化碳等。

（1）烟尘排放量的计算。

① 烟尘排放量实测法的计算。烟尘实测法是采集烟尘样本，监测烟尘浓度 C，监测烟气排放量 Q，用公式：

$$G = KQC$$

式中：G —— 监测的污染物的量；

$\quad\quad K$ —— 平衡系数；

$\quad\quad Q$ —— 监测烟气的排放量；

$\quad\quad C$ —— 监测烟气的浓度。

② 林格曼黑度法计量锅炉烟尘量。标准的林格曼图是由 14cm×20cm，黑度不同的六小块比色图板构成，用观察到的烟尘的黑度与林格曼图比色，确定烟尘黑度的等级（表8-8）。

表 8-8　林格曼黑度对照表

黑格占背景百分比/%	黑度的级别（级）	烟尘颜色	烟尘浓度/（g/m³）
0	0	全白	0~0.2
20	1	微灰	0.25
40	2	灰	0.70
60	3	深灰	1.20
80	4	灰黑	2.30
100	5	全黑	4.0~5.0

③ 燃料燃烧烟尘量化验分析公式计算。利用锅炉烟尘的测试分析参数可以计算燃煤烟尘的产污系数（吨煤的烟尘产污量）和排污系数。如下式所示：

$$G_{烟尘产} = \frac{1\,000 \cdot A \cdot d_{\text{fh}}}{(1 - C_{\text{fh}})} \qquad\qquad G_{烟尘排} = G_{烟尘产}(1-\eta)$$

式中：G 烟尘产——烟尘的产污系数，kg/t；

  A —— 煤中灰分含量，%；

  d_{fh} —— 烟尘中飞灰占灰分总量的比率，%；

  C_{fh} —— 烟尘中可燃物的比率，%；

  η —— 除尘效率，%。

表 8-9 不同燃烧方式 A、d_{fh}、C_{fh} 系数   单位：%

燃烧方式	A	C_{fh}		d_{fh}	
层式燃烧锅炉	10～35	15～45	平均值 30	15～40	平均值 20
抛煤机炉	15～45	40～50	平均值 45	25～40	平均值 25
悬浮式燃烧锅炉	25～50	0～5	平均值 3	60～85	平均值 80

表 8-10 烟尘中灰分占煤中灰分百分比   单位：%

炉型	d_{fh}	炉型	d_{fh}	炉型	d_{fh}
手烧炉	15～25	振动炉	20～40	煤粉炉	75～85
链条炉	15～25	抛煤炉	25～40	油炉	0
往复推饲炉	20	沸腾炉	40～60	天然气炉	0

燃煤茶炉、大灶烟尘产污、排污系数如表 8-11 所示。

表 8-11 燃煤茶炉、大灶烟尘产污、排污系数   单位：kg/t 煤

燃煤方式	煤种	烟尘产污、排污系数
茶炉	原煤	2.05
	型煤	0.65
大灶	型煤	0.70

④ 燃料燃烧二氧化硫的排放量。企业 SO_2 排放量一般都采用物料衡算方法计算，燃煤与燃油的 SO_2 总产生量与总排放量计算方法如下：

$$SO_2 \text{产生量（t）} = 1.6B_1S_1 + 2B_2S_2$$

$$SO_2 \text{排放量（t）} = (1.6B_1S_1 + 2B_2S_2)(1-\eta)$$

式中：B_1 —— 燃煤消耗量，t；

  B_2 —— 燃油消耗量，t；

  S_1 —— 燃煤硫分，%；

  S_2 —— 燃油硫分，%；

  η —— 脱硫率，$(1-\eta)$ 为 SO_2 排放率，%。

说明：一般认为燃煤中的可燃硫平均占 80%，燃油中的可燃硫约占 95%。

⑤ 燃料燃烧时 NO_x 量的计算。影响燃烧过程中 NO_x 产生量的主要因素有煤质（含 N 率）、炉型（燃烧温度和燃料在炉膛内的停留时间）、反应区中的条件（给氧量和挥发分）。影响燃烧过程 NO_x 排放量的主要因素还有脱硫方式，如碱法脱硫，脱硫时的脱硫剂还有一定的脱硝作用，大约是脱硫效率的 25%。

火电厂 NO_x 排放量计算方法如下：

$$NO_x 排放量=10^{-3}B\,K_N（1-K_{低氮燃烧}）（1-\eta_S/4）（1-\eta_N）$$

式中：B —— 消耗的燃煤（燃油）数量，t（10^3m^3）；

　　　η_S —— 脱硫设施的脱硫率，（$1-\eta_S$）为 SO_2 排放率，%；

　　　η_N —— 脱硝设施的脱硝率，（$1-\eta_S$）为 NO_x 排放率，%；

　　　K_N —— 火电工业 NO_x 排放量参考系数；

　　　$K_{低氮燃烧}$ —— 低氮燃烧削减率，一般取 30%，特殊取 50%。

注：影响电厂 NO_x 排放量的因素有锅炉类型和燃煤类型（决定了 K_N 值），以及低氮燃烧技术、脱硫设施的脱硫率、脱硝设施的脱硝率。

（2）生产工艺过程的废气量。生产工艺废气排放量是指在生产工艺过程中各废气排放口排放的废气总量，如冶炼、建材、化工、化纤等企业在生产工艺过程中所排放的废气总量。生产工艺过程中随废气排出污染物数量的计算，通常是通过计算废气排放量来测算的，用实测法可以把废气排放分为有组织排放和无组织排放两种。在排污申报登记统计表中填写的燃料燃烧废气和生产工艺废气达标排放量或超标排放量分别指排污单位燃料燃烧和生产工艺废气排放中某污染物能够做到全年稳定达标排放的每个排放口该污染物的排放量或未达标排放量。

① 有组织排放废气量的计算。有组织排放是指工艺废气通过烟囱或排气筒排放。有组织排放一般可以进行环境监测，测量其流量、某种污染物的浓度，然后用实测法公式计算出污染物的排放量。废气流量也可以根据风机铭牌的标定风量计算。计算公式如下式：

$$Q_n(m^3) = \frac{273PQ}{(273+t)P}$$

有组织排放的废气还可以根据排气筒的垂直截面积 S 和筒内废气的平均流速 U 计算废气量 Q。

废气流量为：$Q（m^3/s）=S\cdot U$　或　$Q（m^3/h）=3\,600\cdot S\cdot U$

② 无组织排放废气量。一般无组织排放的工艺废气量无法计量，即便有方法计量，无组织排放废气量对无组织排放的废气中的污染物的计算也没有意义。因为无组织排放的废气中的污染物的浓度分布一般不是均衡的，如建筑扬尘、溶剂的蒸发、化工废气的泄漏等，因此在排污申报表中无组织排放一般不填废气量。

③ 生产工艺过程中污染物排放量的计算。工业企业废气中的主要污染物质按《大气污染物综合排放标准》，以各类污染因子的污染特征和治理工艺相近为依据，可将目前国家控制排放的 44 种废气污染物分为六组：无机气态污染物（7 种）、无机雾态污染物（3 种）、颗粒状污染物（10 种）、有机烃或碳氢氧化合物（10 种）、有机碳氢氧及其他（6 种）、恶臭污染物（8 种）。

④ 无组织排放废气中污染物排放量的计算。无组织排放是指无集中式排放口的一种排放形式，如敞开式的生产环境排放的粉尘量、有害物质敞露时散发量、蒸发量、生产设备和管道的有害物质的泄漏量、涂刷油漆后各种有机溶剂（如汽油、苯、甲苯等）的挥发量都是无组织排放的形式。无组织排放的废气由于没有固定的排放口，一般没有污染防治设施，也缺乏监测数据。无组织排放一般不易使用实测法确定其排放量。有条件的可以用物料衡算法来计量，也可以用排放系数法进行计算，产污系数最好根据市（地）级环保部

门经测算公布的系数，也可以根据原国家环保总局或省环保厅规定的修定的产污系数。

（三）某一排污者废气排污费的计算

先计算每个废气排污口的当量总量$\sum E_n$和废气排污费额R_n。

第 n 个废气排污口排污费收费额（元）$R_n = 0.7 \times \sum E_n$（前三项污染物的污染当量数之和）。

再将同一排污者几个废气排污口的废气排污费额相加，得到总的废气排污费（元）：

$$R = \sum R_n$$

表 8-12　废气污染物污染当量值　　　　　　单位：kg

序号	污染物名称	污染当量值	序号	污染物名称	污染当量值	序号	污染物名称	污染当量值
1	二氧化硫	0.95	16	镉及其化合物	0.03	31	苯胺类	0.21
2	氮氧化物	0.95	17	铍及其化合物	0.0004	32	氯苯类	0.72
3	一氧化碳	16.7	18	镍及其化合物	0.13	33	硝基苯	0.17
4	氯气	0.34	19	锡及其化合物	0.27	34	丙烯腈	0.22
5	氯化氢	10.75	20	烟尘	2.18	35	氯乙烯	0.55
6	氟化物	0.87	21	苯	0.05	36	光气	0.04
7	氰化氢	0.005	22	甲苯	0.18	37	硫化氢	0.29
8	硫酸雾	0.6	23	二甲苯	0.27	38	氨	9.09
9	铬酸雾	0.0007	24	苯并[a]芘	0.000002	39	三甲胺	0.32
10	汞及其化合物	0.0001	25	甲醛	0.09	40	甲硫醇	0.04
11	一般性粉尘	4	26	乙醛	0.45	41	甲硫醚	0.28
12	石棉尘	0.53	27	丙烯醛	0.06	42	二甲二硫	0.28
13	玻璃棉尘	2.13	28	甲醇	0.67	43	苯乙烯	25
14	炭黑尘	0.59	29	酚类	0.35	44	二硫化碳	20
15	铅及其化合物	0.02	30	沥青烟	0.19			

例题一：某单位锅炉房 4 台链条炉某月共消耗燃煤 2 000 t，低位燃烧值 5 500 kcal/kg。锅炉烟气黑度为 2 级，锅炉含硫 0.8%，没有采取脱硫措施，NO_x 排放量按 7kg/t 燃煤计。

求：假设 SO_2 和 NO_x 的每污染当量收费标准也为 0.6 元/污染当量，该锅炉房该月应缴纳废气排污费多少元？

解：

1. 锅炉烟尘排污费

烟气黑度 2 级的收费标准为 3 元/t 原煤；

3 元/t×2 000t＝6 000（元）。

2. 各种污染物排放量

SO_2 月排放量＝1.6BS＝1.6×2 000×1 000×0.8%＝25 600（kg）；

SO_2 污染当量数＝25 600÷0.95＝26 947.4（污染当量）。

NO_x 月排放量＝7×2 000＝14 000（kg）；

NO_x 污染当量数＝14 000÷0.95＝14 737（污染当量）。

3. 各种废气污染物的月排污费

SO_2 的月排污费＝0.6×26 947.4＝16 168.44（元）；

NO_x 的月排污费＝0.60×14 737＝8 842.20（元）；

烟尘的月排污费＝6 000（元）；

该锅炉房废气排污量在前三位的是 SO_2、NO_x 和烟尘。

4. 该月废气总排污费

16 168.44＋8 842.20＋6 000＝31 010.64（元/月）

例题二：某铁矿烧结厂烧结带废气产生量为 4 000 m^3/t 烧结矿石，其中产生废气中污染物的浓度为尘 5 g/m^3、SO_2 0.8 g/m^3、NO_x 0.4 g/m^3、氟化物 0.01 g/m^3。其中经除尘治理设施处理后除尘率为 95%，CO 的回收率为 90%。

求：该烧结厂 2003 年 8 月生产烧结矿 9 000 t，8 月份应缴纳废气排污费多少元？（设 SO_2 收费标准为 0.6 元/污染当量）

解：

1. 8 月份申报核定污染物排放量 8 月份烧结带排放的废气量

Q＝4 000×9 000＝36×10⁶m³

8 月粉尘的排放量＝10⁻⁶×36×10⁶×5 000×（1－95%）＝9 000（kg）；

粉尘的污染当量数＝9 000÷4＝2 250（污染当量）。

8 月份 SO_2 的排放量＝10⁻⁶×36×10⁶×800＝28 800（kg）；

SO_2 的污染当量数＝28 800÷0.95＝30 315.8（污染当量）。

8 月份 NO_x 的排放量＝10⁻⁶×36×10⁶×400＝14 400（kg）；

NO_x 的污染当量数＝14 400÷0.95＝15 157.9（污染当量）。

8 月份氟化物的排放量＝10⁻⁶×4 000×9 000×10×（1－90%）＝360（kg）；

氟化物的污染当量数＝360÷0.87＝413.8（污染当量）。

2. 8 月份废气中污染物总排放量

废气中污染当量数排序在前三位的是 SO_2、尘、NO_x。

总的污染物排放量＝30 315.8＋2 250＋15 157.9＝47 723.7（污染当量）。

3. 8 月份该厂废气总排污费

0.6×47 723.7＝28 634.22（元）

例题三：某水泥厂某月生产水泥 20 万 t，生产 1 t 水泥产生有组织排放粉尘 210 kg/t 水泥，SO_2 0.2 kg/t 水泥，NO_x 1.4 kg/t 水泥，无组织排放粉尘 1 kg/t 水泥。有组织排放粉尘经除尘后排放，平均除尘率为 99.5%。

求：该水泥厂该月份废气排污费多少元？

解：

1. 该月份申报核定污染物排放量

有组织排放粉尘量＝200 000×200×（1－99.7%）＝120 000（kg）；

有组织尘的污染当量数＝120 000÷4＝30 000（污染当量）；

有组织排放 SO_2 量＝200 000×0.2＝40 000（kg）；

无组织排放粉尘量＝200 000×1＝200 000（kg）；

无组织排放粉尘的污染当量数＝200 000÷4＝50 000（污染当量）。

粉尘排放总量数＝50 000＋30 000＝80 000（污染当量）。

SO_2 的污染当量数＝40 000÷0.95＝42 105.26（污染当量）。

有组织排放 NO_x 量＝200 000×1.4＝280 000（kg）；

NO_x 的污染当量数＝280 000÷0.95＝294 736.84（污染当量）。

2. 该月废气排污总量

有组织排污总量＝8 000＋42 105.26＋294 736.84＝416 842.10　（污染当量）。

3. 该月废气排污费＝0.6×416 842.10＝250 105.26（元）

第四节　固体废物排污费的计算

一、固体废物排污收费的规定

《固体废物污染环境防治法》明确规定：

"第十六条　产生固体废物的单位和个人，应当采取措施，防止或者减少固体废物对环境的污染。"

"第六十八条　违反本法规定，有下列行为之一的，由县级以上人民政府环境保护行政主管部门责令停止违法行为，限期改正，处以罚款：

（一）不按照国家规定申报登记工业固体废物，或者在申报登记时弄虚作假的；

（二）对暂时不利用或者不能利用的工业固体废物未建设贮存的设施、场所安全分类存放，或者未采取无害化处置措施的；

（三）将列入限期淘汰名录的被淘汰的设备转让给他人使用的；

（四）擅自关闭、闲置或者拆除工业固体废物污染环境防治设施、场所的；

（五）在自然保护区、风景名胜区、饮用水水源保护区、基本农田保护区和其他需要特别保护的区域内，建设工业固体废物集中贮存、处置的设施、场所和生活垃圾填埋场的；

（六）擅自转移固体废物出省、自治区、直辖市行政区域贮存、处置的；

（七）未采取相应防范措施，造成工业固体废物扬散、流失、渗漏或者造成其他环境污染的；

（八）在运输过程中沿途丢弃、遗撒工业固体废物的。

有前款第一项、第八项行为之一的，处五千元以上五万元以下的罚款；有前款第二项、第三项、第四项、第五项、第六项、第七项行为之一的，处一万元以上十万元以下的罚款。"

《排污费征收使用管理条例》规定对一般性固体废物要收排污费，但《固体废物污染环境防治法》规定仅对危险废物征收排污费，一般固体废物不收排污费。由于《固体废物污染环境防治法》属于法律，《条例》属于行政法规，前者的效力高于后者，因此，对一般固体废物不再收取排污费。但是，对一般性固体废物有不符合国家规定转移、扬散、丢弃、遗撒等违法行为的，应进行相应处罚，同时并不免除排污者的防治责任。

二、对危险废物排污量的计算

对以填埋方式处置危险废物但不符合国家有关规定的，应征收危险废物排污费。首先要确认排污者排放的固体废物是否属于危险废物，如果是，应确定危险废物的产生量。

工业固体废物是指工业生产过程中产生的固态、半固态或泥状废弃物质和高浓度液态废弃物质。工业固体废物大致可以分为八类：危险废物、冶炼废渣、粉煤灰、炉渣、煤矸石、尾矿（包括赤泥）、放射性废物、其他固体废物。

1. 固体废物的产生量

确定工业固体废物的产生量，首先要了解排污单位的生产原料、工艺、产品，了解生产过程中，可能会产生哪些固体废物废物，查清固体废物的数量，尤其要注意是否是有毒、有害的危险废物。由于固体废物均有固定的体积，固体废物产生量的计算公式为：

$$G = \rho V$$

式中：G —— 固体废物产生量，t；

ρ —— 固体废物的密度，kg/m^3；

V —— 固体废物的体积，m^3。

2. 固体废物的综合利用量

工业固体废物综合利用量是指通过回收、加工、循环、交换等方式，从固体废物中提取或转化为可利用的资源、能源或其他原料的固体废物（包括上年度利用的往年工业固体废物累计贮存量）。

《国家经委关于开展资源综合利用若干问题的暂行规定》中列举了综合利用的目录，对综合利用的方式从七个方面作了明确规定。《控制危险废物越境转移及其处置巴塞尔公约》中对综合利用的作业方式也作出了明确规定。

提取法的固体废物综合利用量可用下述公式计算：

$$G = \sum [M(1-f) + MfK]$$

式中：M —— 提取的某种产品量；

f —— 提取产品的纯度，%；

K —— 提取单位产品时，消耗固体废物中某物质的量。

化学法提取时，K 可按化学反应式计算，对无化学反应的 K 取 1，方程就变为：

$$G = \sum M$$

对于掺合法计算固体废物综合利用量，计算式为：

$$G = \sum KM$$

式中：M —— 利用某固体废物的产品产量；

K —— 生产单位产品固体废物消耗量。

3. 固体废物的处置量

工业固体废物处置量是指排污单位利用焚烧、热解、填埋等方法处置和最终置于符合环境保护规定要求的场所并不再取回的工业固体废物量（包括当年处置的往年工业固体废物累计贮存量）。

处置量又分为符合环保标准的处置量和不符合环保标准的处置量。符合环保标准是指符合《一般工业固体废物贮存、处置场污染控制标准》（GB 18599—2001）、《危险废物填埋污染控制标准》（GB 18598—2001）和《危险废物焚烧污染控制标准》（GB 18484—2001）的要求。

《控制危险废物越境转移及其处置巴塞尔公约》关于固体废物处置作业方式有明确的规定。综合利用主要是使固体废物减量化、无害化、资源化，从而消除环境污染的一种方式。处置则是将固体废物焚烧或以其他改变固体废物的物理、化学和生物特性的方法，达到减量化、无害化，缩小固体废物的体积，减少或消除其有害成分，或最终置于符合环境保护规定要求的场所不再回收的活动。处置方式和综合利用的方式最主要的区别是处置并没有使固体废物资源化，仍然是废物。

固体废物的处置方式分填埋（置放于地下或地上、特别设计填埋）、围隔堆存（永久性处置）、焚化（陆上焚化、海上焚化）、海洋处置（经海洋管理部门同意的投海处置、埋入海床）、固化、深层灌注、废矿井永久性堆存、土地处理（属于生物降解，适合液态固体废物或污泥固体废物处理）、地表存放（将液态固体废物或污泥固体废物放入坑、氧化塘、池中）、生物处理、物理化学处理、经环保管理部门同意的排入海洋之外的水体（或水域）等方式。

4. 固体废物的贮存量

工业固体废物贮存量是指以综合利用或处置为目的，将固体废物暂时贮存或堆存在专设的贮存设施或专设的集中堆存场内的数量。专设的贮存场和贮存设施必须符合环保标准的要求（有防扩散、防流失、防渗漏、防止污染大气及水体的措施）。要符合《一般工业固体废物贮存、处置场污染控制标准》（GB 18599—2001）、《危险废物贮存污染物控制标准》（GB 18597—2001）的要求。

注意实际工作中固体废物的贮存和排放往往不好区分，贮存必须以综合利用及处置为最终目的，同时环保部门和当事人应有明确的时间约定，即当事人应在多长时间内将废物处理掉。现在有些环境监察部门就明确规定贮存的时间不能超过 3 个月，否则视为排放。另外，对贮存的场所和方式，环保部门也有明确规定，要有专设集中堆存场，贮存场所要有"三防"措施，不符合上述措施的固体废物贮存应视为排放。

5. 固体废物的排放量

工业固体废物排放量是指申报单位将所产生的固体废物排到固体废物污染防治设施以外的量，不包括矿山开采的剥离废石（煤矸石和呈酸性或碱性的废石除外）。

工业固体废物排放量的计算公式是：

工业固体废物排放量＝工业固体废物产生量－贮存量－综合利用量－处置量＋综合利用和处置往年贮存量

三、危险废物排污费的计算

先确定填埋方式处置危险废物的数量 G，该类固体废物的收费标准为 R_0；

第 n 类固体废物的排污收费额 R_n（元）＝$R_0 \times G$。

表 8-13 固体废物排污收费单价

固体废物类型	危险废物
收费标准 R_0/（元/t）	1 000

注：危险废物是指列入国家危险废物目录或者根据国家规定的危险废物鉴别标准和鉴别方法认定的具有危险特征的废物。

例题： 某化工厂某月产生化工废渣 20 t，按规定填埋处置了 14 t，另有 6 t 的填埋处理，环境监察机构认为均属于违规处置。

求： 该化工厂该月应征收固体废物和危险废物排污费多少元？

解： 该月化工厂的化工废渣应视为危险废物，其中 6 t 未按规定填埋，应征收排污费，危险废物收费标准为 1 000 元/t

危险废物排污费为　1 000×6＝6 000（元）。

第五节　环境噪声超标排污费的计算

一、超标噪声排污收费的计算原则

（1）环境噪声超标准才收费。按《环境噪声污染防治法》第二条第二款、第十六条，《排污费征收管理使用条例》第十二条第一款第四项，《排污费征收标准管理办法》第三条第一款第四项的规定执行，环境噪声只有超标准才能征收排污费。

（2）一个单位边界上多处噪声超标准，征收额应按超标准声级最高处计征收的原则，按《排污费征收标准管理办法》附件中四、表 6 说明 1 的规定执行。如某一排污单位的厂界昼间四个监测点环境噪声分别超标值为 8 dB、3 dB、5 dB 和 7 dB，则昼间超标噪声排污收费标准应按超标值最高的监测点的超标值 8 dB 计算，收费标准应为 1 760 元。

（3）建筑施工同一施工场地的多个建筑施工阶段同时进行时，以噪声限值最高的施工阶段计算征收超标噪声排污费为原则。按《排污费征收标准管理办法》附件中四、表 6 说明 8 的规定执行。如一个建筑施工场所昼间同时存在结构和装修两种施工阶段，结构阶段对噪声源（混凝土搅拌机、振捣棒等设备）的噪声限制为 70 dB，装修阶段对噪声源（吊车、升降机、电钻等设备）的噪声限制为 65 dB，实际对两个混合施工阶段的噪声限制为 70 dB。

（4）对超标准噪声昼夜分别计征，叠加收费的原则。按《排污费征收标准管理办法》附件中四、表 6 说明 4 的规定执行。如某一厂界环境噪声昼间最高超标 5 dB，按规定全月昼间应征排污费 880 元，环境噪声夜间最高超标 3 dB，按规定全月夜间应征排污费 550 元，全月超标噪声排污费应征 1 430 元。

（5）夜间超标准噪声按等效噪声和峰值超标准噪声计算排污费。频繁噪声属于非稳态噪声，是指夜间多次发生的频繁间断性噪声（如排气管的噪声、短时间的撞击和振动噪声），夜间的频繁突发噪声对外界影响较大，使用等效噪声难以控制其污染，因此在夜间等效噪声的基础上又增加了频繁突发噪声峰值的噪声标准，对夜间频繁突发噪声加以严格限制。偶然突发噪声是指偶然突发的一次性短促噪声（如短促的汽笛声等），昼间的偶发噪声对环境影响较小，国家只用等效声级控制噪声污染。夜间偶发噪声虽为一次性的，并且时间很短，但由于影响睡眠，视为对环境影响较大。偶发噪声一夜发生 1 次和多次都规定为夜间偶发噪声。根据《排污费征收标准管理办法》附件中四、表 6 说明 5 的规定，按夜间频繁突发和夜间偶然突发厂界超标噪声峰值和夜间等效超标噪声两种指标中超标分贝值高的一项计算排污费。

（6）一个单位有多个不同地点的作业场所，应遵循分别计算合并征收的原则。按《排污费征收标准管理办法》附件中四、表 6 说明 2 的规定执行。如一个排污单位有两个不相连的厂区，两个厂区的厂界边界环境噪声都超标，分别应征收昼、夜超标噪声排污费 1 100 元和 1 760 元，则该排污单位应征收超标排污费 2 860 元。

（7）一个厂界沿边界长度超过 100 m 有两处（含两处）以上噪声超标准的，按超标准排污费最高一处再加 1 倍征收超标准噪声排污费的原则征收。按《排污费征收标准管理办法》附件中四、表 6 说明 1 的规定执行。当沿厂（场）界监测，发现多处超标，沿边界长度超过 100 m 有两处及两处以上噪声超标，应加 1 倍征收。对超标噪声加 1 倍征收的排污者的厂（场）界周长必然超过 200 m。

（8）农村建筑噪声遵循不征收超标噪声排污费的原则。按《排污费征收标准管理办法》附件中四、表 6 说明 8 的规定"在建制镇和乡村工业区范围以外的建筑施工噪声不得征收超标噪声排污费"执行。国家环境保护总局 1999 年 4 月 29 日在文件《关于地处农村的工厂噪声排污费的复函》（环函[1999]154 号）中明确指出："环境噪声污染是指在工业生产、建筑施工、交通运输、社会生活中所产生的环境噪声超过国家规定的标准，干扰他人正常生活、工作和学习的现象。"对地处农村，厂界周围基本是耕地这类的环境噪声污染，超标收费尚无执行标准，因此，暂不征收超标噪声排污费。

（9）对机动车、飞机、船舶等流动污染源，按《排污费征收标准管理办法》第三条第一款第（四）项的规定"机动车、飞机、船舶等流动污染源暂不征收噪声超标排污费"的原则执行。

二、超标准噪声的排污费计算

（一）噪声超标排污费的计算

噪声超标排污费按表 8-14 规定的收费标准计算。

表 8-14　噪声超标排污费的征收标准

超标分贝值/dB（A）	1	2	3	4	5	6	7	8
收费标准/（元/月）	350	440	550	700	880	1 100	1 400	1 760
超标分贝值/dB（A）	9	10	11	12	13	14	15	16
收费标准/（元/月）	2 200	2 800	3 520	4 400	5 600	7 040	8 800	11 200

注：本标准以每 dB 为计征单位，噪声超标不足 1dB 的，按四舍五入原则计算。

（二）噪声超标排污费的计算步骤

噪声超标排污费计算步骤如下：

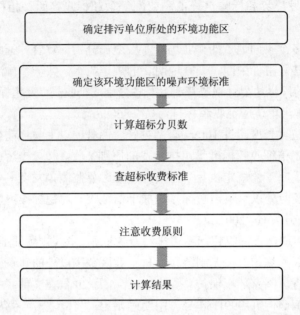

（1）确定一个排污单位同一作业厂（场）所各边界所处区域环境功能区和相应的环境噪声排放标准。工业企业、企事业单位、餐饮娱乐服务业场所作业噪声适用《工业企业厂界噪声标准》，建筑施工场所作业噪声适用《建筑施工场界噪声限值》。

（2）确定不同环境噪声标准的场（厂）界地段上的昼和夜的最高等效噪声值，再与各地段的环境噪声标准比较，计算出各地段的最高等效噪声超标值（超标分贝数），最后确定同一作业厂（场）所全边界各排放标准地段中超标值最高的分贝值，即为同一作业厂（场）所昼和夜的最高等效噪声超标值。如果夜间有频繁突发噪声（排放标准比相应标准高 10 dB）或偶然突发噪声（排放标准比相应标准加 15 dB）也应分别计算其频繁或偶然突发噪声峰值最高超标分贝值，然后与夜间最高等效噪声超标值比较，在 3 个值中取最高超标值为夜间噪声最高超标值。

（3）根据昼和夜的超标噪声最高超标分贝数查噪声超标排污费的征收标准表，分别确定昼和夜的噪声超标排污费。

（4）1 个月的昼（夜）超标作业时间不足 15 昼（夜）的，噪声超标排污费按半月计算；1 个月的昼（夜）超标作业时间为 15 昼（夜）或超过 15 昼（夜）的，噪声超标排污费按 1 个月计算。

（5）如果沿厂（场）界有多点超标，相距最远的两点沿边界的距离超过 100 m（注意沿闭合边界两点间距离有两个，以其最小的距离计），应加 1 倍征收超标噪声排污费。

（6）如果一个排污者有几处作业场所（孤立、不相连），应按以上步骤分别计算各作业场所的昼夜超标噪声排污费总额，再合并计算该排污者的总超标噪声排污费。

例题一：某机械加工厂，厂界南侧为交通干线，其余厂界均处于工商、居住混杂区。某月经监测该厂南、西、北、东侧厂界的噪声最敏感处的昼/夜噪声等效值分别为 72/57dB

（A）、65/52 dB（A）、66/51 dB（A）、64/53 dB（A），该厂各噪声源每月白天工作 4 周，夜间工作 10 天。该厂厂界超过 400 m。求：该月该厂超标噪声排污费为多少元？

解：（1）各侧厂界环境噪声的排放标准

该厂南、西、北、东侧厂界所临功能区的昼/夜排放标准分别为 70/55 dB（A）、60/50 dB（A）、60/50 dB（A）、60/50 dB（A）。

（2）各侧厂界环境噪声的超标值

南侧昼/夜超标值分别为　　72－70＝2 dB（A）/57－55＝2 dB（A）

西侧昼/夜超标值分别为　　65－60＝5 dB（A）/52－50＝2 dB（A）

北侧昼/夜超标值分别为　　66－60＝6 dB（A）/51－50＝1 dB（A）

东侧昼/夜超标值分别为　　64－60＝4 dB（A）/53－50＝3 dB（A）

（3）全部厂界昼/夜噪声最高超标值

全部厂界昼/夜噪声最高超标值分别为 6 dB（A）/3 dB（A）。

（4）该厂应缴超标噪声排污费

昼间超标噪声排污费按一个月计收，由于四侧均超标，且厂界超过 400 m，应加倍征收。最大超标值为 6 dB（A），收费标准为 1 100 元。

$$1\ 100\times2＝2\ 200（元/月）$$

夜间超标噪声排污费按半个月计收，由于四侧均超标，且厂界超过 400 m，应加倍征收。最大超标值为 3 dB（A），收费标准为 550 元。

$$550\div2\times2＝550（元/月）$$

该厂该月应缴超标噪声排污费共计为：

$$2\ 200＋550＝2\ 750（元/月）$$

例题二：某一歌厅地处工商混杂区，其厂界小于 150 m，某月经监测该歌厅厂界等效噪声昼/夜值分别为 60/59 dB（A），该歌厅整月营业。

求：歌厅该月应缴超标噪声排污费为多少？

解：（1）歌厅厂界环境噪声的排放标准

歌厅厂界处工商混杂区，环境噪声排放标准昼/夜分别为 60/50 dB（A）。

（2）查出厂界环境噪声的超标值

昼间噪声值为 60 dB（A），未超标；夜间噪声值为 59 dB（A），超标准，超标值为 59－50=9 dB（A）。

（3）歌厅应缴超标噪声排污费

该歌厅整月营业，应征收一个月的超标噪声排污费。其厂界小于 150 m，不应加倍征收。噪声最高超标值为 9 dB（A），收费标准为 2 200 元/月。

歌厅应缴超标噪声排污费 2 200 元/月

例题三：某化工厂地处工业区，该厂的储气罐每月在夜间要排气 2～3 次，每次大约 30 秒，其峰值为 83 dB（A）。该厂只有南侧厂界噪声超标，且超标范围小于 100 m。某月经监测南侧厂界昼/夜最高噪声等效值分别为 67/58 dB（A），该厂整月生产。

求：化工厂该月超标噪声排污费为多少元？

解：（1）各侧厂界环境噪声的排放标准：

由于只有南侧厂界环境噪声超标，南侧厂界处工业区，环境噪声排放标准昼/夜分别为

65/55 dB（A），排气噪声属于偶然突发噪声，每月 1 次要算 1 个月，偶然突发噪声排放标准为 70 dB（A）。

（2）南侧厂界环境噪声的超标值

昼间等效噪声超标值为　67－65＝2 dB（A）

夜间等效噪声超标值为　58－55＝3 dB（A）

夜间偶然突发噪声峰值超标值为　83－70＝13 dB（A）

（3）化工厂应缴超标噪声排污费

化工厂昼/夜超标噪声的最大超标值分别为 2/13 dB（A），根据超标噪声的收费标准，昼间超标 2 dB（A）收费 440 元/月，夜间超标 13 dB（A）收费 5 600 元/月。昼夜均征收 1 个月的超标噪声排污费。

化工厂该月应缴纳超标噪声排污费　440＋5 600＝6 040（元/月）

例题四：某住宅小区建设工地有六栋楼房在同时施工，该工地周边都为住宅区或工商区，其工地场界超过 300 m。某月经监测该工地东、西、南、北侧场界昼/夜等效噪声值分别为 74/58 dB（A）、72/59 dB（A）、80/63 dB（A）、75/62 dB（A）。当月工地有结构和装修阶段在同时施工，昼间整月都在施工，夜间因突击施工 7 天。

求：该施工工地该月应缴纳超标噪声排污费多少元？

解：（1）各侧厂界环境噪声的排放标准

由于结构和装修阶段在同时施工，噪声排放标准应以结构阶段的排放标准为准，由于土地周边为工商住宅区，环境噪声昼/夜排放标准分别为 70/55dB（A）。

（2）各侧厂界环境噪声的超标值

东侧昼夜超标值分别为　　74－70＝4 dB（A）/58－55＝3 dB（A）

西侧昼夜超标值分别为　　72－70＝2 dB（A）/59－55＝4 dB（A）

南侧昼夜超标值分别为　　80－70＝10 dB（A）/63－55＝8 dB（A）

北侧昼夜超标值分别为　　75－70＝5 dB（A）/62－55＝7 dB（A）

（3）全部厂界昼/夜噪声最高超标值

全部厂界昼/夜噪声最高超标值分别为　10 dB（A）/8 dB（A）。

（4）该厂应缴超标噪声排污费

昼间超标噪声排污费按一个月计征，由于四侧均超标，且厂界超过 300 m，故应加倍征收。最大超标值为 10 dB（A），收费标准为 2 800 元。

$$2\ 800 \times 2 = 5\ 600（元/月）$$

夜间超标噪声排污费应按半个月计征，由于四侧均超标，且厂界超过 300 m，故应加倍征收。最大超标值为 8dB（A），收费标准为 1 760 元。

$$1\ 760 \div 2 \times 2 = 1\ 760（元/月）$$

该厂该月应缴超标噪声排污费共计为：5 600＋1 760＝7 360（元/月）

第九章　排污费征收稽查与审计

排污费征收稽查是上级环保部门对下级环保部门排污费征收过程、排污费征收标准执行情况、排污收费政策执行情况、排污费征收程序以及排污申报、核定等工作开展情况进行的监督检查活动，是环保部门的内部行为；排污费财务检查与审计是审计部门对环保部门有关排污费征收及环境保护专项资金使用和管理方面的监督检查，重在财务方面，是一种外部行为。

第一节　排污费征收稽查

排污费征收稽查，是指上级环境保护行政主管部门对下级环境保护行政主管部门排污费征收行为进行监督、检查和处理的活动。

实施排污费征收稽查，上级环境保护行政主管部门可以对下级环境保护行政主管部门以及相关排污者进行立案调查。

一、排污费征收稽查执行主体

设区的市级以上环境保护行政主管部门负责排污费征收稽查工作。设区的市级以上环境保护行政主管部门所属的环境监察机构承担排污费征收稽查具体工作。省级以上环境保护行政主管部门可以委托设区的市级以上的下级环境保护行政主管部门实施排污费征收稽查。

各级环境监察机构不得同时对同一排污费征收稽查案件进行稽查。上级环境监察机构正在稽查的案件，下级环境监察机构不得另行组织稽查。下级环境监察机构正在稽查的案件，上级环境监察机构不得直接介入或者接管该稽查案件，但可能影响稽查结果的除外。

二、排污费征收中存在的突出问题

（一）对使用排污收费软件认识不足，使用不到位

"排污费征收管理系统"软件是规范开展排污费征收工作的基础和工具，目前个别地区仍存在未使用该软件，或只用于排污申报和报表统计而未用于实际收费的问题，主要原因是不安排专人负责或工作变动后有关使用软件人员不进行交接，致使对软件功能和操作掌握不熟练、不全面，使排污费征收工作开展不规范统一。

（二）征收程序不够规范

部分地区征收排污费没有严格按照征收程序执行，不同程度地存在收费未经申报、排污费核定单和缴纳单送达程序不规范、未进行排污费公告、对部分行业和小型企业提前收费、按年征收情况比较突出等问题。

（三）征收台账及文书管理不够规范

部分地区未按要求建立排污费征收台账和排污费明细表，或建账项目内容不全，不能正确反映排污费收缴情况；排污费审核文书不规范，审核需附的支撑材料不足等。

（四）排污费征收依据不充分

部分地区存在排污费征收依据不充分，具体表现在缺乏相应监测数据、排污申报数据质量有待加强、违规减免排污费等问题。

（五）未足额、全面征收

协商收费普遍存在，个别地区存在对应征的企业未征收、征收因子不足，或同一笔排污费入库金额少于开征金额等问题。

三、排污费征收稽查的立案范围

下级环境保护行政主管部门有下列情形之一的，应当予以立案稽查：

（1）应当征收而未征收排污费的；

（2）核定的排污量与实际的排污量明显不符的；

（3）提高或降低排污费征收标准征收排污费的；

（4）违反国家有关规定减征、免征或者缓征排污费的；

（5）未按国家有关规定的程序征收排污费的；

（6）对排污者拒缴、欠缴排污费等违法行为，未依法催缴、未依法实施行政处罚或者未依法申请人民法院强制执行的；

（7）不执行收支两条线规定，未将排污费缴入国库的；

（8）排污费征收过程中的其他违法、违规行为。

对于不按国家规定，由环境保护行政主管部门以外的机构征收排污费，或者干预排污费征收工作的，也应当予以稽查。实施排污费征收稽查，追缴排污费，不受追溯时限限制。

另据《河南省排污费稽查暂行规定》第十条，有下列情形之一的，上级环保部门的环境监察机构应实施稽查：

（1）排污量核定和排污费征收不依照法律、法规、规章规定的程序、方法进行的；

（2）有其他因素影响，排污费征收工作不能依法开展的；

（3）征收户数失实，排污费不能全面征收的；

（4）排污费征收额与实际污染物排放量计算的应征收额存在较大偏差的；

（5）有排污费方面的群众举报和领导批件的；

（6）现场检查中发现有超标排污行为的；

（7）发生污染事故的。

河南省的上述规定可供其他地区参考。

四、排污费征收稽查要点

开展排污费稽查时，一般应包括以下内容：

（1）排污者在排污申报时是否存在拒报、漏报、谎报或申报的原始情况发生变化时无变更申报行为；

（2）核定排污量的方法是否正确，数据来源是否合理，核定依据是否有效，计算结果是否准确，是否按法定程序下达《排污量核定通知书》等；

（3）排污费征收主体是否合法，征收文书是否采用规定格式，征收项目是否全面，征收额计算是否准确，征收通知送达时间和方式是否符合规定要求；

（4）排污费的减、免、缓缴是否按有关规定审批；

（5）对欠缴排污费的排污者是否按法定程序进行催缴和处理；

（6）排污费入库是否执行国家规定的"收支两条线"，是否存在排污费的截留、挤占或挪用等情况；

（7）排污申报是否按规定全面开展，排污收费软件是否按规定使用，相关报表报送是否准确、及时；

（8）是否有违反排污费征收相关规定，出台"土政策"，限制执法人员现场检查、强制规定排污费征收额度等限制排污费征收行为；

（9）排污费征收的政务公开执行情况；

（10）其他与排污费征收和管理有关的情况。

提示 9-1

关于排污费征收稽查中排污量核定告知等问题的复函

（环函[2009]15 号）

四川省环境保护局：

你局《关于排污费征收稽查中排污量核定告知等问题的请示》（川环[2008]252 号）收悉。经研究，现函复如下：

《排污费征收工作稽查办法》（原国家环境保护总局令第 42 号）第十六条规定："环境保护行政主管部门应当对《排污费征收稽查报告》进行审查并做出处理决定，制作《排污费征收稽查处理决定书》，送达被稽查对象，同时予以公告。"环境保护行政主管部门对《排污费征收稽查报告》进行审查并做出处理决定后，应按照《关于统一排污费征收稽查常用法律文书格式的通知》（环办[2008]19 号）的规定制作《排污费征收稽查处理决定书》，送达被稽查对象和排污者。核定的污染物排放种类和数量应在《排污费征收稽查处理决定书》中予以明确。如污染物排放种类较多，可在《排污费征收稽查处理决定书》后附《排污费征收稽查核定清单》（格式见附件）。同时，环境保护行政主管部门应对排污费稽查的数额予以公告。

附件：排污费征收稽查核定清单

二○○九年一月十五日

附件：

排污费征收稽查核定清单

单位名称：

时　　间：　　年　月　日至　　年　月　日

污染物排放稽查核定结果：

一、污水或废气				
排污口名称	排污介质排放量（m³）	污染物名称	浓　度（mg/L 或 mg/m³）	排放量（kg）

二、危险固体废弃物				
危废名称	产生量（t）	贮存、处置量（t）	综合利用量（t）	排放量（t）

三、边界噪声					
测点位置	主要噪声源名　称	时段	噪声类型	超标声级值（dB（A））	超标天数	超标边界长度是否超过100m

　　　　　　　　　　　　　　　　　　年　月　日

五、排污费征收稽查案件的处理

表 9-1　排污费征收稽查案件的处理

违法行为	处理方法
对下级环境保护行政主管部门应当征收而未征收排污费，或者排污量核定与实际排污量明显不符以及未按照排污费征收标准计算排污费数额，导致少征收排污费的	上级环境保护行政主管部门应当责令限期改正。逾期不改正的，由上级环境保护行政主管部门直接责令排污者补缴排污费至其指定的商业银行或信用社（国库经收处），商业银行或信用社（国库经收处）应当于当日将收到的排污费按照国家规定的中央、地方预算比例解缴本级以上各级国库

违法行为	处理方法
经稽查,发现下级环境保护行政主管部门连续 12 个月,对辖区内 20 家以上排污者应当征收而未征收排污费或者少征收排污费的	上级环境保护行政主管部门应当责令限期改正;逾期不改正的,可由上一级环境保护行政主管部门直接核定并征收该辖区内所有的排污费,期限不超过 1 年
对排污者拒缴、欠缴排污费行为,未依法催缴、未依法实施行政处罚或者未依法申请人民法院强制执行的	上级环境保护行政主管部门应当责令负责征收排污费的环境保护行政主管部门在 7 日内催缴,依法实施行政处罚或者依法申请人民法院强制执行;也可以直接责令排污者补缴排污费至其指定的商业银行或者信用社(国库经收处),商业银行或者信用社(国库经收处)应当于当日将收到的排污费按国家规定的中央、地方预算比例解缴本级以上各级国库
对其他违反法定程序征收排污费的	上级环境保护行政主管部门应当责令限期改正
对违反国家规定,由环境保护行政主管部门以外的机构征收排污费的	上级环境保护行政主管部门应当会同同级有关部门依法责令限期改正;逾期不改正的,由上一级环境保护行政主管部门直接核定并征收排污费,期限不超过 1 年
经稽查,发现多征收排污费的	应当按照相关规定办理退库,或者在下月(季)征收排污费时扣除
经稽查,发现排污者少缴排污费且属于排污者责任的	做出排污费征收稽查处理决定的环境保护行政主管部门应当按照排污费征收稽查处理决定追缴排污费,并从滞纳之日起按日加收 2‰的滞纳金,滞纳金收入随追缴的排污费一并缴入国库。排污者少缴排污费属于征收机构责任的,不另加收滞纳金
应当补缴排污费的排污者,逾期仍不缴纳排污费和滞纳金的	由做出排污费征收稽查处理决定的环境保护行政主管部门,依照《排污费征收使用管理条例》等有关规定予以处罚
排污者逾期不履行处罚决定的	由做出排污费征收稽查处理决定的环境保护行政主管部门直接申请本部门所在地基层人民法院强制执行

六、对排污收费征收稽查中发现的违法违纪行为的处理

县级以上人民政府环境保护行政主管部门工作人员有下列行为之一的,依法给予行政处分;构成犯罪的,依法追究刑事责任:

(1)违反国家规定批准减缴、免缴或者缓缴排污费的;

(2)不执行收支两条线规定,未将排污费依法缴入国库的;

(3)不履行排污费征收管理职责,情节严重的。

对经稽查发现的应当由其他部门管辖的排污收费中的违法违纪案件,移送有管辖权的部门处理;构成犯罪的,移送司法机关,依法追究刑事责任。

提示 9-2

关于统一排污费征收稽查常用法律文书格式的通知

（环办[2008]19 号）

各省、自治区、直辖市环境保护局（厅）：

为规范排污费征收稽查行为，根据《排污费征收工作稽查办法》（环保总局令第 42 号）的规定，总局制定了有稽查权限的环境保护行政主管部门在实施排污费征收稽查过程中常用的法律文书格式，包括《排污费征收稽查通知书》、《调查询问笔录》、《调取资料清单》、《排污费征收稽查报告书》、《排污费征收稽查处理决定书》（分适用于下级环境保护行政主管部门和排污者两种类型）共五种，现予发布实施。

实施排污费征收稽查过程中的其他文书，本通知未作统一规范的，有稽查权限的环境保护行政主管部门可以根据需要自行规范。

附件：排污费征收稽查常用法律文书格式

二〇〇八年二月二十五日

附件：

排污费征收稽查通知书

_____：

我单位定于____年____月____日对你单位（<u>环境保护行政主管部门名称或者企业名称</u>）的排污费征收（缴纳）情况进行稽查，请予以配合。

现需你单位提供以下材料：

1.

2.

……

特此通知。

联系人：

联系电话：

环境监察机构（印章）

年　　　月　　　日

（机构名称）_____排污费征收稽查询问调查笔录

日期：_____　时间：_____　地点：_____

案由：_____

被询问人：_____性别：____　　　　　年龄：_____

工作单位：_____　职务：_____

家庭地址：_____　电话：_____

询问人：_____　记录人：_____

参加人：_____

问：_____

答：_____

问：_____

答：_____

（注：本页如不够用，可用续页）

询问人签字：　　　　　　　　　被询问人签字：

参加人签字：

注：被询问人或者参加人拒绝签字的，应当注明拒绝签字的理由。

（案件名称）_____调取资料清单

日期：_____　时间：_____　地点：_____

案由：_____

调取资料缘由：_____

调取资料清单：

序　号	资 料 名 称	是否原件/复印件	页　数	备　注
1				
2				
3				
4				
5				
6				
7				

（注：本页如不够用，可用续页）

调取人：_____　被调取资料单位经办人：_____

排污费征收稽查报告书

案由		
被稽查对象		
法定代表人	职务	
地址	电话	
调查经过		
查明的事实和证据		
处理依据		
处理意见	稽查人：　　年　月　日	
稽查部门意见		
	部门领导：　　年　月　日	

[此文书适用于下级环保部门]:

排污费征收稽查处理决定书

_____:

稽查事实和结论: _____

现依据《排污费征收使用管理条例》第___条、《排污费征收稽查管理办法》第___条的规定，作出如下处理决定: _____

如对处理决定不服，可在接到本决定书之日起七日内向_____环境保护局申请复核。

环境保护局

[此文书适用于排污者]:

排污费征收稽查处理决定书

_____:

违法事实: _____

处理依据: _____

处理决定: _____

如对上述处理决定有异议，你单位可以在收到本处理决定书之日起60日内向_____申请复议或者三个月内向_____法院提起诉讼。

逾期不申请行政复议，也不向人民法院起诉，又不履行本处理决定的，我局将依法给予行政处罚或者直接申请人民法院强制执行，并每日按排污费金额加收2‰的滞纳金。

环境保护局
年　　月　　日

第二节　排污费的财务检查和财务审计

《条例》规定了环保、财政、价格、经济、审计等部门相应的职责，各级环保部门要加强与各相关部门的综合协调，并自觉接受同级审计部门关于排污费征收及环境保护专项资金使用和管理的审计监督。为了监督各级政府的相关部门在排污费征收、财务管理和排污费使用过程中，严格按国家的法律法规、政策和制度管理排污费资金，国家审计部门、上级政府或上级环境行政主管部门会定期或不定期地对相关管理部门进行排污费财务检查或审计。

一、排污费的财务检查要点

排污费的财务检查主要是本部门或上级部门对排污费的征收和使用工作的财务结算进行检查。它包括财务报表的检查，对账簿和凭证的检查。一般是本部门以外的财务人员对凭证、账簿、报表进行全部或部分检查，以便查明财务记录是否真实、正确，排污费的征收和使用是否合理合法，是否存在违法违纪行为。

（一）财务检查内容

一是要检查排污费征收和使用过程中财务管理业务方面提供的各项数据和资料的真实性和可靠性。也就是各种凭证、账簿和报表所记录的数据是否与实际情况相符合；有无数据记录或处理时出现的错误；手续是否完备；账簿记录是否合乎财务规定；账簿记录是否与财务凭证一致；有无弄虚作假的行为等。

二是要检查排污费征收和使用过程中违反国家政策和制度方面的问题。检查排污费的征收、使用过程中财务管理行为是否符合法律法规、政策、制度的规定；污染治理项目的审批是否合理；利用专项资金购置的仪器设备是否存在浪费、闲置不用、不能发挥有效作用等情况；有无在征收和使用过程中违法违纪的行为等。

三是要检查财务管理的制度和纪律的执行情况。要检查财务管理各项收、支行为是否合乎财政规定；制定和完善了哪些财务管理制度；排污费征收未能完成计划的原因是什么；专项资金的使用的效益如何等。

（二）财务检查的实施

一是凭证的检查。主要是对原始凭证和记账凭证进行检查。核对凭证和记账是否一致，凭证是否合理合法，凭证是否真实，凭证的制作是否正确，手续是否完备。如发现可疑的凭证，还要与签发单位进行核对。如凭证的数量不太多，可对某一时期的全部凭证进行检查。如凭证的数量太多，可以对某一专项业务的凭证进行检查，或对账簿认为有问题的部分内容涉及的凭证进行检查。

二是账簿的检查。首先是确认账簿记录的正确性。用账簿记录数据的对应关系，去检查账与账之间、账与证之间是否相符，通过科目之间的对应关系审查账簿记录的各项数据之间是否平衡，是否合理，是否相符。如对账簿内的某些数据产生疑问，还可调阅与之相关的凭证进行检查。

三是报表的检查。排污费财务报表是综合反映排污费征收与使用的书面总结资料，作为上级主管部门每季、每年必须检查所属单位的会计报表。报表检查主要是运用报表分析的方法检查单位报表的合理性、可靠性，分析其计划完成的情况和主要指标的相关关系。根据计划，进行对比分析。如报表中的某些内容有疑点，还可以调阅与之相关的账证，进行检查。

（三）财务检查的作用

财务检查是对排污收费财务管理工作的事后检查和监督，是日常财务管理工作的补充和继续。进行定期的财务检查对于加强排污费的征收和使用工作,有十分重要的作用。它对于维持财务管理工作的规范,财务管理制度的有效性,财务管理数据反映的真实性具有重要作用。通过财务检查可以促进排污收费征收和使用财务制度的健全和完善,维护排污费征收和使用过程中的财经秩序。

排污费财务检查不仅在事后要检查征收和使用过程中是否存在错误、违法违纪行为和失控情况,而且财务检查也能够发现某些单位财务管理的经验,通过总结这些单位的经验,去促进其他单位的财务管理工作。建立经常性的财务检查制度,可以防微杜渐。实行有效的财务检查,可以促使财务管理人员尽职尽责,认真遵守财务管理制度和纪律,提高自身的政策水平和财务管理的业务能力。

二、排污费的财务审计

(一)排污费财务审计的目的

排污费的审计也是一种财务检查,与例行的财务检查不同的是负责审计的单位,可能是负责排污收费单位上级的上级主管部门进行的财务检查;或者是政府负责审计的主管部门进行的财务检查;或者是政府组织多部门进行联合财务检查。财务检查可能是找问题,也可能是总结好的经验。但审计主要是为了确定是否存在问题。

对排污费征收和使用进行审计,有时是定期进行的财务审查,会对许多单位进行统一内容的审计;也可能是因为人大、政协、媒体、舆论、举报或信访反映的问题,组织有关部门对某一个部门进行单独审计。

(二)排污费审计的主要对象和内容

1.排污费征收审计的主要对象和内容
(1)收费许可证是否通过物价局年审;
(2)排污费开征的项目和标准是否在收费许可证中全部反映;
(3)排污费征收的单据是否符合行政事业性收费的规定;
(4)是否存在征收规定以外的费用,或明显存在应征未征的现象;
(5)申报报表、监测报告、核定单收费单存根等资料是否齐全等。

2.排污费使用审计的主要对象和内容
(1)是否及时足额地上交财政并纳入预算内按专项资金管理;
(2)是否按照预算资金管理办法,实行专款专用;
(3)是否遵从先收后用,量入为出的原则;
(4)收缴、使用是否实行"收支两条线"管理;
(5)已划拨的"排污费"使用项目是否是足额拨付,年底有无存在资金结余的现象。

(三)排污费财务存在的突出问题

审计部门认为,从以往排污费财务审计发现的问题来看,对环保资金的筹集和使用都存在许多问题,其中排污费使用的审计是重点,也是最容易出问题的地方,但同时也是最难根治的问题。

1．排污费欠征、欠缴、缓缴现象严重

排污费欠征、欠缴、缓缴现象严重，未能及时足额征收到位，主要原因是体制问题，地方政府的干预使得许多地方在征收排污费工作中都不同程度地存在这种问题。

2．排污费征收程序不规范

主要表现为未按规定时间、程序开具送达排污核定通知书和缴纳通知书，未按规定收缴排污费滞纳金及罚款；对已申报污染物排放量的部分企业没有下达排污核定通知书和排污费缴纳通知书，对未申报污染物排放量的部分企业直接征收，缺少排污核定程序；没有建立收费台账，地方收费票据不合规。还有就是先协议费用，再杜撰收费内容。

3．自身建设能力不足

由于许多地方的环境监察机构的自身建设能力不足，监测手段落后、监测频次低、人员的能力较差，确定的排污量一般都少于实际排污量，导致排污收费不到位。

4．部分地区滞留项目资金

项目资金滞留的主要原因是，少数部门责任心不强，往往重收费、轻管理，重争取项目和资金、轻投放，造成环保专项资金拨付环节的梗阻现象。

5．挤占挪用排污费

很多地区还存在挤占挪用排污费问题，有些是用于环保部门的超编和临时人员的工资和福利、装备和基建经费、填补办公经费不足等方面，还有地方财政将专款专用的环保补助金挪作他用的现象依然存在。有的地方挂着污染防治项目的旗号实际进行其他项目建设，或刻意夸大项目经费额度。

6．存在人情收费、协商收费现象

在核定排污费的过程中，有的按照与企业协商好的缴款金额核定；有的尽可能多核定，从而为双方留下"讨价还价"的空间；也有的因地方领导干预及人情等因素不能应征尽征。没有征收额度大的项目或污染物种类，而是故意开征额度较小的项目或污染物种类。还有的选取浓度值较低的监测报告作为核定依据等。

提示 9-3

某省审计厅公布了对省本级及 18 个省辖市 158 个县（市、区）2007—2008 年度排污费的征收、管理和使用情况的审计结果，审计查出违规违纪金额 45 856.89 万元，占审计资金总额的 24.5%。所以非常有必要通过对环保资金的财务审计进行严格的审计监督，使有限的环保资金发挥最大的环境效益。

（四）审计部门的审计建议

在排污费的财务审计中，有关审计部门提出在排污收费的以下几个环节值得环保部门重视：

一是排污申报登记环节。排污申报登记工作是整个排污收费工作的基础。因此，对这一环节应给予特别关注，环保部门应有相应的制度保证当地环境监察机构能将辖区内所有污染源纳入排污收费的范围，并对排污者信息实行全面、分类、动态、实时的监控和统计，

从而从源头上保证排污费做到应征尽征。

二是排污申报登记核定环节。环境监察机构对排污者实际排污量进行调查后核定，作为计算应缴排污费的直接依据。核定依据主要来源有：自动监控数据（自动监控仪器）、监督性监测数据（环保部门监测机构）、物料衡算数据（理论计算方法）、测算数据（以往排污情况）等。在这一环节，受主客观因素的制约，环境监察机构的执法弹性较大，容易与排污者形成一种讨价还价的交易行为。因此，当核定的应缴排污费与申报的排污费数额发生改变时，一定要有充分的证据。

三是排污费征缴环节。环境监察机构根据核定的排污量，依据收费标准计算出排污费后，下达《排污费缴纳通知单》，并同时建立排污收费台账。排污者据此自行填写"一般缴款书"，到财政部门指定的商业银行缴纳排污费，环保部门负责排污费缴入国库的核对。对于未按照规定缴纳排污费的，应及时责令限期缴纳；逾期拒不缴纳的，处以罚款，并报经有批准权的人民政府批准，责令停产停业整顿。还应依法申请人民法院强制执行。

四是排污费使用环节。排污费滞留在财政部门或者环境保护行政主管部门挤占挪用排污费的问题应该避免。财政部门不得因资金调度紧张等原因占压排污费，财政部门应该把环境执法所需经费列入预算，并给予充分保障。环保部门应及时编制、报送用款计划，财政部门应保证资金到位时间。

五是环保部门应尽量避免协商收费、人情收费现象的出现，建立健全内控制度，做到核定与收缴分离。

第十章　排污费征收信息化及污染源自动监控

　　《条例》及其配套规章的发布和实施，是我国排污收费制度的一次重大改革。新的排污收费制度顺应总量控制制度的要求，将原来的污水、废气以超标单因子计算收费方式改为以排放污染物的种类、数量实行多因子收费方式。新的排污收费制度加大了环境执法的力度，提高了排污收费标准，扩大了征收范围，规范了排污收费管理程序，构建了强有力的监督、保障体系。新的排污收费制度是以排污单位的排污申报核定为基本依据，而排污申报核定又是以排污单位的排污量计算为基础，只有完善排污申报登记工作，才能确保排污收费工作顺利进行。排污申报登记制度要求辖区内的所有排污者均要如实进行排污申报，某一个县、市环境监察机构所面对的排污单位数量，有几百、几千，甚至上万个，而且要进行年申报，月核定，每份登记表又有许多相关环境指标，这些登记表核定之后还要建档，以备查询；还要建立相应的排污量和排污收费统计台账。其工作量之大，如果还用手工进行填写、计算和整理、分析，是难以想象的。引入先进的信息化手段，对排污申报登记、排污费计算、征收和对账进行信息化系统管理，是全面落实新的排污收费制度的重要保证。

第一节　环境监察工作的信息化

一、信息化和电子政务

　　信息化、数字化是伴随着计算机技术的出现而诞生的概念，并且随着计算机和互联网技术的飞速发展，其内涵和外延正在不断地扩展和变化。数字化、信息化这些高科技专业手段已开始为大众所理解、接受和使用，并逐步在现代社会的行政管理和经济管理工作中普及和提高，悄然改变着人们的观念、工作方式和工作节奏。最初，信息化和数字化只是代指用计算机处理各种数据的技术手段，后来发展为通过信息技术解决问题的方法。现在，人类社会正从工业化社会向信息化社会过渡，信息技术正以前所未有的速度有力地推进着社会生产力和生产方式的变革和发展。信息技术的发展和应用越来越明显地成为当代世界的综合国力竞争的制高点。目前，我国信息化建设正在各行各业中如火如荼地进行着。

　　我国的信息化初期发展主要表现是20世纪80年代,全国各地开展的办公自动化(OA)工程，建立了各种纵向和横向的内部信息化管理办公网络，为全面应用计算机和通信网络技术奠定了基础。信息化快速发展的标志是1993年底启动的"三金工程"，即金桥工程、金关工程和金卡工程，这是中央政府主导的以政府信息化为特征的系统工程，重点是建设信息化的基础设施，为重点行业和部门传输数据和信息。随后金税工程、金盾工程、金企工程、金卫工程、金智工程、金农工程、金旅工程、金审工程等工作纷纷展开，1999 年 1 月，40 多个部委（局、办）的信息主管部门共同倡议发起了"政府上网工程"，目前 70% 以上的地市级政府在网上设立了办事窗口，上海、深圳、广州、天津等沿海城市也纷纷开始建设数字化城市。政府部门成为推动信息技术发展的先行者。

电子政务是指政府机构在其管理和服务职能中运用现代信息技术，实现政府组织结构和工作流程的重组优化，超越时间、空间和部门分隔的制约，建成一个精简、高效、廉洁、公平的政府运作模式。电子政务模型可简单概括为两方面：政府部门内部利用先进的网络和数据库技术实现办公自动化、管理信息化、决策科学化；政府部门与社会各界利用网络信息平台充分进行信息共享与服务、加强群众监督、提高办事效率及促进政务公开等。

二、环境保护信息化

我国环境保护系统的信息化工作经过多年努力，已取得较大成就。"九五"期间国家加大了环境信息化基础能力建设步伐，初步建立了以国家环保总局信息中心为网络中枢，以省级信息中心为网络骨干，以城市信息中心为网络基础，连接各级环保部门的环境信息网络，并建立了环境卫星通信专用传输网络。环境信息化能力建设初具规模；初步建立了一支具有一定业务能力和管理水平的环境信息人才队伍；以实施环境办公自动化为契机，开展多种环境管理应用系统开发与建设，通过建立互联网站或主页方式向社会提供各类环境信息，实现环境信息交流与共享，促进了政务公开和廉政建设，发挥了积极的宣传作用；发布了部分环境信息基础标准和技术规范，初步具备了规范化、标准化运行和建设的基础条件。

目前环境信息化的发展还存在一些问题：如缺乏统筹规划，各级各部门独自开发，标准化、规范化程度低；信息资源化水平低，获得的大量数据比较分散，缺乏系统性、连续性，多数数据收集阶段的自动化程度不高，加上应用分散，低水平重复开发，数据冗余现象严重，信息共享程度低；在系统的开发中，普遍存在重硬件、轻软件，重建设、轻应用的现象，对系统建成后的设备更新维护和应用能力的再建设、人员培训等方面的持续投入跟不上，不能充分有效地发挥各类环境信息系统运行的效益，影响环境信息化建设的持续发展；还有许多基层环保部门信息管理人员的信息管理能力和技术素质都有待提高，环境信息的发展还需要引进大批高级环境信息管理和技术人才。

在《国家环境科技发展"十五"计划纲要》中环境信息技术被列为重点发展方向，国家环境信息化建设的"十五"发展规划将围绕全国环境保护工作的目标和任务，以网络建设为基础、信息资源开发利用为核心、信息应用技术为保障，努力提高环境信息为环境管理提供服务和决策支持的能力。建立环境信息管理机制，构建"数字环保"基本框架，基本建成全国性的环境信息网络平台、环境电子政务应用平台、环境信息资源共享平台、环境信息服务平台；保持与国家信息化建设进程同步的发展水平，初步实现环境政务/业务信息化、环境管理信息资源化、环境管理决策科学化和环境信息服务规范化。

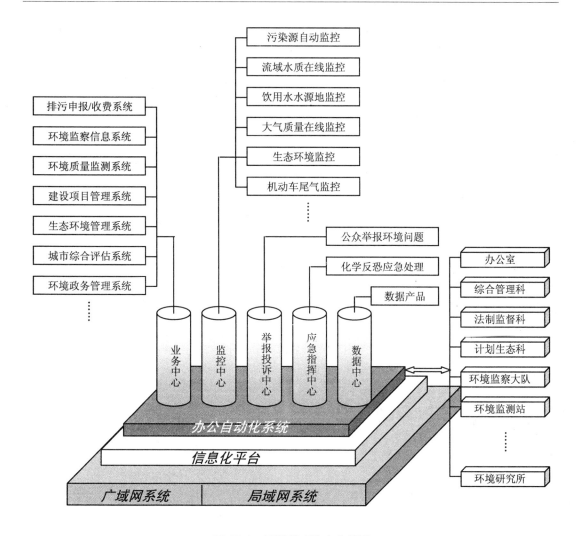

图 10-1　环境管理信息化模型

三、环境监察信息化

从总体来看，我国的市场经济高速发展后，多种经济体制并存，工业企业污染源数量众多，分布相对分散；从局部来看，污染源多呈交错式分布，往往一条河流上有多家排污企业，所以经常出现污染事故的责任纠纷。随着国家经济的快速发展，环境监察工作职能范围不断增加，新的监督管理体制、新的排污收费制度，要求环境管理工作更加定量化、数据化，要求监督管理的对象的数量更多，要求使用数据的周期更短、应能体现动态变化，面对全国 23 万家重点排污单位、上百万家中小型工业企业和上千万家的"三产"餐饮服务企业，全国各级环境监察机构仅靠 4 万多名专职工作人员，仍然采用人工方式进行各类污染源的现场监察、计量、核算、征收、管理，不仅现有环境监察人员编制的数量远远不够，就是增加编制，靠人工监管手段，也是难以完成国家交给的环境执法监察各项任务。

面对这样的情况，原国家环保总局有关领导指出："环境监察如何上台阶呢，污染源这么多，不能采用足球场上的人盯人战术，不对等，靠人盯盯不过来；另外，污染源的基础数据很重要，我们不能老拿定性的东西去汇报，要有客观的真实数据，要用数据说话。"污染源排污量的监控和计量、大量排污单位的排污申报核定数据的管理、排污费的计算、排污费缴纳情况的管理等各项工作，要求必须引入信息化和自动监控的现代化的手段，对环境监察工作的整个业务流进行信息化改造。

环境监察部门的信息化工作早期主要是电脑进行文字处理，用网络传输制成的文件等单项简单工作。环境监察业务工作信息化的探索和实践始于 20 世纪 90 年代初，开始排污收费的局部工作基于 DOS 平台的单机业务软件应用，包括早期对污染源试行自动监控的探索等。20 世纪 90 年代末期开始，在通过详细调研和考察后，结合排放口规范化整治，从研发污染源自动监控系统开始，逐步建设国家环境监察信息系统，全面展开了环境举报、排污收费等环境监察业务信息化工作。

经过近几年的信息化建设，环境监察工作已经发生巨大的变化：以前需要投入大量时间和精力才能获得现场数据，现在只需鼠标的一次轻轻的点击；以前需要做大量的现场调查和取证才能裁定的污染纠纷，现在只需查看排污日志记录便可一目了然；只要排污量数据输入电脑，应缴纳的排污费马上就可以计算出来，并输入相应的数据库进行管理；甚至以前需要经过烦琐的会议、反复的讨论才可以做出的环境治理决策，现在也可以借助强大的决策系统进行科学的、客观的分析和判断。

四、信息化中的几个概念

数据（data）：描述事物的符号记录。

数据管理：核心是对数据进行分类、组织、编码、储存、检索和维护。

数据库（data base，DB）：长期储存在计算机内、有组织的、可共享的数据集合。

数据库管理系统（database management system，DBMS）：位于用户与计算机操作系统之间的一层数据管理软件。数据库在建立、运用和维护时由数据库管理系统统一管理、统一控制。数据库管理系统使用户能方便地定义数据和操作数据，并能够保证数据的安全性、完整性、多用户对数据的并发使用及发生故障后的系统恢复。

数据仓库（data warehouse，DW）：面向主题（宏观的分析领域）的、经加工集成的、稳定的、不同时间的数据集合。

分布式数据库系统（distributed database system）：分布在计算机网络上的多个逻辑相关的数据库的集合。

第二节　排污申报与排污费征收信息化管理

一、排污费征收管理系统

排污费征收管理工作信息化的核心是开发一套切实可行的排污费征收管理信息系统

软件。在原国家环保总局的指导下，由西安交大长天软件公司开发的《排污费征收管理系统》软件经过两年多的研发和完善，已经迅速应用在各级环境监察机构的排污费征收管理工作中。

这套系统适用于排污费征收管理的全过程，环境监察人员可以用它来完成排污费征收的申报、核定、计算、开单、对账、统计汇总、分析查询等各个环节的工作。各级环保部门也可以通过这套系统随时了解掌握排污费征收工作的进展情况和相应的污染源统计数据，经分析整理出的大量基础信息，可以为各级环保部门的管理和决策服务。

（一）《排污费征收管理系统》的特点

1. 系统性

排污费征收管理信息系统严格按照《排污费征收使用管理条例》及其配套规章，对排污费征收工作的规定和程序进行设计，全面涵盖从申报、申报变更、审核、核定、计算、银行对账到公告、减免缓、查询汇总和数据管理各个环节，清晰地描述排污收费各项业务流程，严格按工作流程操作，在完成排污费征收各个环节工作的同时，强化了查询、统计、分析等管理功能。

2. 扩展性

为了适应排污收费工作发展的需要，在实现基本功能基础上，留有接口可以不断扩展，例如物料衡算、网上申报、排污费缴纳通知单送达、电子对账、排污收费政务公开信息的网上发布等，都可以通过不断升级加以实现。这套系统还具备根据不同地方的实际情况进行二次开发和定制的条件。

3. 统一性

系统软件是在原国家环保总局（现环保部）信息中心的指导下，按照统一的环境保护信息编码进行编制，可以纳入全国环保信息共享平台系统。同时，该系统软件与总局统一的污染源自动监控系统软件共用一个数据库，污染源相关信息在两个软件中是通用的。

4. 适应性

在保持严格的规范性的同时，系统软件保留了足够的灵活性，地方环保局可以根据地方的法律法规，在国家标准的基础上设定自己的排放标准和征收标准，并且可以导入自己的监测数据，从而更加贴近各地环保局的实际需求。系统使用了大型关系数据库，可快速处理海量数据和支持并发操作。系统伸缩性强，既可以应用于单机，也可以应用于局域网中。

（二）《排污费征收管理系统》的业务流程

按照排污费征收的流程（图10-2）构建《排污费征收管理系统》，图10-2中加下划线的模块可由《排污费征收管理信息系统》软件实现。

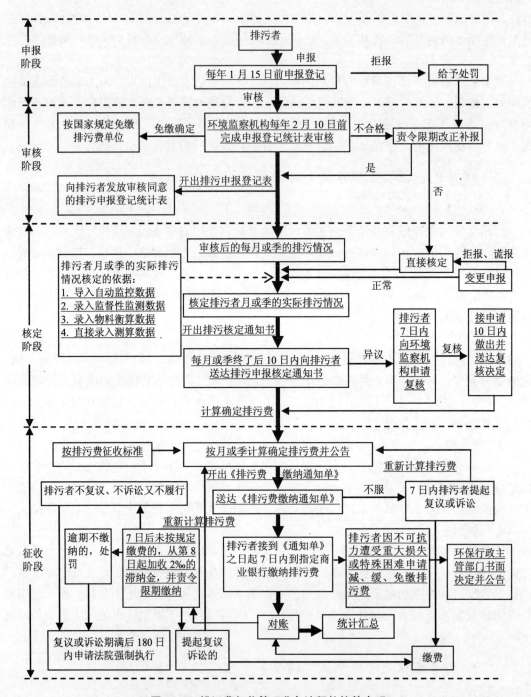

图 10-2 排污费征收管理业务流程的软件实现

（三）《排污费征收管理系统》的功能

《排污费征收管理系统》的系统功能由八个模块实现，包括排污申报与审核模块、排污申报核定模块、排污费征收管理模块、排污费缴纳银行对账模块、通知书送达与决定公告模块、数据管理模块、查询汇总分析模块、系统设置模块，八大主模块又细分为 35 个二级模块，如图 11-3 所示。

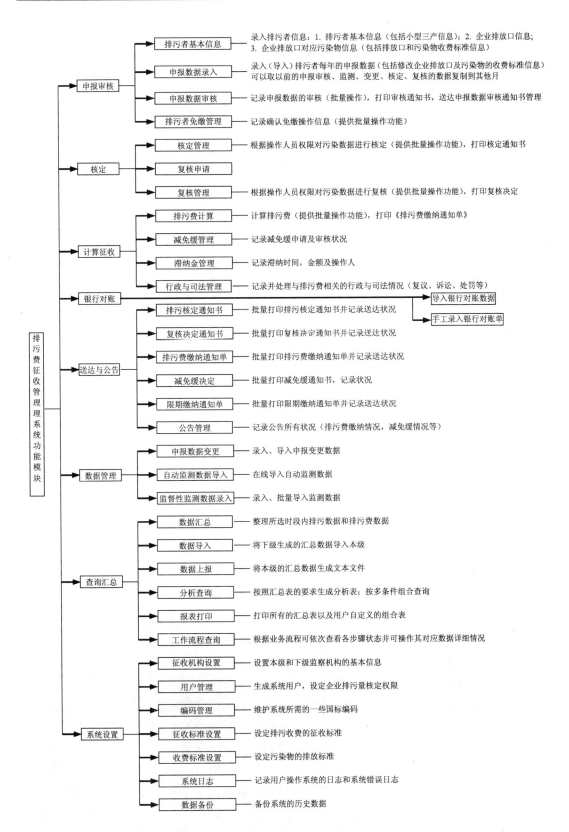

图 10-3　排污费征收管理信息系统功能模块图

1. 排污申报与审核模块

该模块包括四个主要内容，即排污企业信息、污染数据进行申报录入、审核以及免缴管理。

（1）排污者基本信息。要进行排污收费，就要有排污者，他们是收费的对象，该子模块就是在系统中录入排污者的基本信息。包括编码、名称、地址、所属行业等常规信息。此外，还应该录入该企业的排放口信息，污水和废气中主要的污染物信息、噪声和固体废物种类，并为各种污染物选择它们所对应的排放标准。这样，系统就可以根据其申报或导入的在线监测污染数据来判断其是否超标排放。

（2）申报数据录入。排污者应该在每年的 1 月 15 日前，向环保部门申报其下一年度的排污计划，这个过程叫做年度排污申报。排污者申报的排污情况包括其许可证许可排放总量，每个月计划排放污染物排放量的明细等，征收部门应将这些数据录入或导入系统中，这个过程叫做排污申报数据录入。它有两种录入方式，一种是手工录入，另一种是自动导入，如果企业的申报数据是系统兼容格式的电子文档，就可以选择自动导入方式，把企业申报的数据直接导入到系统中来。当然这样更快捷、省力、准确。

（3）申报数据审核。对企业申报的数据进行审核是法定的程序，该模块的功能就是对企业的申报数据进行审核。如果征收部门审核认为其申报数据真实可信，则设定其审核合格，该申报数据可以用于每个月或每个季度的排污量核定。如果其申报的数据有虚假或其他方面的问题，审核结果为不合格，系统会删除其全年申报数据，要求其重新申报后再行录入。

（4）免缴管理。对于符合免缴排污费条件的单位，可以在该模块对其设置免缴的标志。如果是免缴的，就不用对该单位再进行后面流程的操作了。

2. 排污申报核定模块

该模块分为排污数据核定管理、复核申请和复核管理三个部分，是一个交互操作的模块。

（1）核定管理。按规定的缴费周期（按月或按季度），根据几个方面的排污数据，确定排污费的数据，这个过程叫做核定。核定数据的来源是有优先级别的，如果排污者安装有符合国家规定的污染源在线自动监控系统，系统可以将其数据直接导入使用，征收机构将首先使用其实时监测数据作为核定数据。如果没有安装这样的在线监控系统，可使用环保部门对排污者的监督性数据。如果没有监督性数据，但排污者进行了排污变更申报，其数据仍在审核，则可以使用其变更申报数据。如果排污者没有进行排污变更申报，可使用经审核合格后的申报数据。

征收机构在核定了排污数据之后，应把核定后的数据通过《排污核定通知书》送达排污者。如果排污者对该核定数据没有异议，系统将据此计算排污费。必须注意，经过核定的排污数据将用来计算排污费，如未进入复核程序，数据将不能变更。

（2）复核申请。排污者如果不服核定的结果，可以在收到《排污核定通知书》后 7 天内提出复核申请。该模块的功能就是录入排污者的复核申请。内容包括复核申请的日期、编号、名称和内容。系统可以将这些复核申请保存备案，可以检索查询所有的复核申请。

（3）复核管理。排污者的复核申请得到核准后，系统将会产生一套复核数据（在核定数据的基础上修改后的数据），并向排污者发出《排污核定复核决定通知书》。该数据将作为计算排污费的排污数据。

3. 排污费征收管理模块

该模块的功能是根据核定的排污数据和复核的排污数据计算出应该征收的排污费金额，并处理排污费减免缓、征收滞纳金、行政处罚等事项。

（1）排污费计算。根据核定的排污数据或复核的排污数据来计算排污者当月或当季应该缴纳的排污费金额。系统已经内置了计算公式。只需选择需要计算排污费的排污者，然后单击"计算"按钮，就可以得出该排污者应该缴纳的排污费金额，并向排污者发出《排污费缴纳通知单》。可以选择不计算某个排污者的排污费。

系统有三种方式可供计算排污费。

1）在核定了排污者的排污数据之后，征收机构应给排污者发放《排污核定通知书》。如果排污者没有异议，系统会根据核定的排污数据计算排污费。如果排污者有异议，可提出复核申请。

2）排污者的复核申请得到核准后，系统将产生一套复核数据，并根据该复核数据计算排污费。

3）排污者收到《排污费缴纳通知单》后没有异议的，即按《排污费缴纳通知单》缴纳排污费。如果有异议，则可以提起复议或行政诉讼。如果复议或判决结果是变更，系统将根据复议或判决的结果录入复议数据，用来计算排污费。如果复议或判决结果是维持原来结论，则不需录入新的数据。

（2）减免缓管理。对于符合《排污费征收使用管理条例》规定的排污费减免缓规定的排污者，在其提出减免缓申请后，可以进行减免缓处理。排污者可以根据不同条件分别申请免缴、减半、缓缴三种减免缓方式，征收机构审核后，如果同意其减免缓申请，可以作出"免缴、减半、缓缴"当月排污费的决定，并登记在减免缓管理模块中。如果作出"缓缴"决定，还可以设置缓缴期限。此外，对于缓缴期满逾期未缴的排污费，单击一下鼠标按钮，即可以处理"逾期"未缴的排污费，并将其打入该排污者的应缴排污费金额中。

（3）滞纳金管理。对于逾期未缴纳排污费的排污者，应该加收滞纳金。该模块就是用来计算滞纳金的。选择一个排污者，然后输入应该收取滞纳金的时间段，单击"保存"按钮，系统会自动计算出该排污者的滞纳金，并将其打入该排污者的应缴排污费金额中。

（4）行政处罚记录。该模块可详细记录每一个排污者的当月应该缴纳的排污费、排污费的征收状况（复议、诉讼的受理时间及其结果），行政处罚的执行状况（限期缴纳的期限、是否逾期处罚、处罚复议、处罚诉讼的受理时间），行政处罚的结果记录，结案与否和结案时间等。该模块实际不参与排污费的计算，只是对排污者的行政处罚结果进行记录并保存。

4. 排污费缴纳银行对账模块

排污者收到《排污费缴纳通知单》后，应在规定时间内到指定的银行缴费，银行收费并在《一般缴款书》中签章后，分别交缴款人和征收机构。通过该模块可以手工录入银行的对账数据，功能扩展后可与银行联网，实现电子对账。

（1）导入银行对账数据。如果征收机构和银行有计算机网络接口，可以直接将银行的对账数据导入本系统中，系统会自动从其应缴金额中减去已缴纳金额，例如，某排污者本月应缴纳排污费 10 000 元，其在银行实际缴纳 7 000 元，则银行对账操作后，其应该补缴的排污费为 3 000 元。

（2）手工录入银行对账单。如果征收机构和银行暂时没有接口，可以使用该模块手工录入银行对账数据，其原理和导入银行对账数据相同。

5. 通知书送达与决定公告模块

该模块用来生成各种需要送达排污者的通知书和公告，包括排污核定通知书、排污核定复核决定通知书、排污费缴纳通知单、排污费减免缓决定通知书、排污费限期缴纳通知书、排污收费公告、排污费减免缓决定公告等。选择需要送达的所有排污者和通知单日期，系统会自动批量生成并打印相应的通知书。

（1）排污核定通知书。排污者申报的排污量被核定后，征收机构要向排污者发出《排污核定通知书》，该模块就是用来打印《排污量核定通知书》的。该通知书内容包括核定后的排污者各个排放口的排污量数据，核定日期、送达人、签收人等内容。可以一次选择所有的排污者，批量打印所有的《排污量核定通知书》。

（2）排污核定复核决定通知书。如果排污者对《排污费核定通知书》上的排污量有异议，可以提出复核申请，征收机构复核后，可通过该模块打印《排污核定复核决定通知书》，通知书内容包括复核后的排污者的排污量数据、复核日期、送达人、签收人等。该模块也支持批量打印。

（3）排污费缴纳通知单。根据计算出的应收金额，打印出应该送达排污者的《排污费缴纳通知单》。该通知单内容包括应该缴纳的排污费明细、送达人、签收人等内容。该模块支持批量打印。

（4）排污费减免缓决定通知书。根据"计算征收/减免缓管理"模块中的减免缓处理决定，打印《排污费减免缓决定通知书》，该通知书包括减免缓的处理决定、缓缴期限（如果是缓缴处理的话）、送达人、签收人等内容。该模块支持批量打印。

（5）排污费限期缴纳通知书。如果排污者在收到《排污费缴纳通知单》后，没有按照规定的日期缴纳排污费，或缓缴到期没有缴纳排污费，则可以打印《排污费限期缴纳通知书》，该通知书包括催缴内容（应缴金额、滞纳金、限缴日期）、送达人、签收人等内容。该模块支持批量打印。

如果排污者仍然不缴纳排污费，则进入行政强制程序，征收机构可申请法院强制执行。在系统中也可进行记录。

（6）公告管理。根据《排污费征收使用管理条例》中关于政务公开的要求，对排污者应缴纳的排污费需要进行公告。该模块主要进行公告管理，对公告的编号、排污者名称、应收金额等内容进行登记，方便征收机构和排污者对公告进行查询和检索。该模块支持批量打印，功能扩展后可实现网上公告功能。

6. 数据管理模块

该模块的功能主要是操作排污量数据，包括申报数据变更、自动监测数据导入和监督性数据导入。

（1）申报数据变更。根据规定，排污者履行排污申报、登记手续后，排放污染物的种类、数量、浓度（强度）、排放去向、排放方式、排放口设施、污染防治处理设施需要作变更、调整的，应该在变更前 15 日内履行变更申报手续，填报《排污变更申报登记表》；排放污染物情况发生紧急变化时，必须在改变后 3 日内报告并提交《排污变更申报登记表》。

发生改变而未履行变更手续的，视为拒报。

该模块就是录入经审核后的排污者《排污变更申报登记表》的变更数据的。系统设置了两种录入方式：导入变更数据和手工录入变更数据。如果排污者送交的变更申请是电子文档，并且其格式是系统认可的，就可以直接将其导入到系统中来，系统会自动将申报数据的相应部分改为变更后数据，然后进行核定。如果排污者送交的不是电子文档或系统兼容其格式，则应该手工录入其排污量变更数据，系统也会将其申报数据的相应部分改为变更后的数据。

注意，变更数据申报只能在核定操作之前进行，一旦排污者当月和当季度的排污量数据被核定，则该模块中就不能再执行变更了。

（2）自动监控数据导入。如果排污者使用了符合国家规定的污染源在线自动监控系统，排污费征收管理信息系统软件会将实时监控的数据直接导入本系统中，只需简单地选择要导入那个月的数据，系统就会将所有排污者的实时监控数据导入系统中。

实时监控数据是进行排污量核定的最真实的数据，由它计算得出的排污费也最合理。并且，导入实时监控数据，避免了手工录入申报数据的高强度劳动，且不会出错。

（3）监督性数据导入。如果没有实时监控系统，也可以录入对排污者进行现场检查时取得的监督性数据。导入的方式有两种，即导入和手工录入。如果监督性数据为电子媒介，且格式为系统兼容格式，可以将其导入排污收费系统中。如果不是电子媒介和其格式系统不兼容，应手工录入这些监督性数据，系统会用监督性数据替换排污者的申报数据。

7. 查询汇总分析模块

该模块主要用于对排污收费过程中的各种数据进行汇总分析和数据挖掘，以便把握排污收费工作情况，并为现场执法、环境管理、宏观决策提供基础数据。

（1）数据汇总。对所有的排污收费情况进行汇总，在进行数据分析之前，首先要进行数据汇总操作，只需给出要汇总的时间段，系统就会自动汇总所有的排污收费数据。这个汇总操作包括下级征收机构导入的数据。

（2）数据导入。可以导入下级征收机构的排污收费数据。例如，陕西省环保局可以导入西安市环保局和咸阳市环保局的排污收费数据，只要他们将征收数据导出为一个文件，然后通过电子邮件、软盘等媒介上报省环保局，省环保局只需设定其上报文件所在地路径，并选择要导入那个时间段内的数据，就可以将数据导入省环保局了。

（3）数据上报。征收机构可以将本级的排污收费数据汇总后，导出为一个文件，然后上报到上级征收机构。经过逐级上报后，上级征收机构就可以掌握全市、全省乃至全国的排污费征收情况。数据上报的操作很简单，只需设定要导出哪个时间段的数据，选择将数据导出到什么地方，再单击"导出"按钮就可以了。这个导出的上报数据包括导入的下级的征收数据，是一个本级和下级的汇总数据。

（4）分析查询。排污费征收管理信息系统软件的分析查询功能非常强，可以分析排放、征收、征收明细、减免缓、排污者等各种情况，几乎涵盖了从排污者到收费方方面面的信息。可按照行政区划、企业规模、隶属关系、行业种类、收费权限、经济类型、所属流域、排放去向、功能区等条件进行分类查询，亦可对上述查询条件进行自由组合，或根据使用者需要自行设定分析条件进行分析查询。分析查询结果可分为本级、下级和合计三个数据汇总层次输出。

（5）报表打印。可以将分析查询的结果以报表的形式输出，也可以打印出各种曲线、折线效果图。

（6）工作流程查询。这是排污费征收管理信息系统软件的一大特点：如果想知道某个月对所有排污者的排污收费流程处于哪个环节上，或者某个排污者现在处于排污收费流程的哪个环节上，就可以直接到该模块进行查询。该模块分为按月份和按排污者分类两种查询和显示模式。按月份查询给出了选择的月份所有排污者排污收费的完成情况。按排污者分类给出了选定的排污者的排污收费完成情况，例如，某个排污者已经进行了数据核定，但是还没有缴纳排污费，那么，在该模块就可以看到该排污者申报、审核、数据核定部分为"已完成"标记，剩余的流程为"未完成"标记，并且，只要双击该排污者，即可直接进入相应的模块来完成未完成的流程。

8. 系统设置模块

本模块用于设置系统中要使用的各种用户自定义的参数。进行系统设置是使用排污费征收管理信息系统软件首先要做的事。系统设置模块中还包括对操作日志的查询和进行数据备份的功能。下面详细介绍系统设置中各子模块及其功能。

（1）征收机构设置。本模块用于设置征收机构的编码、名称、开户单位、开户银行和账号等信息。此外，还可添加各下级征收机构的名称和联系方式等。

（2）用户管理。本模块用于设置操作系统的人员并设定每个使用人员的操作权限，可以设定每个使用人员的用户名、口令、他们可操作的模块以及对哪些企业有征收权限。这样，没有用户名和口令的人不能使用系统。每个操作人员也只能操作自己被授权使用的模块和征收权限，从而保证了系统的安全性。

（3）编码管理。系统已经内置了一些备选参数，主要有河流编码、行业编码、流域信息、污染物种类等。当要使用到这些参数时，只需用鼠标选择，而不用输入。例如，设定了要使用的污染物种类，那么，在其他模块中，当要使用污染物时，就不用录入污染物的名称，只需要在下拉列表框中选择即可。

（4）征收标准设置。本模块中，对按当量值收费的污染物，如水、大气、小型三产污染物，可以设定它们的排放量/当量换算值、当量收费单价。对于不按当量值收费的噪声、固体废物、林格曼黑度等，可以直接设定它们的按污染强度计算的排污费征收标准，系统将会按照设定的征收标准来计算和征收排污费。

（5）排放标准设置。本模块中，除已经编入各种污染物的国家排放标准外，还可以按照地方法规规定将地方排放标准编入系统。通过选择每个企业适用的排放标准，系统就能以其排污数据判断其是否超标排放。对于超标排放水污染物的排污者，系统将进行加倍征收超标排污费的计算。

（6）系统日志。一个完善的系统都备有系统操作日志。系统通过操作日志功能将用户操作过程和系统的出错信息记录下来，了解谁、什么时间、在哪一台机器上、使用了哪个模块、对哪个企业干了些什么，以及系统在什么时间出现了什么错误，这有助于提高系统的安全性和排除系统故障。当然，这个模块只有系统管理员才有权使用。

（7）数据备份。用这个模块将数据库的数据备份到指定的媒介（磁盘、光盘等）上。当系统数据库发生损坏时，可以通过备份数据来恢复数据库。系统操作员应该每天备份数据并妥善保管。

（四）系统运行环境要求

（1）数据库服务器：奔腾 4 处理器；256M 内存；60G 硬盘；

（2）局域网环境：包括服务器、工作站在内的机器全部联网；

（3）工作 PC 机：奔腾 3 处理器；128M 内存；20G 硬盘；

（4）Internet：可接入 Internet，配备网络安全设备（防火墙）；

（5）如未建局域网，需高档 PC 机兼做数据库服务器和终端，硬件要求同上。

二、污染源数据库仓库

要想同时引用污染源例行检查数据库、污染源排污申报数据库、污染源自动监控数据库进行关联分析，实现这些关联数据的综合应用，就要建立更适合做数据分析的污染源数据仓库。

（一）污染源数据仓库概念

污染源数据仓库是以环境管理辅助决策需求为出发点，集成多个污染源相关事务型数据库，重新组织数据结构，统一规范编码，使其有效地完成各种环境管理决策分析的数据存储及应用技术。

（二）污染源数据仓库系统

数据仓库系统是对数据仓库进行管理的系统，通常包括数据仓库以及相关的管理工具。例如，污染源数据仓库系统就是由污染源数据仓库、仓库管理和分析工具三个部分组成。其中，污染源数据仓库完成仓库建模和定义；仓库管理完成数据建模，数据抽取、转换、装载，元数据和系统管理四个部分；分析工具包括查询工具、多维数据分析工具、数据挖掘工具、客户/服务器工具。

污染源数据仓库就是用来存放多种主题的污染源数据，包括污染源历史基本数据、当前基本数据、轻度综合数据、高度综合数据和元数据。其中：①历史基本数据和当前基本数据都是污染源相关源数据；②轻度综合数据是对元数据进行抽取汇总后的综合数据，通常具备较大的颗粒度；③高度综合数据是在轻度综合数据的基础上继续进行抽取汇总而得到的更大颗粒度的数据；④元数据主要包括数据仓库的目录信息、目录内容、综合算法等，可分为四类：关于数据源的元数据、关于数据模型的元数据、关于数据仓库映射的元数据和关于数据仓库使用的元数据。

数据仓库使用多为数据模型，主要有星型模型、雪花模型、星网模型、第三范式等。在污染源数据仓库建立中，可以采用星型模型作为数据仓库的数据模型。

数据仓库只是完成了数据仓库的建模和定义，至于如何实现把众多异构的污染源事务型数据库转入已经建立的数据仓库中，则需要用到数据仓库工具——ETL 工具，也就是数据抽取、转换和装载工具，如数据转换引擎、代码生成器等。一般数据仓库管理系统都带有各自的 ETL 工具，如 SQL、Server 的 DTS 可视化工具。ETL 主要用来实现数据抽取、转换和装载功能。

第三节　污染源自动监控系统

一、污染源自动监控系统的原理和功能

污染源自动监控系统主要用于实现全天候自动监控污染源企业污染物排放情况及污染处理设施运行情况（包括污染源自动监控及污染源报警），实现污染源远程监测、现场数据采集、自动判断是否超标、超标报警等。污染源自动监控系统主要包括现场数据采集仪器、数据传输适配器、数据传输网络、数据接收设备和数据应用系统。

二、污染源自动监控系统建设和联网运行管理

从总体来看，污染源自动监控系统的建设很复杂，需要协调环保部门、排污企业、现场数据采集仪器供应商、数据链路服务商、自动监控系统软件开发商，甚至第三方运营商的关系。只有通过参与各方有效组织、统筹设计、分步实施，才能建立安装、维护、运营一体化的综合平台，保证系统持续、稳定的运行。

（一）现场数据采集仪器

现场数据采集仪器是指在污染源现场安装的用于检测污染物排放的仪器（如传感器、流量仪、探头等）、流量（速）计、污染治理设施运行记录仪等。其中，现场数据采集仪能够采集污染源污染物数据浓度；流量（速）计能够连续不断地记录污染物流量；污染治理设施运行记录仪则能实时监控排污企业污染治理设施的开关情况。

（二）数据传输适配器

数据传输适配器主要是为了实现数据的传输，在各类数据传输标准规范的指导下，建立相关的传输规则，以特定时间为间隔自动采集治理设施运行记录仪探测到的各排放口的排放数据和污染治理设施的运行状况，然后通过数据格式转换，预处理才能进行交换传输的数据包，通过传输网络发送回监控端。

（三）数据传输网络

这里指的数据传输网络包括两方面的内容：一是指通过现场端与污染源监控中心端的传输网络把现场采集的数据经由适配器传输到中心端；二是污染源监控中心端把采集到的数据经由核实的网络传输给其他相关部门或上级环保部门。

（四）数据接收系统

数据接收系统参照《污染源在线自动监控（监测）系统数据传输标准》，将数采仪发出的通信协议进行解析，实现高效、高性能的污染源自动监控数据的接收处理。在这里需

要注意的是数据接收系统实际上包括接收和处理两个过程："接收"阶段完成数据拆包、完整性校验、协议解析等任务；"处理"阶段完成数据的格式化保存、超标报警、缓冲、二次转发等任务。在线监控采集的污染源数据主要包括两类：一类是污染物排放数据；另一类是污染源监测设备与排污治理设施运行状态数据。

三、污染源自动监控系统的监督检查

为加强污染源监管，实施污染物排放总量控制与排污许可证制度和排污收费制度，预防污染事故，提高环境管理科学化、信息化水平，根据《水污染防治法》、《大气污染防治法》、《环境噪声污染防治法》、《水污染防治法实施细则》、《建设项目环境保护管理条例》和《排污费征收使用管理条例》等有关环境保护法律法规，原国家环保总局制定了《污染源自动监控管理办法》。

表 10-1　违反污染源自动监控规定的处理、处罚

违法行为	处罚依据	处理、处罚种类、幅度	处罚主体
现有排污单位未按规定的期限完成安装自动监控设备及其配套设施的	《污染源自动监控管理办法》第十六条	责令限期改正，并可处 1 万元以下的罚款	县级以上环境保护部门
新建、改建、扩建和技术改造的项目未安装自动监控设备及其配套设施，或者未经验收或者验收不合格，主体工程即正式投入生产或者使用的	《建设项目环境保护管理条例》第二十八条	责令停止主体工程生产或者使用，可以处 10 万元以下的罚款	审批该建设项目环境影响评价文件的环境保护部门
未按照规定安装水污染物排放自动监测设备或者未按照规定与环境保护主管部门的监控设备联网，并保证监测设备正常运行的	《水污染防治法》第七十二条	责令限期改正；逾期不改正的，处 1 万元以上 10 万元以下的罚款	县级以上地方环境保护部门
不正常使用大气污染物排放自动监控系统，或者未经环境保护部门批准，擅自拆除、闲置、破坏大气污染物排放自动监控系统的	《大气污染防治法》第四十六条	责令停止违法行为，限期改正，给予警告或者处 5 万元以下罚款	
未经环境保护部门批准，擅自拆除、闲置、破坏环境噪声排放自动监控系统，致使环境噪声排放超过规定标准的	《环境噪声污染防治法》第五十条	责令改正，处 3 万元以下罚款	

四、污染源自动监控系统的应用

污染源自动监控系统数据应用是指根据应用需求开发各类业务程序，利用这些程序实现对所采集监测数据的综合应用。其中，最常见的应用功能有超标报警、数据审核、查询、统计和报表。

（一）超标报警

超标报警是在污染物排放超出预先设定值时，系统进行报警的功能模块。如果出现实时流量超标、实时排污超标、污染治理设施关闭、掉线、流量计关闭、污染因子监测设备关闭等情况，系统均按照设定规则，通过不同的手段进行报警提醒。

（二）数据审核

数据审核包括三个方面的内容：一是数据补采，即系统监控程序发现有漏采数据后，自动完成漏采数据的补充；二是自动甄别，指系统监控程序监测到异常数据后可以进行自动比对，对由于系统原因导致的错误，提供警报、提醒或自动修复功能；三是提供数据的流程审核，即对特殊需要的业务数据可以设定审核流程实现数据的网络化自动审核。

（三）查询

查询功能是应用系统的基本功能，在此主要用来实现企业基本概况、排放口、排放口污染物、污染治理设施、数据采集仪、监测设备等信息的查询；实现规定时限内污染源污染物排放监控数据的查询；实现对污染源监测设备与治理设施运行状态的查询，包括实时状态、设备运行时间等；实现污染源超标记录查询，包括超标警报、设备报警、异常值报警等。

（四）统计

系统需要提供高效的数据统计功能。统计结果常以表格、图形或分析报告的形式加以实现。

（五）报表

报表应用通常包括固定常规报表生成、查询和自定义报表两个方面。固定常规报表包括污水排口及污染物报表、废气排口及污染物报表、污处设施报表等。自定义查询报表功能，即由系统用户输入自定义参数，查询或统计所需报表。

附　录

一、《排污费征收使用管理条例》及相应配套法律文件

排污费征收使用管理条例

（2002 年 1 月 30 日国务院第 54 次常务会议通过，自 2003 年 7 月 1 日起施行）

第一章 总 则

第一条 为了加强对排污费征收、使用的管理，制定本条例。

第二条 直接向环境排放污染物的单位和个体工商户（以下简称排污者），应当依照本条例的规定缴纳排污费。

排污者向城市污水集中处理设施排放污水、缴纳污水处理费用的，不再缴纳排污费。排污者建成工业固体废物贮存或者处置设施、场所并符合环境保护标准，或者其原有工业固体废物贮存或者处置设施、场所经改造符合环境保护标准的，自建成或者改造完成之日起，不再缴纳排污费。

国家积极推进城市污水和垃圾处理产业化。城市污水和垃圾集中处理的收费办法另行制定。

第三条 县级以上人民政府环境保护行政主管部门、财政部门、价格主管部门应当按照各自的职责，加强对排污费征收、使用工作的指导、管理和监督。

第四条 排污费的征收、使用必须严格实行"收支两条线"，征收的排污费一律上缴财政，环境保护执法所需经费列入本部门预算，由本级财政予以保障。

第五条 排污费应当全部专项用于环境污染防治，任何单位和个人不得截留、挤占或者挪作他用。

任何单位和个人对截留、挤占或者挪用排污费的行为，都有权检举、控告和投诉。

第二章 污染物排放种类、数量的核定

第六条 排污者应当按照国务院环境保护行政主管部门的规定，向县级以上地方人民政府环境保护行政主管部门申报排放污染物的种类、数量，并提供有关资料。

第七条 县级以上地方人民政府环境保护行政主管部门，应当按照国务院环境保护行政主管部门规定的核定权限对排污者排放污染物的种类、数量进行核定。

装机容量 30 万千瓦以上的电力企业排放二氧化硫的数量，由省、自治区、直辖市人民政府环境保护行政主管部门核定。

污染物排放种类、数量经核定后，由负责污染物排放核定工作的环境保护行政主管部门书面通知排污者。

第八条 排污者对核定的污染物排放种类、数量有异议的，自接到通知之日起 7 日内，可以向发出通知的环境保护行政主管部门申请复核；环境保护行政主管部门应当自接到复核申请之日起 10 日内，作出复核决定。

第九条 负责污染物排放核定工作的环境保护行政主管部门在核定污染物排放种类、数量时，具备监测条件的，按照国务院环境保护行政主管部门规定的监测方法进行核定；不具备监测条件的，按照国务院环境保护行政主管部门规定的物料衡算方法进行核定。

第十条 排污者使用国家规定强制检定的污染物排放自动监控仪器对污染物排放进行监测的，其监测数据作为核定污染物排放种类、数量的依据。

排污者安装的污染物排放自动监控仪器，应当依法定期进行校验。

第三章 排污费的征收

第十一条 国务院价格主管部门、财政部门、环境保护行政主管部门和经济贸易主管部门，根据污染治理产业化发展的需要、污染防治的要求和经济、技术条件以及排污者的承受能力，制定国家排污费征收标准。

国家排污费征收标准中未作规定的，省、自治区、直辖市人民政府可以制定地方排污费征收标准，并报国务院价格主管部门、财政部门、环境保护行政主管部门和经济贸易主管部门备案。

排污费征收标准的修订，实行预告制。

第十二条 排污者应当按照下列规定缴纳排污费：

（一）依照大气污染防治法、海洋环境保护法的规定，向大气、海洋排放污染物的，按照排放污染物的种类、数量缴纳排污费。

（二）依照水污染防治法的规定，向水体排放污染物的，按照排放污染物的种类、数量缴纳排污费；向水体排放污染物超过国家或者地方规定的排放标准的，按照排放污染物的种类、数量加倍缴纳排污费。

（三）依照固体废物污染环境防治法的规定，没有建设工业固体废物贮存或者处置的设施、场所，或者工业固体废物贮存或者处置的设施、场所不符合环境保护标准的，按照排放污染物的种类、数量缴纳排污费；以填埋方式处置危险废物不符合国家有关规定的，按照排放污染物的种类、数量缴纳危险废物排污费。

（四）依照环境噪声污染防治法的规定，产生环境噪声污染超过国家环境噪声标准的，按照排放噪声的超标声级缴纳排污费。

排污者缴纳排污费，不免除其防治污染、赔偿污染损害的责任和法律、行政法规规定的其他责任。

第十三条 负责污染物排放核定工作的环境保护行政主管部门，应当根据排污费征收标准和排污者排放的污染物种类、数量，确定排污者应当缴纳的排污费数额，并予以公告。

第十四条 排污费数额确定后，由负责污染物排放核定工作的环境保护行政主管部门向排污者送达排污费缴纳通知单。

排污者应当自接到排污费缴纳通知单之日起 7 日内，到指定的商业银行缴纳排污费。商业银行应当按照规定的比例将收到的排污费分别解缴中央国库和地方国库。具体办法由国务院财政部门会同国务院环境保护行政主管部门制定。

第十五条 排污者因不可抗力遭受重大经济损失的，可以申请减半缴纳排污费或者免缴排污费。

排污者因未及时采取有效措施，造成环境污染的，不得申请减半缴纳排污费或者免缴排污费。

排污费减缴、免缴的具体办法由国务院财政部门、国务院价格主管部门会同国务院环境保护行政主管部门制定。

第十六条 排污者因有特殊困难不能按期缴纳排污费的,自接到排污费缴纳通知单之日起 7 日内,可以向发出缴费通知单的环境保护行政主管部门申请缓缴排污费;环境保护行政主管部门应当自接到申请之日起 7 日内,作出书面决定;期满未作出决定的,视为同意。

排污费的缓缴期限最长不超过 3 个月。

第十七条 批准减缴、免缴、缓缴排污费的排污者名单由受理申请的环境保护行政主管部门会同同级财政部门、价格主管部门予以公告,公告应当注明批准减缴、免缴、缓缴排污费的主要理由。

第四章 排污费的使用

第十八条 排污费必须纳入财政预算,列入环境保护专项资金进行管理,主要用于下列项目的拨款补助或者贷款贴息:

(一)重点污染源防治;

(二)区域性污染防治;

(三)污染防治新技术、新工艺的开发、示范和应用;

(四)国务院规定的其他污染防治项目。

具体使用办法由国务院财政部门会同国务院环境保护行政主管部门征求其他有关部门意见后制定。

第十九条 县级以上人民政府财政部门、环境保护行政主管部门应当加强对环境保护专项资金使用的管理和监督。

按照本条例第十八条的规定使用环境保护专项资金的单位和个人,必须按照批准的用途使用。

县级以上地方人民政府财政部门和环境保护行政主管部门每季度向本级人民政府、上级财政部门和环境保护行政主管部门报告本行政区域内环境保护专项资金的使用和管理情况。

第二十条 审计机关应当加强对环境保护专项资金使用和管理的审计监督。

第五章 罚 则

第二十一条 排污者未按照规定缴纳排污费的,由县级以上地方人民政府环境保护行政主管部门依据职权责令限期缴纳;逾期拒不缴纳的,处应缴纳排污费数额 1 倍以上 3 倍以下的罚款,并报经有批准权的人民政府批准,责令停产停业整顿。

第二十二条 排污者以欺骗手段骗取批准减缴、免缴或者缓缴排污费的,由县级以上地方人民政府环境保护行政主管部门依据职权责令限期补缴应当缴纳的排污费,并处所骗取批准减缴、免缴或者缓缴排污费数额 1 倍以上 3 倍以下的罚款。

第二十三条 环境保护专项资金使用者不按照批准的用途使用环境保护专项资金的,由县级以上人民政府环境保护行政主管部门或者财政部门依据职权责令限期改正;逾期不改正的,10 年内不得申请使用环境保护专项资金,并处挪用资金数额 1 倍以上 3 倍以下的罚款。

第二十四条 县级以上地方人民政府环境保护行政主管部门应当征收而未征收或者少征收排污费的,上级环境保护行政主管部门有权责令其限期改正,或者直接责令排污者补缴排污费。

第二十五条 县级以上人民政府环境保护行政主管部门、财政部门、价格主管部门的工作人员有下列行为之一的,依照刑法关于滥用职权罪、玩忽职守罪或者挪用公款罪的规定,依法追究刑事责任；尚不够刑事处罚的，依法给予行政处分：

（一）违反本条例规定批准减缴、免缴、缓缴排污费的；

（二）截留、挤占环境保护专项资金或者将环境保护专项资金挪作他用的；

（三）不按照本条例的规定履行监督管理职责，对违法行为不予查处，造成严重后果的。

第六章　附　则

第二十六条　本条例自 2003 年 7 月 1 日起施行。1982 年 2 月 5 日国务院发布的《征收排污费暂行办法》和 1988 年 7 月 28 日国务院发布的《污染源治理专项基金有偿使用暂行办法》同时废止。

关于全面推行排污申报登记的通知

（环控[1997]020 号）

各省、自治区、直辖市环保局：

排放污染物申报登记是一项法定的行政管理制度，是强化环境管理、提供科学决策的基础。自 1987 年以来，我局先后进行了水、大气、固体废物、噪声申报登记的试点工作，1992 年以国家环保局 10 号令下发了《排放污染物申报登记管理规定》（以下简称"10 号令"）和相应的《排放污染物申报登记表》，要求在全国开展排污申报登记应在 1995 年底以前完成地、市级以上城市的申报登记工作。在此基础上又明确提出了水排污申报登记工作应在 1995 年底前大型及特大型城市完成占工业耗水量 75%以上企业、中小城市完成占工业耗水量 85%以上企业的申报登记及其汇总；大气排污申报登记应在 1995 年底以前完成地、市级以上城市的申报登记工作，建立排污申报登记动态档案和管理制度（环控［1995］294 号）；固体废物申报登记应在 1996 年前全面完成（环控［1995］615 号）；环境噪声申报登记在 1996 年 10 月底前完成（环控［1995］294 号）。目前，全国大部分省市已按要求开始进行水、气、噪声、固体废物的统一排污申报登记工作，其中北京、天津、江苏等省市已经基本完成，但仍有一些省市进展缓慢。

最近，国务院批准了《国家环境保护"九五"计划和 2010 年远景目标》，为保证计划和目标中"九五"期间全国主要污染物排放总量控制规划的完成，必须抓好排污申报登记这项基础工作，现对在全国范围内全面进行排污申报登记提出以下要求：

1. 为使排污申报登记工作有组织有计划地进行，各地应根据工作进展情况，认真制定详细的工作计划和实施方案，并有专人负责此项工作。

2. 排污申报登记的范围和要求：

（1）全面进行排污申报登记。排污申报登记范围应严格按 10 号令的规定执行，即一切直接或间接向环境排放污染物、工业和建筑施工噪声或者产生固体废物的企业（包括：县及县以上企业、乡镇企业、"三资"企业）事业单位及个体工商户。

国家确定的实行排放总量控制的 12 种污染物（水：COD、石油类、氰化物、砷、汞、镉、六价铬；大气：烟尘、粉尘、二氧化硫；固体：工业固体废物排放量）及水中酚应列入排污申报登记必报内容。

（2）统一申报，统一软件。尚未开展和正在准备开展排污申报登记的地方应将水、大气、噪声、固体废物四种污染要素同时进行统一申报。

含水、大气、固体废物、噪声的《国家排放污染物申报登记信息管理数据库》软件现已编制完成，将于近期组织培训，推广使用。已经和正在进行排污申报登记的地方必须按照我局编制的排污申报登记数据库软件的统一要求，进行数据录入和数据处理。

各省、自治区、直辖市环保局应于 1997 年底前完成排污申报登记工作，工作总结于 1997 年底报我局。

3. 各地应依据 10 号令并结合本地实际情况，正确界定变更申报的范围，及时了解和掌握排污变化的情况。

4. 为了进一步适应总量控制工作的需要，结合近年试点工作的实践，依据 10 号令，我们对《全国排放污染物申报登记表》中的部分内容作了适当的修改，现将修改后的《全国排放污染物申报登记表》及其填报说明（见附件）下发，请各地严格按此组织排污申报登记工作。

附：《排放污染物申报登记表》及填报说明

一九九七年一月十三日

附件

关于在排污申报登记中增加有关消耗臭氧层物质内容的说明

按照国家环保局"关于'九五'期间加强污染控制工作的若干意见"关于"各级环保部门应掌握本地区消耗臭氧层物质消费量和生产量情况"的要求，各级环保部门在进行排污申报登记中，按以下表格增加有关消耗臭氧层物质的内容。

消耗臭氧层物质生产、使用情况申报表

名称	1995 年产用量（吨）	1996 年产用量（吨）	1997 年产用量（吨）	用途	来源	单价（元/吨）	产品	年产值（万元）	有无替代计划
CFC -11									
CFC-12									
CFC-113									
Halon-1211									
Halon-1301									
四氯化碳									
甲基氯仿									
HCFC-22									
HCFC-141b									
甲基溴									
其他									

一、消耗臭氧层物质使用行业说明

（一）所有消耗臭氧层物质由有机氟化工生产企业生产。

（二）本表所涉及的消耗臭氧层物质是我国企业最常用的，一般一个企业仅用一种物质，冰箱等制冷生产企业可能使用两种或三种物质。

（三）CFC-11、CFC-12 一般用作发泡剂、制冷剂和喷雾剂，因此，泡沫塑料制品厂、保温材料厂、制冷设备厂、气溶胶制品（如摩丝、发胶、杀虫剂等）多使用此两类物质，烟草行业亦使用。

（四）CFC-113、四氯化碳、甲基氯仿一般用作清洗剂，因此生产印刷线路板、精密金属零部件等的企业多有使用，如计算机、照相机、调谐器等工厂。

（五）Halon-1211 和 Halon-1301 是灭火剂，因此消防设备厂多使用。

（六）HCFC-22 是制冷剂，一般用于商业使用的空调、制冷设备中，家用空调也使用此类制冷剂。

（七）HCFC-141b 是发泡剂，一般用于泡沫塑料制品厂、冰箱生产厂，以及保温材料生产厂。

（八）甲基溴用作土壤杀虫剂、粮仓熏蒸剂等。

（九）其他消耗臭氧层物质还包括 CFC-114、CFC-115、HFC-123 等多种，但其用量较小，因此不作为申报重点。

二、具体填报说明

（一）1995 年、1996 年、1997 年产用量是指企业在这三年生产或使用消耗臭氧层物质的数量，统计口径以自然年为标准。

（二）用途主要区分用作发泡剂、制冷剂、喷雾剂、清洗剂等。

（三）来源指国产或进口，对生产消耗臭氧层物质企业，可填入有无出口情况。

（四）单价指消耗臭氧层物质的吨产品卖出或买入价格。

（五）年产值对生产消耗臭氧层物质企业，指每种产品的产值，对使用企业而言，是指直接使用或含有消耗臭氧层物质的产品的产值。

（六）产品一栏是指直接使用或含有消耗臭氧层物质的产品名称。

（七）"有无替代计划"是指企业在"九五"期间有无替代计划，若有填入采用的替代产品或替代技术。

关于排污费征收核定有关工作的通知

（环发[2003]64 号）

各省、自治区、直辖市环境保护局（厅）：

为了做好排污费的征收工作，规范排污费征收核定程序，根据《排污费征收使用管理条例》（国务院令第 369 号）的有关规定，现就排污费征收核定有关工作通知如下：

一、县级以上环境保护局应当切实加强本行政区域内排污费征收管理工作的贯彻实施，其所属的环境监察机构具体负责排污费征收管理工作。

县级环境保护局负责行政区划范围内排污费的征收管理工作。

直辖市、设区的市级环境保护局负责本行政区域市区范围内排污费的征收管理工作。

省、自治区环境保护局负责装机容量 30 万千瓦以上的电力企业排放二氧化硫排污费的征收管理工作。

二、负责征收排污费的环境监察机构应要求所辖行政区域范围内的一切排污单位和个体工商户（以下简称排污者）于每年 12 月 15 日前，填报《全国排放污染物申报登记报表（试行）》（或《第三产业排污申报登记简表（试行）》、《畜禽养殖场排污申报登记简表（试行）》、《建筑施工场所排污申报登记简表（试行）》），申报下一年度正常作业条件下排放污染物种类、数量、浓度等情况，并提供与污染物排放有关的资料。排污者申报下一年度排放污染物的情况，应当以本年度污染物排放实际情况和下一年度生产计划所需排放污染物情况为依据。

新建、扩建、改建项目，应当在项目试生产前3个月内办理排污申报手续。在城市市区范围内，建筑施工过程中使用机械设备，可能产生环境噪声污染的，施工单位必须在工程开工15日前办理排污申报手续。

排放污染物需作重大改变或者发生紧急重大改变的，排污者必须分别在变更前15日内或改变后3日内履行变更申报手续，填报《排污变更申报登记表（试行）》。

排污者可以采取书面填表、网上申报等申报方式进行排污申报。

三、环境监察机构应当在每年1月15日前依据排污者申报的《全国排放污染物申报登记报表（试行）》进行排污收费年度审核；对排污者申报的新建、扩建、改建项目《全国排放污染物申报登记报表（试行）》和排放污染物需作重大改变或者发生紧急重大改变的《排污变更申报登记表（试行）》应当及时进行审核。

对符合要求的，环境监察机构向排污者发回经审核同意的《全国排放污染物申报登记报表（试行）》；对符合减免规定的，按规定予以减免并公告；对不符合要求的，责令限期补报；逾期未报的，视为拒报。

四、环境监察机构应当依据《排污费征收使用管理条例》，按照下列规定顺序对排污者排放污染物的种类、数量进行核定：

（一）排污者按照规定正常使用国家强制检定并经依法定期校验的污染物排放自动监控仪器，其监测数据作为核定污染物排放种类、数量的依据；

（二）具备监测条件的，按照国家环境保护总局规定的监测方法监测所得的监督监测数据；

（三）不具备监测条件的，按照国家环境保护总局规定的物料衡算方法计算所得物料衡算数据。

（四）设区市级以上环境监察机构可以结合当地实际情况，对餐饮、娱乐、服务等第三产业的小型排污者，采用抽样测算的办法核算排污量。

五、各级环境监察机构应当在每月或者每季终了后10日内，依据经审核的《全国排放污染物申报登记报表（试行）》、《排污变更申报登记表（试行）》，并结合当月或者当季的实际排污情况，核定排污者排放污染物的种类、数量，并向排污者送达《排污核定通知书（试行）》。

排污者对核定结果有异议的，自接到《排污核定通知书（试行）》之日起7日内，可以向发出通知的环境监察机构申请复核；环境监察机构应当自接到复核申请之日起10日内，做出复核决定。

对拒报、谎报《全国排放污染物申报登记报表（试行）》、《排污变更申报登记表（试行）》的，由环境监察机构直接确定其排放污染物的种类、数量，并向排污者送达《排污核定通知书（试行）》。

六、各级环境监察机构应当按月或按季根据排污费征收标准和经核定的排污者排放污染物种类、数量，确定排污者应当缴纳的排污费数额，并予以公告。

排污费数额确定后，由环境监察机构向排污者送达《排污费缴纳通知单（试行）》。

排污者应当自接到《排污费缴纳通知单（试行）》之日起7日内，到指定的商业银行缴纳排污费。

逾期未缴纳的，负责征收排污费的环境监察机构从逾期未缴纳之日起7日内向排污者下达《排污费限期缴纳通知书（试行）》。

七、《全国排放污染物申报登记报表（试行）》、《排污变更申报登记表（试行）》、《排污核定复核决定通知书（试行）》的格式和内容由国家环境保护总局统一规定。《排污费缴纳通知单（试行）》由国家环境保护总局统一印制。

八、各级环境监察机构应当使用由国家环境保护总局统一规定的排污费征收管理系统软件。

九、上级环境监察机构应加强对下级环境监察部门征收排污费的稽查工作。对县级以上环境监察机构应当征收而未征收或者少征收排污费的，上级环境监察机构可以责令其限期改正，或直接责令排污者到指定的商业银行补缴排污费。

二〇〇三年四月十五日

关于排污费征收核定有关问题的通知

（环发[2003]187号）

各省、自治区、直辖市环境保护局（厅）：

我局于2003年4月15日发出《关于排污费征收核定有关工作的通知》（环发[2003]64号），各地环保部门认真贯彻落实，并提出了改进意见，结合我局排污申报、环境统计等排污收费相关工作的要求，现就排污费征收核定有关工作通知如下：

一、所有排污单位和个体工商户（以下简称"排污者"）必须遵守《环境保护法》等法律、法规的规定，于每年1月1—15日内如实进行排放污染物申报登记。

二、负责排污费征收管理工作的县级以上环境保护行政主管部门及其所属的环境监察机构应要求排污者按照其实际情况分类申报登记。

（一）工业企业等一般排污单位应填报《排放污染物申报登记统计表（试行）》。

（二）小型企业、第三产业、个体工商户、畜禽养殖场、机关、事业单位等其他排污单位可填报《排放污染物申报登记统计简表（试行）》，地方环保部门可根据实际工作需要对该表进行简化，以便于申报。

（三）建设施工单位应填报《建设施工排放污染物申报登记统计表（试行）》。

（四）污水处理单位，包括城镇污水处理厂、工业区废（污）水集中处理装置、其他独立的污水处理单位等应填报《污水处理厂（场）排放污染物申报登记统计表（试行）》。

（五）固体废物专业处置单位，包括垃圾处理场、危险废物集中处置厂、医疗废物集中处置厂和其他固体废物专业处置单位等应填报《固体废物专业处置单位排放污染物申报登记统计表（试行）》。

三、负责征收排污费的环境监察机构应于每年2月10日前对排污者申报的《排放污染物申报登记统计表（试行）》等进行审核。对符合要求的，环境监察机构向排污者发回经审核同意的《排放污染物申报登记统计表（试行）》等，对不符合要求、错报、漏报的，要责成其限期重报或补报。

四、当排污者排放污染物需作改变或者发生污染事故等造成污染物排放紧急变化的，必须分别在改变3日前或变化后3日内填报相应的《排放污染物月变更申报表（试行）》，说明变更原因，履行变更申报手续。

五、2004年起《排污费缴纳通知单（试行）》由各省、自治区、直辖市环境保护局（厅）按照本通知所附式样和本省的实际工作需要组织印制。

二〇〇三年十一月二十六日

附件：

1. 《排放污染物申报登记统计表（试行）》及填报要求与说明（略）
2. 《排放污染物申报登记统计简表（试行）》及填报要求与说明（略）
3. 《建设施工排放污染物申报登记统计表（试行）》及填报要求与说明（略）
4. 《污水处理厂（场）排放污染物申报登记统计表（试行）》及填报要求与说明（略）
5. 《固体废物专业处置单位排放污染物申报登记统计表（试行）》及填报要求与说明（略）
6. 《排污费缴纳通知单（试行）》式样（略）

关于加强排污申报与核定工作的通知

（环办[2004]97 号）

各省、自治区、直辖市环境保护局（厅）：

根据各地排污申报与核定工作的进展状况，现就加强排污申报与核定工作的有关问题通知如下：

一、提高认识，加强领导，充实力量

各级环保部门要充分提高认识，按《排污费征收管理使用条例》（国务院令第 369 号）、《关于排污费征收核定有关工作的通知》（环发[2003]64 号）和《关于排污费征收核定有关问题的通知》（环发[2003]187 号）切实做好排污申报与核定工作。各单位要将排污申报与核定作为一项长期的基础工作来抓，明确领导责任，落实工作经费，环境监察机构等各相关部门要建立有效的工作协调机制，组织专门力量负责排污申报与核定，保证工作的顺利开展。

二、明确目标，扎实推进

排污申报工作要以国务院《排污费征收使用管理条例》及有关配套规章为依据，"排污费征收管理系统软件"为工具，按照"全面申报、准确核定、足额征收"的原则，分门别类、突出重点、稳步推进、建立排污申报的动态管理体系，促进排污费足额征收。

2004 年，各单位在已全面开展污染源排污申报与核定工作的基础上，着重做好火电、钢铁、水泥、电解铝、造纸、城市污水处理厂、固体废物处理场和规模化畜禽养殖等重点行业，以及淮河、海河、辽河、太湖、巢湖、滇池、二氧化硫污染控制区、酸雨控制区、环渤海等重点流（区）域、2000 年达标验收的省控以上重点污染源的排污申报与核定和排污费征收工作，并按照排污申报核定和排污费征收工作报告制度（试行）的要求按期报送我局。

2005 年度的排污申报工作，各单位要明确要求排污单位按照《关于排污费征收核定有关问题的通知》（环发[2003]187 号）要求，根据不同的类型分别填报《排放污染物申报登记统计表（试行）》，实现各辖区内重点行业、重点流（区）域和重点污染源排污申报与核定数据的按季度汇总，全面实行排污申报与排污收费的信息化管理，实现重点污染源动态管理，加大重点污染行业排污费征收力度，推进排污费足额征收。

2006 年各单位要完善排污申报核定与排污费征收管理体系，实现污染源排放数据的动态管理，确保基本实现排污费的足额征收。

三、严格执法，加强培训，提高业务水平，完善管理制度，切实做好排污申报与核定工作

1. 严格按照《排污费征收使用管理条例》（国务院令第 369 号）及其配套规章规定的法定程序开展排污申报、审核、核定和排污费征收工作，准确掌握国家有关排污申报核定与排污费征收的法规、规章和工作程序。

2. 采用通告、告知等方法要求所有排污者依法申报，要借助统计年鉴、工商注册登记等数据进行排查，搞清排污申报对象数量、做到应报尽报，并在此基础上确定重点申报对象。

3. 充分利用监测数据以及工商、技术监督、水务、能源、电力、统计等部门的相关资料和数据对排污单位填报的申报数据进行审核。对重点污染源的基本情况、用水量及能源的使用量、生产工艺情况、污染物产生、排放情况要逐一审核，情况不清的应到排污单位进行现场调查核实。

4. 持续开展排污申报、审核、核定有关的法规及实际操作培训，掌握相关法律、法规、规范、标准和各种工艺技术的污染物排放特点，着重培养一批业务骨干。

5. 按照我局《关于使用〈排污费征收管理系统〉软件的通知》（环办[2004]8号）的要求，全面使用"排污费征收管理系统"软件进行排污申报与核定和排污费征收；继续整治和建设规范化排放口，建设重点污染源自动监控系统，实现科学的动态监管。

6. 采用自查、互查和上级对下级直接核查等方式开展排污申报核定的核查，督促企业如实申报，促进科学、公正核定，保证数据的全面准确。对弄虚作假等严重问题，除进行通报批评、责令限期改正外，还要按规定由上级直接核定排污量并征收排污费。

7. 要结合各地的实际，制定、完善小型排污者和难以监测污染源的核算办法，建立健全排污申报与核定和排污费征收的各项工作制度，及时汇总报告相关情况，在环境监察工作的考核评比中要列入排污申报与核定及排污费征收的内容。

附件：1. 排污申报核定工作报告制度（试行）（略）
2. 排污费征收工作报告制度（试行）（略）
3. 季度排污申报核定工作报表（试行）（略）
4. 年度排污申报核定工作报表（试行）（略）
5. 年度排污费征收工作报表（试行）（略）

二〇〇四年十月十九日

关于切实加强排污费征收管理，严格执行"收支两条线"规定的通知

（环发[2005]94号）

各省、自治区、直辖市环境保护局（厅）：

2005年8月23日晚，中央电视台《焦点访谈》栏目报道了湖北省南漳县环保局擅自以招待费、房租费、医疗费等冲抵、挪用、乱支排污费的情况，这些行为严重违反了国务院《排污费征收使用管理条例》（2003年国务院令第369号）及其配套规章的有关规定，在社会上造成了恶劣影响。为加强排污费征收管理，严肃纪律，加强廉政建设，我局进一步重申各级环保部门要严格执行"收支两条线"的有关规定，认真查找工作中存在的不足，举一反三，引以为戒。现就有关问题通知如下：

一、地方各级环保部门要严格按照《排污费征收使用管理条例》及配套规定的征收范围、权限、时限和程序征收排污费，不得简化征收程序，降低征收标准，不得擅自减、免和缓征排

污费，坚决杜绝协商收费、人情收费。

二、地方各级环保部门要严格按照"环保开票、银行代收、财政统管"体制，严格足额征收排污费，不得变相或以任何形式坐支、截留和挪用。

三、地方各级环保部门要按规定和权限将征收排污费的数额，减、免、缓缴排污费等情况予以公告，接受监督。

四、请各省、自治区、直辖市环保部门在接到本通知之日起，立即组织对 2003 年 7 月 1 日《排污费征收使用管理条例》施行以来排污费的征收、管理、使用情况进行一次检查。对应当征收而未征收或少征收排污费的，上级环保部门要责令其限期改正，或直接责令排污者补缴排污费；对违反规定减缴、免缴、缓缴排污费、截留、挤占、挪用环境保护专项资金及不按照规定履行监督管理职责，对违法行为不予查处，造成严重后果的要依照《刑法》、《排污费征收使用管理条例》、《违反行政事业收费和罚没收入收支两条线管理规定行政处分暂行规定》（国务院令第 281 号）、《财政违法行为处罚处分条例》（国务院令第 427 号）等规定追究有关责任人的行政直至刑事责任。

请各省、自治区、直辖市环保局（厅）将检查的情况于 2005 年 10 月 15 日前报我局环境监察局。我局将适时组织抽查，一经发现问题，立即进行严肃处理。

二〇〇五年八月二十五日

关于统一排污费征收稽查常用法律文书格式的通知

（环办[2008]19 号）

各省、自治区、直辖市环境保护局（厅）：

为规范排污费征收稽查行为，根据《排污费征收工作稽查办法》（环保总局令第 42 号）的规定，总局制定了有稽查权限的环境保护行政主管部门在实施排污费征收稽查过程中常用的法律文书格式，包括《排污费征收稽查通知书》、《调查询问笔录》、《调取资料清单》、《排污费征收稽查报告书》、《排污费征收稽查处理决定书》（分别适用于下级环境保护行政主管部门和排污者两种类型）共五种，现予发布实施。

实施排污费征收稽查过程中的其他文书，本通知未作统一规范的，有稽查权限的环境保护行政主管部门可以根据需要自行规范。

附件：排污费征收稽查常用法律文书格式（略）

二〇〇八年二月二十五日

关于印发《国控污染源排放口污染物排放量计算方法》的通知

（环办[2011]8 号）

各省、自治区、直辖市环境保护厅（局），新疆生产建设兵团环境保护局：

根据《国务院批转节能减排统计监测及考核实施方案和办法的通知》（国发[2007]36 号）

的要求，为了加强污染源自动监测和监督性监测数据在排污收费和总量核定等环境管理方面的应用，进一步规范污染物排放量的计算，我部制定了《国控污染源排放口污染物排放量计算方法》。现印发给你们，请遵照执行。

附件：国控污染源排放口污染物排放量计算方法

二〇一一年一月二十五日

附件

国控污染源排放口污染物排放量计算方法

根据《国务院批转节能减排统计监测及考核实施方案和办法的通知》（国发[2007]36号）的要求，为了进一步规范使用自动监测和监督性监测数据计算工业污染源排放口污染物排放量的方法，特制定本计算方法。

一、使用自动监测数据计算污染物排放量

（一）污染源自动监测设备要求

1. 国家重点监控企业（以下简称"国控企业"）国控企业应当按照《水污染源在线监测系统安装技术规范（试行）HJ/T 353—2007》、《固定污染源烟气排放连续监测技术规范（试行）HJ/T 75—2007》和《污染源监控现场端建设规范》（环发[2008]25号）等相关规范的要求，安装污染源自动监测设备（包括污染物浓度监测仪、流量（速）计和数采仪等）。

2. 环保部门按照上述相关规范对污染源自动监测设备进行验收。

3. 国控企业应当依据《水污染源在线监测系统运行与考核技术规范（试行）HJ/T 355—2007》和《固定污染源烟气排放连续监测技术规范（试行）HJ/T 75—2007》要求，对污染源自动监测设备进行运行管理，建立健全相关制度和台账信息，储存足够的备品备件。

4. 环保部门要依据《国家监控企业污染源自动监测数据有效性审核办法》和《国家重点监控企业污染源自动监测设备监督考核规程》（环发[2009]88号）对污染源自动监测设备运行情况开展监督考核，并根据《关于印发〈国家重点监控企业污染源自动监测设备监督考核合格标志使用办法〉的通知》（环办[2010]25号）核发设备监督考核合格标志，确定设备正常运行，自动监测数据有效。

5. 污染源自动监测设备应当与环保部门能够稳定联网，实时传输数据，并保持数据一致。

6. 若一季度内污染源自动监测数据有效捕集率小于 75%时，国控企业应当更换污染源自动监测设备。每季度有效数据捕集率%=（该季度小时数－缺失数据小时数－无效数据小时数）/（该季度小时数－无效数据小时数）。

（二）数据准备

1. 根据《水污染源在线监测系统数据有效性判别技术规范（试行）HJ/T 356—2007》和《固定污染源烟气排放连续监测技术规范（试行）HJ/T 75—2007》判别缺失或失控数据，并进行处理和补遗。

2. 根据《污染源自动监控设施运行管理办法》（环发[2008]6号）和《国家监控企业污染源自动监测数据有效性审核办法》（环发[2009]88号）的要求，在污染源自动监测设备运行不正常或日常运行监督考核不合格期间，国控企业要采取人工监测的方法向责任环保部门报送数据，数据报送每天不少于 4 次，间隔不得超过 6 小时。

（三）废水污染物排放量计算方法

1. 小时排放量

小时排放量为排污设施正常运行期间通过有效性审核的污染物小时均值浓度与对应的废水小时均值流量的乘积。

$$D_i = \overline{C}_i \times \overline{Q}_i \times 10^{-6} \tag{1}$$

式中：D_i —— 第 i 小时污染物排放量，千克/小时；

$\overline{C}_i$ —— 第 i 小时污染物浓度小时均值，毫克/升；

$\overline{Q}_i$ —— 第 i 小时废水排放量小时均值，立方米/小时。

2. 日排放量

$$D_d = \sum_{i=1}^{24} D_i \tag{2}$$

式中：D_d —— 污染物日排放量，千克；

D_i —— 第 i 小时污染物排放量，千克/小时。

3. 月排放量

$$D_m = \sum D_d \tag{3}$$

式中：D_d —— 第 d 日污染物排放量，千克；

D_m —— 第 m 月污染物排放量，千克。

4. 季度、年度排放量

$$D = \sum D_m \tag{4}$$

式中：D —— 季度或年度污染物排放量，千克；

D_m —— 第 m 月污染物排放量，千克。

（四）废气污染物排放量计算方法

1. 小时排放量

小时排放量为排污设施正常运行期间通过有效性审核的污染物小时均值浓度与对应的烟气小时均值流量的乘积。

$$D_i = \overline{C}_i \times \overline{Q}_i \times 10^{-6} \tag{5}$$

式中：D_i —— 第 i 小时污染物排放量，千克/小时；

$\overline{C}_i$ —— 第 i 小时污染物浓度小时均值，毫克/立方米；

$\overline{Q}_i$ —— 第 i 小时烟气排放量小时均值，立方米/小时。

2. 日排放量

$$D_d = \sum_{i=1}^{24} D_i \tag{6}$$

式中：D_d —— 污染物日排放量，千克；

D_i —— 第 i 小时污染物排放量，千克/小时。

3. 月排放量

$$D_m = \sum D_d \tag{7}$$

式中：D_d —— 第 d 日污染物排放量，千克；

$\quad\quad D_m$ —— 第 m 月污染物排放量，千克。

4. 季度、年度排放量

$$D = \sum D_m \tag{8}$$

式中：D —— 季度或年度污染物排放量，千克；

$\quad\quad D_m$ —— 第 m 月污染物排放量，千克。

二、使用监督性监测数据核定污染物排放量

（一）数据准备

1. 监测项目

（1）废水监测项目

企业执行行业或地方排放标准的，监测项目按照行业或地方排放标准确定；企业环评报告书有特殊规定的，监测项目按照环评报告书规定确定；企业执行综合排放标准的，监测项目按照《地表水和污水监测技术规范》（HJ/T 91—2002）中表 6-2 所列确定。城镇污水处理厂的监测项目按照《城镇污水处理厂污染物排放标准》（GB 18918—2002）的要求确定。废水监测项目均包括废水流量。对污水处理厂、重点减排环保工程及纳入年度减排计划的重点项目，要同时监测主要污染物的去除效率。

（2）废气监测项目

企业执行行业或地方排放标准的，监测项目按照行业或地方排放标准确定；企业环评报告书有特殊规定的，监测项目按照环评报告书规定确定；企业执行综合排放标准的，参照《建设项目环境保护设施竣工验收监测技术要求（试行）》（环发[2000]38 号）附录二确定。废气监测项目均包括废气流量。对重点总量减排环保工程设施，要同时监测主要污染物的去除效率。

（3）对于铅、汞、铬、砷、镉等重金属项目以及对本地环境安全有重大隐患的典型特征污染物要加强监测。

2. 监测时间和频次

监督性监测每季度至少监测一次；季节性生产企业生产期间至少每月监测 1 次，总监测次数不少于 4 次。

3. 质量保证

（1）严格按照《地表水和污水监测技术规范》（HJ/T 91—2002）、《水污染物排放总量监测技术规范》（HJ/T 92—2002）、《固定源废气监测技术规范》（HJ/T 397—2007）、《固定污染源监测质量控制和质量保证技术规范》（HJ/T 373—2007）的要求，对污染源监测的全过程进行质量控制和质量保证。

（2）监测工作应该在实际生产状况下进行，结合工况负荷、生产时间等以及季度和年度的平均工况负荷计算主要污染物排放量、减排工程设施对主要污染物的去除率等，企业不得随意调整工况。监测期间，环保部门应有专人负责监督工况，并记录监测期间的生产时间和工况负荷等参数。

（3）应严格按照国家环境保护监测分析方法标准执行。

（4）所有监测人员均持证上岗。

（5）所有监测仪器都经过计量部门检定，并在检定有效期内，测定前仪器经过校正。

（二）废水污染物排放量计算方法

1. 计算时段内排放口污染物排放量，公式为：

$$P = C \times Q \times \frac{1}{F} \times T \times G \times 10^{-3} \tag{9}$$

式中：P—— 计算时段内该排放口某污染物排放量，千克；

$\quad\quad C$—— 该排放口某污染物监测当日平均浓度，毫克/升；

$\quad\quad Q$—— 该排放口监测当日废水排放量，立方米/天；

$\quad\quad F$—— 该排放口对应的监测当日生产负荷，%；

$\quad\quad T$—— 计算时段内该排放口对应的企业生产天数，天；

$\quad\quad G$—— 计算时段内该排放口对应的企业平均生产负荷，%。

2. 计算该排放口废水污染物年排放总量，可将一年内各计算时段排放量累加，获得全年排放总量。公式为：

$$D = \sum_{j=1}^{k} P_j \tag{10}$$

式中：D—— 该排放口某污染物年排放总量，千克；

$\quad\quad k$—— 计算时段数；

$\quad\quad P_j$—— 该排放口第 j 次计算时段某污染物排放总量，千克。

（三）废气污染物排放量计算方法

1. 计算时段内废气排放设备污染物排放量，公式为：

$$P = C \times Q \times \frac{1}{F} \times T \times G \times 10^{-6} \tag{11}$$

式中：P—— 计算时段内该废气排放设备某污染物排放量，千克；

$\quad\quad C$—— 该废气排放设备某污染物小时平均浓度，毫克/立方米；

$\quad\quad Q$—— 该废气排放设备小时废气排放量，立方米/小时；

$\quad\quad F$—— 该废气排放设备监测小时内生产负荷，%；

$\quad\quad T$—— 计算时段内该废气排放设备的生产小时数，小时；

$\quad\quad G$—— 计算时段内该废气排放设备的平均生产负荷，%。

如果一个废气排放设备有多个烟道，每个烟道设置了一个监测断面，则每个烟道的污染物排放量都按照公式（11）计算，该废气排放设备污染物排放量为各烟道排放量之和。

2. 计算该排放设备废气污染物年排放总量，公式为：

$$D = \sum_{j=1}^{k} P_j \tag{12}$$

式中：D—— 该排放设备某废气污染物年排放总量，千克；

$\quad\quad k$—— 计算时段数；

$\quad\quad P_j$—— 该排放设备第 j 次计算时段某废气污染物排放总量，千克。

关于《水污染防治法》第七十三条和第七十四条
"应缴纳排污费数额"具体应用问题的通知

（环函[2011]32 号）

各省、自治区、直辖市环境保护厅（局）、财政厅（局）、发展改革委、物价局：

2008 年修订的《水污染防治法》第七十三条规定："违反本法规定，不正常使用水污染物处理设施，或者未经环境保护主管部门批准拆除、闲置水污染物处理设施的，由县级以上人民政府环境保护主管部门责令限期改正，处应缴纳排污费数额一倍以上三倍以下的罚款。"第七十四条规定："违反本法规定，排放水污染物超过国家或者地方规定的水污染物排放标准，或者超过重点水污染物排放总量控制指标的，由县级以上人民政府环境保护主管部门按照权限责令限期治理，处应缴纳排污费数额二倍以上五倍以下的罚款。"

根据《全国人民代表大会常务委员会关于加强法律解释工作的决议》，经请示全国人民代表大会常务委员会法制工作委员会，现就《水污染防治法》第七十三条和第七十四条所指"应缴纳排污费数额"的具体应用问题，通知如下：

一、《水污染防治法》第七十三条和第七十四条所指"应缴纳排污费数额"，是法律授权环保部门参照排污费征收标准及计算方法确定并用以裁定罚款数额的基数。

二、确定"应缴纳排污费数额"时，对水污染物的种类、浓度和污水排放量的认定，按照以下方法执行：

1. 关于水污染物的种类、浓度，应当按照国家有关水污染源在线监测技术规范或者监督性监测方法，对违法行为发生时所排水污染物的种类、浓度进行认定。

2. 关于污水排放量，排污者实施违法行为不超过 30 天的，应当按照 30 天的污水排放量进行认定；超过 30 天的，应当按照实际违法行为期间污水排放量进行认定。

三、排污者具备法定减缴、免缴、不缴排污费情形的，不影响环保部门参照排污费征收标准及计算方法确定并用以裁定罚款数额的基数。

四、关于《水污染防治法》第七十三条和第七十四条"应缴纳排污费数额"具体应用问题，环境保护部此前所作的规定与本通知不一致的，按本通知执行。

环境保护部
财政部
国家发展和改革委员会
二〇一一年二月二十二日

关于应用污染源自动监控数据核定征收排污费有关工作的通知

（环办[2011]53 号）

各省、自治区、直辖市环境保护厅（局），新疆生产建设兵团环境保护局：

为充分利用重点污染源自动监控能力建设成果，科学、准确核定主要污染物排放量，推动排污费规范、足额征收，经研究，决定自 2011 年第二季度起，30 万千瓦以上电力企业二氧化硫排污费必须应用经有效性审核的污染源自动监控数据进行核定、征收，并将核定、征收情况纳入对各省、自治区、直辖市环保部门有关工作的年度考核。现就有关工作通知如下：

一、工作要求

（一）根据《关于排污费征收核定有关工作的通知》（环发[2003]64 号），各级环境监察机构在核定排污者排放污染物的种类、数量并计征排污费时，应将污染源自动监控数据作为首选依据。

（二）按照《关于印发〈国家监控企业污染源自动监测数据有效性审核办法〉和〈国家重点监控企业污染源自动监测设备监督考核规程〉的通知》（环发[2009]88 号）规定，自动监控（监测）数据应经过有效性审核确认有效。

（三）《关于发布〈国控重点污染源自动监控信息传输与交换管理规定〉的公告》（环境保护部公告 2010 年第 55 号）规定，各省、自治区、直辖市向我部污染源监控中心上报的国控重点污染源自动监控信息必须通过有效性审核。

（四）废水、废气污染物排放量使用自动监控数据核算方法，应当按照《关于印发〈国控污染源排放口污染物排放量计算方法〉的通知》（环办[2011]8 号）的规定执行。

二、信息填报及考核方法

（一）各省、自治区、直辖市环保部门应保证国控重点污染源自动监控系统的正常稳定运行，确保自动监控数据及时上传至我部污染源监控中心，避免数据缺失。

（二）各省、自治区、直辖市环保部门必须结合实际的污染源自动监控有效性审核工作进展，及时在"重点污染源自动监控工作调度平台"中更新补充最新的有效性审核信息，此信息作为我部考核数据有效性和使用情况的依据。

（三）各省、自治区、直辖市环保部门从 2011 年第二季度起，在国家重点监控企业排污费征收公告平台上填报国家重点监控企业排污费数额时，应当同时填报化学需氧量、氨氮、二氧化硫、氮氧化物排污费征收情况，并注明是否应用经有效性审核的污染源自动监控数据计算排污费。30 万千瓦以上电力企业排污费缴纳通知单扫描件应上传到国家重点监控企业排污费征收公告平台。

（四）对 30 万千瓦以上电力企业二氧化硫排污费应用有效性审核的自动监控数据核定征收情况将纳入 2011 年度排污申报核定和排污费征收年度汇审考核，并作为环境监察考核工作的一部分。我部将根据部污染源监控中心收集的各排放口自动监控数据和有效性审核信息，计算各电力企业每个季度二氧化硫排放量和排污费，并与上报的二氧化硫排污费开单征收金额进行核对。两类数据存在偏离的，以偏离程度按比例扣分。按月计征排污费的，分三个月分别核算和扣分。考核具体情况另行通知。

三、各级环保部门应当结合排污费征收全程信息化管理有关要求，进一步整合和健全污染源自动监控与排污费征收信息管理系统，提高排污费计征的工作效率和计征过程的科学性、准确性。自 2012 年起，安装污染源自动监控系统的国家重点监控企业排污费核定和征收工作，必须应用经有效性审核的污染源自动监控数据，并纳入年度排污申报核定和排污费征收年度汇审考核以及环境监察工作考核。

二〇一一年五月三日

二、环境保护部有关排污收费的复函

（截止到 2011 年 7 月底）

1. 关于城镇污水集中处理设施直接排放污水征收排污费有关问题的复函（环函 [2011]188 号）

北京市环境保护局：

你局《关于对城镇污水集中处理设施直排污水征收排污费问题的请示》（京环文[2011]32 号）收悉。经研究，函复如下：

《中华人民共和国水污染防治法》第四十五条第二款规定："城镇污水集中处理设施的出水水质达到国家或者地方规定的水污染物排放标准的，可以按照国家有关规定免缴排污费。"据此，城镇污水集中处理设施的出水水质超过国家或者地方规定的水污染物排放标准的，则不符合上述免缴排污费的法定条件。

因此，城镇污水集中处理设施的出水水质超过国家或者地方规定的水污染物排放标准的，应当按照国家有关规定缴纳排污费。

二〇一一年七月十二日

2. 关于地方法规对《水污染防治法》有关"应缴纳排污费数额"已有规定情况下法律适用问题的复函（环函[2011]76 号）

浙江省环境保护厅：

你厅《关于〈浙江省水污染防治条例〉第五十七条和第五十八条"应缴纳排污费按年计算"适用问题的请示》（浙环[2011]7 号）收悉。经研究，现函复如下：

对《水污染防治法》第七十三条和第七十四条所指"应缴纳排污费数额"的具体应用问题，环境保护部、财政部、国家发展和改革委员会于 2011 年 2 月 25 日联合印发了《关于〈水污染防治法〉第七十三条和第七十四条"应缴纳排污费数额"具体应用问题的通知》（环函[2011]32 号）。

地方性法规、地方政府规章对"应缴纳排污费数额"具体应用问题已有规定的，可从其规定。

二〇一一年三月二十九日

3. 关于城市污水集中处理设施大肠菌群排污收费有关问题的复函（环函[2011]61 号）

江苏省环境保护厅：

你厅《关于城市污水集中处理设施大肠菌群排污收费问题的请示》（苏环办[2011]44 号）收悉。经研究，函复如下：

一、《排污费征收标准管理办法》（原国家计委、财政部、原国家环保总局、原国家经贸委第 31 号令）中规定的"大肠菌群数"即《城镇污水处理厂污染物排放标准》（GB 18918—2002）中的"粪大肠菌群数"。

二、2011 年 2 月 22 日，环境保护部、财政部、国家发展和改革委员会三部门联合下发了《关于〈水污染防治法〉第七十三条和第七十四条"应缴纳排污费数额"具体应用问题的通知》（环函[2011]32 号），明确了"应缴纳排污费数额"的具体计算问题，请参照执行。

二〇一一年三月二十一日

4. 关于辽宁省城区建筑施工扬尘排放量计算办法的复函（环函[2010]401 号）

辽宁省环境保护厅：

你厅《关于将〈辽宁省城区建筑施工扬尘排放量计算方法〉作为我省排污收费依据的请示》（辽环[2010]80 号）收悉。经研究，现函复如下：

你厅根据施工工地确定扬尘系数，结合建设工程建筑面积、采取的扬尘控制措施等情况，计算核定施工工地扬尘排放量所拟定的《辽宁省城区建筑施工扬尘排放量计算方法》，属于扬尘物料衡算方法。

《排污费征收标准管理办法》第四条规定"除《排污费征收使用管理条例》规定的污染物排放种类、数量核定方法外，市（地）级以上环境保护行政主管部门可结合当地实际情况，对餐饮、娱乐等服务行业的小型排污者，采用抽样测算的办法核算排污量，核算办法应当向社会公开，并按本办法规定征收排污费。"

按上述规定，你厅制定的核定方法经公示后可用于你省施工工地一般性粉尘排放量核定工作。

二〇一〇年十二月二十二日

5. 关于辽宁省油气排污费征收及计算方法的复函（环函[2010]390 号）

辽宁省环境保护厅：

你厅《关于将〈辽宁省油气排污费征收及计算方法〉作为我省排污收费依据的请示》（辽环[2010]79 号）收悉。经研究，现函复如下：

你厅《辽宁省油气排污费征收及计算方法》使用有关技术单位研究成果并参考其他资料计算储油库、加油站油品运输、装卸、储存、生产和销售过程产生的油气排放量，核定方法基本合理。

关于油气污染当量值，现行国家排污费征收标准没有规定。《排污费征收使用管理条例》第三章第十一条规定："国家排污费征收标准中未作规定的，省、自治区、直辖市人民政府可以制定地方排污费征收标准，并报国务院价格主管部门、财政部门、环境保护行政主管部门和经济贸易主管部门备案。"

《排污费征收标准管理办法》第四条规定"除《排污费征收使用管理条例》规定的污染物排放种类、数量核定方法外，市（地）级以上环境保护行政主管部门可结合当地实际情况，对餐饮、娱乐等服务行业的小型排污者，采用抽样测算的办法核算排污量，核算办法应当向社会公开，并按本办法规定征收排污费。"

根据上述规定，如需使用该方法征收油气排污费，建议你厅联合省财政厅、省物价局共同发布并进行公示。

二〇一〇年十二月二十日

6. 关于电厂脱硫海水排污费征收有关问题的复函（环函[2010]254号）

广东省环境保护厅：

你厅《关于电厂脱硫海水排污费征收有关问题的请示》（粤环报[2010]49号）收悉。经研究，现函复如下：

原环保总局《关于深圳西部电厂烟气脱硫工程有关问题的复函》（环监[1996]315号）"当脱硫工艺排水出口的水质达到海水三类水质标准时，对脱硫海水暂不征收排污费"的答复，是依据1982年施行的《征收排污费暂行办法》（国发[1982]21号）的规定作出的。

1999年12月25日第九届全国人民代表大会常务委员会第十三次会议通过了对《中华人民共和国海洋环境保护法》的修订，将原法中征收排污费作为法律责任的规定，修订为排污收费作为一项海洋环境保护制度。第十一条第一款规定："直接向海洋排放污染物的单位和个人，必须按照国家规定缴纳排污费。"2003年7月1日《排污费征收使用管理条例》（国务院令第369号）施行，第十二条第一款第（一）项规定："依照大气污染防治法、海洋污染防治法的规定，向大气、海洋排放污染物的，依照排放污染物的种类、数量缴纳排污费。"

《环境保护法规解释管理办法》（环保总局令第1号）第十五条规定："国家环境保护总局和原国家环境保护局作出的法规解释，如与新颁布的环境保护法律、行政法规或者部门规章不一致的，原已作出的法规解释自动失效。"

据此，对向海洋排放脱硫海水以及其他污染物的，应当依照《排污费征收使用管理条例》（国务院令第369号）的规定征收排污费。

据此，有关地方环保部门按照《排污费征收使用管理条例》对向海洋排放污染物的单位征收排污费并无不当。

二〇一〇年八月二十三日

7. 关于"十五小"征收排污费及行政处罚有关问题的复函（环函[2009]285号）

河北省环境保护厅：

你厅《关于对"十五小"征收排污费及行政处罚有关问题的请示》（冀环法[2009]376号）收悉。经研究，函复如下：

"十五小"是指国家法律法规明令取缔关停的十五种重污染小企业。这些企业严重破坏资源、污染环境、产品质量低劣、技术装备落后、不符合安全生产条件，一经发现，应当报请政府予以取缔。

根据《排污费征收使用管理条例》第二条"直接向环境排放污染物的单位和个体工商户，应当依照本条例的规定缴纳排污费"的规定，对"十五小"企业取缔的同时，应当对其征收排污费；如同时存在违反环评制度、环保"三同时"制度等其他环境违法行为的，也应当按照相关法律法规予以处罚。

二〇〇九年十一月二十三日

8. 关于焦炭生产企业环境监管及排污收费有关问题的复函（环函[2009]122号）

黑龙江省环境保护厅：

你厅《关于焦炭生产企业环境监管及排污收费有关问题的请示》（黑环函[2009]130号）收

悉。经研究，现函复如下：

《中华人民共和国大气污染防治法》第十四条规定，国家实行按照向大气排放污染物的种类和数量征收排污费的制度。《中华人民共和国水污染防治法》第二十四条规定，直接向水体排放污染物的企业事业单位和个体工商户，应当按照排放水污染物的种类、数量和排污费征收标准缴纳排污费。按照上述规定，炼焦产生的废水用于熄焦，污染物排放至大气当中的，不应缴纳污水排污费，而应按照排放至大气中的污染物种类和数量缴纳废气排污费。

国务院《排污费征收使用管理条例》（国务院令第 369 号）第九条规定："负责污染物排放核定工作的环境保护行政主管部门在核定污染物排放种类、数量时，具备监测条件的，按照国务院环境保护行政主管部门规定的监测方法进行核定；不具备监测条件的，按照国务院环境保护行政主管部门规定的物料衡算方法进行核定。"根据上述规定，核定熄焦过程中大气污染物排放量应以国务院环境保护行政主管部门规定的监测方法进行；不具备废气监测条件的，可监测核定用于熄焦的炼焦废水中氰化物、氨等污染物排放量，再折算成大气污染物排放量。若不具备炼焦废水监测条件，可暂参照《排污申报登记实用手册》、《工业污染物产生和排放系数手册》和《工业污染核算》中相关系数核定其炼焦废水中污染物排放量。

在焦炭行业排放标准颁布实施前，炼焦企业的废水和废气排放应执行《污水综合排放标准》（GB 8978—1996）、《大气污染物综合排放标准》（GB 16297—1996）和《恶臭污染物排放标准》（GB 14554—93）的规定。其中，炼焦废水中第一类污染物应在车间或车间处理设施排放口监控。超出上述标准的，应依照《中华人民共和国水污染防治法》和《中华人民共和国大气污染防治法》予以处罚。

二〇〇九年六月一日

9. 关于排污费征收稽查中排污量核定告知等问题的复函（环函[2009]15 号）

四川省环境保护局：

你局《关于排污费征收稽查中排污量核定告知等问题的请示》（川环[2008]252 号）收悉。经研究，现函复如下：

《排污费征收工作稽查办法》（原国家环境保护总局令第 42 号）第十六条规定："环境保护行政主管部门应当对《排污费征收稽查报告》进行审查并做出处理决定，制作《排污费征收稽查处理决定书》，送达被稽查对象，同时予以公告"。环境保护行政主管部门对《排污费征收稽查报告》进行审查并做出处理决定后，应按照《关于统一排污费征收稽查常用法律文书格式的通知》（环办[2008]19 号）的规定制作《排污费征收稽查处理决定书》，送达被稽查对象和排污者。核定的污染物排放种类和数量应在《排污费征收稽查处理决定书》中予以明确。如污染物排放种类较多，可在《排污费征收稽查处理决定书》后附《排污费征收稽查核定清单》（格式见附件）。同时，环境保护行政主管部门应对排污费稽查的数额予以公告。

附件：排污费征收稽查核定清单

二〇〇九年一月十五日

附件：

排污费征收稽查核定清单

单位名称：

时　　间：　年　月　日至　　年　月　日

污染物排放稽查核定结果：

一、污水或废气

排污口名称	排污介质排放量（m³）	污染物名称	浓　度（mg/L 或 mg/m³）	排放量（kg）

二、危险固体废弃物

危废名称	产生量（t）	贮存、处置量（t）	综合利用量（t）	排放量（t）

三、边界噪声

测点位置	主要噪声源名　称	时段	噪声类型	超标声级值（dB（A））	超标天数	超标边界长度是否超过100m

　　　　　　　　　　　　　　　　　　　　　　　　　　年　　月　　日

10. 关于停止征收水污染物超标排污费问题的复函（环函[2008]287号）

　　关于征收水污染物超标排污费的问题，环境保护部经研究做出解释，全文如下：

　　2008年2月修订的《水污染防治法》第二十四条规定，直接向水体排放污染物的企业事业单位和个体工商户，应当按照排放水污染物的种类、数量和排污费征收标准缴纳排污费。第七十四条规定，违反本法规定，排放水污染物超过国家或者地方规定的水污染物排放标准，或者超过重点水污染物排放总量控制指标的，由县级以上人民政府环境保护主管部门按照权限责令限期治理，处应缴纳排污费数额二倍以上五倍以下的罚款。《排污费征收使用管理条例》（国务院令第369号）第十二条第（二）项规定，依照《水污染防治法》的规定，向水体排放污染物的，按照排放水污染物的种类、数量交纳排污费；向水体排放污染物超过国家或者地方规定的排放标准的，按照排放污染物的种类、数量加倍交纳排污费。

　　根据《立法法》第七十九条的规定，法律的效力高于行政法规、地方性法规、规章。修订后的《水污染防治法》规定对超标或超总量排污的，应当给予行政处罚，取消了征收超标准排污费的条款。据此，2008年6月1日新修订的《水污染防治法》实施后，对直接向水体排放污染物超过国家或者地方规定的排放标准的企业事业单位和个体工商户，应当依照《水污染防治法》第七十四条予以处罚，不应再加一倍征收超标准排污费。

　　　　　　　　　　　　　　　　　　　　　　　　　二〇〇八年十一月十二日

11. 关于向无照经营者征收排污费有关问题的复函（环函[2008]286 号）

江西省环境保护局：

你局《关于排污费征收有关问题的请示》（赣环法字[2008]15 号）收悉。经研究，函复如下：

《排污费征收管理条例》（国务院令第 369 号）第二条规定，直接向环境排放污染物的单位和个体工商户，应当依照本条例的规定缴纳排污费。《无照经营查处取缔办法》（国务院令第 370 号）第四条规定，应当取得而未取得许可证或者其他批准文件和营业执照，擅自从事经营活动的无照经营行为，由工商行政管理部门依照本办法的规定予以查处。公安、国土资源、建设、文化、卫生、质检、环保、新闻出版、药监、安全生产监督管理等许可审批部门亦应当依照法律、法规赋予的职责予以查处。

根据上述规定，对于未取得工商营业执照，也未取得环保许可批准文件，擅自从事经营活动的，环境保护主管部门应依照相关环保法律法规，以实际经营者作为处罚相对人予以处罚；对未向城镇污水集中处理设施排放污水且缴纳污水处理费用的，按实际排污量核定、征收排污费。

二○○八年十一月十二日

12. 关于矿山企业排污收费有关问题的复函（环函[2008]246 号）

吉林省环保局：

你局《关于矿山企业排污收费有关问题的请示》（吉环监字[2008]52 号）收悉。经研究，函复如下：

国务院《排污费征收使用管理条例》（国务院令第 369 号）第九条规定："负责污染物排放核定工作的环境保护行政主管部门在核定污染物排放种类、数量时，具备监测条件的，按照国务院环境保护行政主管部门规定的监测方法进行核定；不具备监测条件的，按照国务院环境保护行政主管部门规定的物料衡算法进行核定。"目前，在我部未规定统一的矿山企业污染物物料衡算方法前，可暂参照原国家环保总局组织编制的《排污申报登记实用手册》、《工业污染物产生和排放系数手册》等技术手册核定矿山企业废气及粉尘排放量，并据此征收排污费。

二○○八年十月二十一日

13. 关于《排污费征收标准管理办法》第三条适用问题的复函（环函[2008]72 号）

辽宁省环境保护局：

你局《关于〈排污费征收标准管理办法〉第三条适用问题的请示》（辽环[2008]8 号）收悉。经研究，函复如下：

《环境噪声污染防治法》第二条第二款规定："本法所称环境噪声污染，是指所产生的环境噪声超过国家规定的噪声排放标准，并干扰他人正常生活、工作和学习的现象。"

企业内部无论是固定噪声源、还是企业厂界内运输车辆产生的噪声，均属于企业整体产生的噪声，应在企业厂界外按照《工业企业厂界噪声标准》（GB 12348—90）的规定进行监测。如果厂界噪声超过国家规定的噪声排放标准，并干扰了厂界外他人正常生活、工作和学习，应对企业征收噪声超标准排污费。

二○○八年五月十三日

14. 关于征收污水废气排污费有关问题的复函（环函[2008]48 号）

内蒙古自治区环境保护局：

你局《关于征收污水、废气排污费有关问题的请示》（内环办[2008]139 号）收悉。经研究，现函复如下：

我国实行按总量多因子计征的排污收费制度。《排污费征收使用管理条例》第十二条第一款和第二款规定：排污者应当依照大气污染防治法、海洋环境保护法的规定，向大气、海洋排放污染物的，按照排放污染物的种类、数量缴纳排污费。排污者应当依照水污染防治法的规定，向水体排放污染物的，按照排放污染物的种类、数量缴纳排污费。

《排污费征收标准及计算方法》规定："对每一排放口征收污水（废气）排污费的污染物种类数，以污染当量数从多到少的顺序排序，最多不超过 3 项。"

按照上述规定，对每一排放口计征排污费时，若同一排放口排放多种污染物，应将各污染物的排放量分别折算成污染当量数，再将污染当量数最大的前 3 种污染物的污染当量数累加计算应征排污费。

二〇〇八年四月二十八日

15. 关于钢铁及焦炭生产企业污染物排放量核定问题的复函（环函[2007]451 号）

江苏省环境保护厅：

你厅《关于钢铁及焦炭生产企业污染物排放量核定问题的请示》（苏环监察[2007]83 号）收悉。经研究，函复如下：

《排污费征收使用管理条例》（国务院令第 369 号）第九条规定："负责污染物排放核定工作的环境保护行政主管部门在核定污染物排放种类、数量时，具备监测条件的，按照国务院环境保护行政主管部门规定的监测方法进行核定；不具备监测条件的，按照国务院环境保护行政主管部门规定的物料衡算方法进行核定。"目前，在我局未制定统一的钢铁及焦炭企业污染物物料衡算方法前，可暂参照《工业污染物产生和排放系数手册》、《排污申报登记实用手册》等技术手册，核定钢铁及焦炭生产企业主要污染物的排放量。

二〇〇七年十一月二十七日

16. 关于河北省城市施工工地扬尘排放量计算方法的复函（环办函[2007]731 号）

河北省环境保护局：

你局《关于河北省城市施工工地扬尘排放量计算方法的请示》（冀环办[2007]258 号）收悉。经研究，现函复如下：

你局根据施工工地确定扬尘系数，并由企业填报建设工程建筑面积，再通过现场检查和计算核定施工工地扬尘排放量所拟定的《河北省城市施工工地扬尘排放量核定方法》，属于扬尘物料衡算方法，该核定方法可用于你省施工工地扬尘排放量的核定和排污费征收工作。

二〇〇七年十月十二日

17. 关于公立医疗机构征收排污费有关问题的复函（环函[2007]304 号）

河南省环境保护局：

你局《关于征收公立卫生医疗机构排污费及其减免问题的请示》（豫环文[2007]270 号）收悉。经研究，现函复如下：

2003 年 7 月 1 日颁布实施的《排污费征收使用管理条例》（国务院令第 369 号）第二条规定："直接向环境排放污染物的单位和个体工商户（以下简称'排污者'），应当按照本条例的规定缴纳排污费。"财政部、国家发展和改革委员会、环保总局联合下发的《关于减免及缓缴排污费有关问题的通知》（财综[2003]38 号）第四条规定："养老院、残疾人福利机构、殡葬机构、幼儿园、特殊教育学校、中小学校（不含其所办企业）等国务院财政、价格、环保部门规定的非盈利性社会公益事业单位，在达标排放污染物的情况下，经负责征收排污费的环保部门核准后可以免缴排污费。"其中，未列明对公立医疗机构可以免缴排污费。第二十五条规定："过去有关规定与本通知不一致的，一律以本通知为准。"按照《立法法》第八十三条的规定，新的规定与旧的规定不一致的，适用新的规定。因此，对公立医疗机构排污费征收有关问题应当适用《排污费征收使用管理条例》和《关于减免及缓缴排污费有关问题的通知》（财综[2003]378 号）的规定，公立医疗机构不属于排污费的免缴对象。

二〇〇七年八月二十三日

18. 关于采砂（石）船征收排污费有关问题的复函（环函[2007]303 号）

四川省环境保护局：

你省《关于对采砂（石）船排污收费有关问题的请示》（川环[2007]117 号）收悉。经研究，现函复如下：

一、对采砂（石）船暂不征收噪声超标准排污费。根据《排污费征收标准管理办法》（原国家计委、财政部、环保总局、原国家经贸委第 31 号令）第三条第四项"对机动车、飞机、船舶等流动源暂不征收噪声超标准排污费"的规定，对采砂（石）船应暂不征收噪声超标准排污费。

二、采砂（石）船在采砂过程中，排入河道的水和水中的沙石不另外产生污染物，不应对其征收污水排污费。

二〇〇七年八月二十三日

19. 关于城市污水集中处理设施进水执行标准有关问题的复函（环函[2006]430 号）

福建省环境保护局：

你局《关于转报厦门市环保局在环境管理中对城市污水集中处理设施进水执行标准的请示》（闽环保科[2006]24 号）收悉。经研究，函复如下：

一、工业企业等排污者向城市污水集中处理设施排放污水应执行水污染物排放标准，有地方水污染物排放标准的应优先执行。

二、《排污费征收标准管理办法》（国家发改委等四部门令第 31 号）第三条中"对城市污水集中处理设施接纳符合国家规定标准的污水"的"国家规定标准"是指《污水排入城市下水道水质标准》（CJ 3082—1999），城市污水集中处理设施进水应按此标准执行。

三、城市污水集中处理设施处理后的出水应按《城镇污水处理厂污染物排放标准》（GB 18918—2002）执行。

二〇〇六年十一月六日

20. 关于中专院校征收排污费有关问题的复函（环函[2006]258号）

河南省环境保护局：

你局《关于中专院校排污费征收问题的请示》（豫环办[2006]13号）收悉。经研究，现函复如下：

财政部、国家发展和改革委员会、环保总局联合下发的《关于减免及缓缴排污费有关问题的通知》（财综[2003]38号）第四条规定：养老院、残疾人福利机构、殡葬机构、幼儿园、特殊教育学校、中小学校（不含其所办企业）等国务院财政、价格、环保部门规定的非盈利性社会公益事业单位，在达标排放污染物的情况下，经负责征收排污费的环保部门核准后可以免缴排污费。

《中华人民共和国教育法》第十七条规定：国家实行学前教育、初等教育、中等教育、高等教育的学校教育制度。按照原国家教委、原国家计委、财政部《关于颁发义务教育等四个教育收费管理暂行办法的通知》（教财[1996]101号）附件一第二条、附件二第二条、附件三第二条的规定，初等教育是指初级中学（含完全中学的初中部）、初级职业中学；中等教育是指全日制普通高中学校、完全中学的高中部、初中学校附设的高中班、职业高中学校、普通中等专业学校（含中等师范学校）、技工学校、普通中学附设的各种职业高中班。因此，非盈利性社会公益性质的幼儿园、特殊教育学校、小学校、初级中学（含完全中学的初中部）、初级职业中学、全日制普通高中学校、完全中学的高中部、初中学校附设的高中班、职业高中学校、普通中等专业学校（含中等师范学校）、技工学校、普通中学附设的各种职业高中班等，在达标排放污染物的情况下，经负责征收排污费的环保部门核准后可以免缴排污费。

二〇〇六年六月二十九日

21. 关于征收污水排污费有关问题的复函（环函[2006]256号）

湖北省环境保护局：

你局《关于征收污水排污费有关问题的请示》（鄂环保文[2006]69号）收悉。经研究，现函复如下：

《水污染防治法》第十九条第三款规定："城市污水集中处理设施按照国家规定向排污者提供污水处理的有偿服务，收取污水处理费用，以保证污水集中处理设施的正常运行。"

原国家发展计划委员会、建设部、国家环境保护总局《关于印发推进城市污水、垃圾处理产业化发展意见的通知》（计投资[2002]1591号）中明确规定："征收的城市污水和垃圾处理费应专项用于城市污水、垃圾集中处理设施的运营、维护和项目建设。尚未建设污水、垃圾集中处理设施的城市所征收的污水、垃圾处理费用，可用于城市污水、垃圾处理工程的前期工作和相关配套项目的投入，但在三年内必须建成污水、垃圾集中处理设施，并投入运行。"

《排污费征收使用管理条例》（国务院令第369号）第二条规定："直接向环境排放污染物的单位和个体工商户，应当依照本条例的规定缴纳排污费。"国务院法制办公室在《对〈关于征收超标准排污费有关问题的请示〉的复函》（国法秘函[2005]141号）中明确规定："排污者向城市排水管网排放污水，进入城市污水处理厂的，按规定缴纳污水处理费用；未进入城市污水处理厂的，应当依法缴纳排污费或者超标准排污费。"

根据上述规定，凡开征污水处理费的城市，超过三年未建成污水处理厂，没有为缴纳污水处理费的排污单位提供污水处理的有偿服务，当地环保部门对直接向环境排放污水的单位，应当按国家规定的标准征收其污水排污费或者污水超标准排污费。

二〇〇六年六月二十七日

22. 关于确定工业区等集中污水处理设施性质的复函（环函[2004]144 号）

北京市环境保护局：

你局《关于对工业区等集中污水处理设施性质进行确定问题的请示》（京环文[2006]22 号）收悉。经研究，函复如下：

城市污水集中处理设施作为城市重要的市政公用基础设施，主要收纳和处理城市生活污水，其处理工艺流程主要针对生活污水进行设计。工业区、开发区、畜禽养殖小区等自建的主要接纳处理生产污水的集中处理设施，在接纳水质、处理工艺、处理污染物的种类及危害程度方面均与城市污水集中处理设施明显不同，不能视为《排污费征收使用管理条例》中的城市污水集中处理设施，对其应按照一般工业企业收取排污费。

二〇〇六年四月十二日

23. 关于界定城市污水集中处理设施的复函（环函[2006]125 号）

吉林省环境保护局：

你局《关于征收排污费问题的请示》（吉环文[2006]33 号）收悉，现函复如下：

《排污费征收标准管理办法》（原国家计委、财政部、环保总局、经贸委第 31 号令）规定："对向城市污水集中处理设施排放污水，按规定缴纳污水处理费的，不再征收污水排污费。"

根据《国家环境保护模范城市考核指标》的要求，城市污水集中处理设施应为实施二级处理的城市污水处理厂。你省长春市北郊污水处理厂现为一级处理，二级处理部分尚未建成。因此，你省长春市北郊污水处理厂不适用于上述规定。

二〇〇六年四月三日

24. 关于排污申报范围适用法律等问题的复函（环函[2005]459 号）

吉林省环境保护局：

你局《关于排污申报范围适用法律等问题的请示》（吉环文[2005]71 号）收悉。经研究，函复如下：

根据《排污费征收使用管理条例》第二条第一款"直接向环境排放污染物的单位和个体工商户（以下简称'排污者'），应当依照本条例的规定缴纳排污费"和第六条"排污者应当按照国务院环境保护行政主管部门的规定，向县级以上地方人民政府环境保护行政主管部门申报排放污染物的种类、数量，并提供有关资料"的规定，机关和个体工商户应当进行排污申报登记。

机关和个体工商户拒报或谎报排污申报登记事项的，我局已在《关于排污费征收核定有关工作的通知》（环发[2003]64 号）第五条第三项作出明确规定："对拒报、谎报《全国排放污染物申报登记报表（试行）》、《排污变更申报登记表（试行）》的，由环境监察机构直接确定其排放污染物的种类、数量，并向排污者送达《排污核定通知书（试行）》。"

拒报或者谎报国务院环境保护行政主管部门规定的有关污染物排放申报登记事项的，应参照《中华人民共和国水污染防治法》、《中华人民共和国大气污染防治法》、《中华人民共和国环境噪声污染防治法》、《中华人民共和国固体废物污染环境防治法》等法律的规定予以处罚。

二〇〇五年十月二十七日

25. 关于征收噪声超标排污费有关问题的复函（环函[2005]446 号）

福建省环境保护局：

你局《关于征收噪声超标排污费有关问题的请示》（闽环保法[2005]17 号）收悉，经研究，现函复如下：

根据《中华人民共和国环境噪声污染防治法》的规定，加油站经营场所内机动车进出场地产生的噪声属于交通运输噪声，直接产生噪声的是进出场地的机动车辆。《排污费征收标准管理办法》（国家发展计划委员会、财政部、国家环境保护总局和国家经济贸易委员会[2003]第31 号令）第三条第四款规定："对环境噪声污染超过国家环境噪声排放标准，且干扰他人正常生活、工作和学习的，按照噪声的超标分贝数计征噪声超标排污费。对机动车、飞机、船舶等流动污染源暂不征收噪声超标排污费。"根据以上规定，目前对机动车辆进出加油站产生的噪声不征收超标排污费。

二〇〇五年十月二十日

26. 关于北京市施工工地扬尘排放量计算方法的复函（环函[2005]309 号）

北京市环境保护局：

你局《关于北京市施工工地扬尘排放量计算方法的请示》（京环文[2005]38 号）收悉。经我局组织专家论证，现函复如下：

你局提出的施工工地扬尘排放量计算方法属于物料衡算方法，根据建设规模和现场检查扬尘控制措施的落实情况等核定扬尘的基本排放量和可控排放量，通过填写表格和简易公式完成排放量计算的方式，反映了工地扬尘排放和控制的特点，可操作性强，简单易行，便于环境监督管理，可用于你市施工工地扬尘排放量的核定和排污费征收等工作。

二〇〇五年八月三日

27. 关于建筑工地执行噪声排放标准征收噪声超标排污费有关问题的函（环函[2005]308 号）

厦门市环境保护局：

你局《关于对建筑工地征收噪声超标排污费中执行噪声排放标准的请示》（厦环[2005]17 号）收悉。经研究，函复如下：

《工业企业厂界噪声标准》（GB 12348—90）规定："本标准适用于工厂及有可能造成噪声污染的企事业单位的边界"，《建筑施工场界噪声限值》（GB 12523—90）规定"所列噪声值是指与敏感区域相应的建筑施工场地边界线处的限值",两者均属噪声排放标准。根据《环境噪声污染防治法》第二十三条、第二十八条的规定,**工业企业应当执行《工业企业厂界噪声标准》**(GB 12348—90),建筑工地应当执行《建筑施工场界噪声限值》(GB 12523—90)。

建筑施工工地噪声排放超过《建筑施工场界噪声限值》(GB 12523—90),应征收噪声超标准排污费。

特此函复。

二〇〇五年八月三日

28. 关于排污费征收中污染当量值计算问题的复函(环函[2005]246 号)

福建省环境保护局:

你局《关于排污费性质以及相关问题的请示》(闽环保法[2005]9 号)收悉。经商国家发展与改革委员会,函复如下:

一、排污费属于行政事业性收费。

二、电力企业所缴排污费不计入上网电价之内,由企业自行消化。

二〇〇五年六月二十一日

29. 关于建设项目建设过程中排污申报及排污费征收问题的复函(环函[2005]243 号)

贵州省环境保护局:

你局《关于水电建设项目建设排污申报、排污费征收有关问题的请示》(黔环呈[2004]98 号)收悉。经研究,函复如下:

《排污费征收使用管理条例》(国务院令第 369 号)第六条规定:"排污者应当按照国务院环境保护行政主管部门的规定,向县级以上地方人民政府环境保护行政主管部门申报排放污染物的种类、数量,并提供有关资料。"我局《关于排污费征收核定有关工作的通知》(环发[2003]64 号)规定:"新建、扩建、改建项目,应当在项目试生产前 3 个月内办理排污申报手续。在城市市区范围内,建筑施工过程中使用机械设备,可能产生环境噪声污染的,施工单位必须在工程开工 15 日前办理排污申报手续。"根据上述规定,按照"谁污染、谁治理、谁付费"的原则,在建设项目建设期间,施工单位作为直接的责任者,应当依法履行排污申报和缴纳排污费的义务。大型建设项目不同施工单位分别承担施工任务的,应按施工单位分别申报、核定排污费。

二〇〇五年六月十五日

30. 关于煤矿企业排污收费有关问题的复函(环函[2005]128 号)

宁夏回族自治区环境保护局:

你局《关于我区煤矿企业排污收费有关问题的请示》(宁环发[2005]18 号)收悉。经研究,现函复如下:

一、露天煤矿产生的地表土石、矸石属于一般固体废物。

《固体废物污染环境防治法》已于 2004 年 12 月 29 日经全国人大常委会修订,修订后的《固体废物污染环境防治法》取消了对一般固体废物征收排污费的规定。从 2005 年 4 月 1 日开始,对一般固体废物不再征收排污费。但是对 2005 年 3 月 31 日以前产生的一般固体废物,仍要按照《排污费征收使用管理条例》（国务院第 369 号令）和《排污费征收标准管理办法》（原国家发展计划委员会、财政部、国家环境保护总局和国家经济贸易委员会第 31 号令）规定的标准征收 2005 年 1 月至 3 月的排污费。

二、露天煤矿产生煤粉尘的排污费征收。

我局《关于露天煤矿产生粉尘征收排污费有关问题的复函》（环函[2004]483 号）已有答复，请参照执行。

二〇〇五年四月十五日

31. 关于城市污水处理厂执行排放标准问题的复函（环函[2005]128 号）

江西省环境保护局：

你局《关于城市污水处理厂环境监管和排污收费有关问题的请示》（赣环督字[2005]15 号）收悉。经研究，函复如下：

《城镇污水处理厂污染物排放标准》（GB 18918—2002）规定，本标准自实施之日起，城镇污水处理厂水污染物、大气污染物的排放和污泥的控制一律执行本标准。

鉴于青山湖污水处理厂（一期工程）是在《城镇污水处理厂污染物排放标准》（GB 18918—2002）颁布之前按《污水综合排放标准》（GB 8978—1996）的规定批复的，应按《污水综合排放标准》（GB 8978—1996）验收。

南昌市朝阳洲污水处理厂和验收后的青山湖污水处理厂（一期工程），应当由环境保护行政主管部门提出达到《城镇污水处理厂污染物排放标准》（GB 18918—2002）的期限，期满后的环境监管和超标准排污费征收均应按《城镇污水处理厂污染物排放标准》（GB 18918—2002）执行。

二〇〇五年四月十五日

32. 关于排放污染物的行政机关应否缴纳排污费的复函（环函[2004]342 号）

湖北省环境保护局：

你局《关于排污费征收对象的紧急请示》（鄂环保文[2004]130 号）收悉。根据《国务院办公厅关于行政法规解释权限和程序问题的通知》（1999 年）第二项，"凡属于行政工作中具体应用行政法规的问题，有关行政主管部门在职权范围内能够解释的，由其负责解释……"；《环境保护法规解释管理办法》（国家环境保护总局令第 1 号）第三条，"环境保护法律、行政法规具体适用的问题，部门规章理解和执行中的问题，以及环境保护法律、行政法规授权国务院环境保护行政主管部门解释的问题，由国家环境保护总局解释"等规定，函复如下：

《排污费征收使用管理条例》（2003 年，国务院第 369 号令）第二条第一款规定："直接向环境排放污染物的单位和个体工商户（以下简称排污者），应当依照本条例的规定缴纳排污费。"该条例规定应征收排污费的"单位"不仅包括企业、事业单位，也包括向环境排放污染物的行政机关等单位。

你局请示能否向监利县水利局征收排污费的问题，应遵照国务院《排污费征收使用管理条例》的规定执行。

二〇〇四年十月十日

33. 关于露天煤矿产生粉尘征收排污费有关问题的复函（环函[2004]483 号）

内蒙古自治区环境保护局：

你局《关于征收露天煤矿产生粉尘排污费有关问题的请示》（内环字[2004]445 号）收悉。经研究，现函复如下：

一、露天煤矿产生煤粉尘的，应当缴纳排污费。

国务院《排污费征收使用管理条例》（国务院令第 369 号）第十二条第一款规定："依照大气污染防治法、海洋环境保护法的规定，向大气、海洋排放污染物的，按照排放污染物的种类、数量缴纳排污费。"根据该规定，对露天煤矿在生产、堆放、破碎、装卸、运输过程中产生的煤粉尘应当征收排污费。征收标准按照《排污费征收标准管理办法》（原国家发展计划委员会、财政部、国家环境保护总局、原国家经济贸易委员会第 31 号令）附表废气部分中"一般性粉尘"的收费标准执行。

二、关于煤粉尘排污量的核算方法。

国务院《排污费征收使用管理条例》（国务院令第 369 号）第九条规定："负责污染物排放核定工作的环境保护行政主管部门在核定污染物排放种类、数量时，具备监测条件的，按照国务院环境保护行政主管部门规定的监测方法进行核定；不具备监测条件的，按照国务院环境保护行政主管部门规定的物料衡算方法进行核定。"根据该规定，在我局未制定统一的物料衡算方法前，可暂参照《排污申报登记实用手册》等技术手册，核定煤炭装卸、堆存过程中产生的扬尘等污染物排放量。

二〇〇四年十二月二十四日

34. 关于核定煤粉二次扬尘排污量问题的复函（环函[2004]338 号）

甘肃省环境保护局：

你局《关于呈报〈关于煤粉二次扬尘收费的请示〉的请示》（甘环发[2004]98 号）收悉。经研究，函复如下：

根据国务院《排污费征收使用管理条例》（国务院令第 369 号）第九条，"负责污染物排放核定工作的环境保护行政主管部门在核定污染物排放种类、数量时，具备监测条件的，按照国务院环境保护行政主管部门规定的监测方法进行核定；不具备监测条件的，按照国务院环境保护行政主管部门规定的物料衡算方法进行核定"的规定，在我局未制定统一的物料衡算方法前，可暂参照《排污申报登记实用手册》等技术手册核定煤炭装卸、堆存过程中产生的扬尘等污染物排放量。

二〇〇四年九月三十日

35. 关于各级环境监察部门受委托征收排污费有关问题的复函（环函[2004]259 号）

福建省环境保护局：

你局《关于各级环境监察部门能否受委托征收排污费请示》（闽环保发[2004]28 号）收悉。经研究，函复如下：

一、征收排污费不属于行政许可行为

1. 按照《行政许可法》、《排污费征收使用管理条例》及《最高人民法院关于规范行政案件案由的通知》（法发[2004]2 号）附件 2 关于"行政行为种类"的明确规定，行政许可行为与行政征收行为是两种不同的具体行政行为。行政许可是依申请的行政行为，而征收排污费（行政征收行为）是行政机关依职权主动实施，以公民、法人或者其他组织负有行政法上的缴纳义务为条件。

2. 国务院《关于取消第一批行政审批项目的决定》（国法[2002]24 号）、《关于取消第二批行政审批项目和改变一批行政审批项目管理方式的决定》（国发[2003]5 号）、《关于第三批取消和调整行政审批项目的决定》（国发[2004]16 号）以及《国务院对确需保留的行政审批项目设定行政许可的决定》（国务院令第 412 号）中，无论取消、调整还是保留的涉及环保部门或与环保部门有关的行政许可或者审批项目中，均不包括征收排污费项目。

二、环境保护行政主管部门根据工作需要可以委托非行政机关组织征收排污费

行政委托行为是指行政机关将其行政职权的一部分交给其他行政机关或者组织行使的一种行为。《行政许可法》中只规定，受委托实施行政许可权的主体限于行政机关，这种规定对行政征收等行政行为不具约束力。受委托实施其他行政行为的主体既可以是行政机关，也可以是非行政机关性质的组织。如《行政处罚法》中规定可以将行政处罚委托给依法成立的管理公共事务的事业组织。环保部门对作为行政征收行为的排污收费行为，可以委托给事业编制的环境监察部门。我局《关于排污费征收核定有关工作的通知》（环发[2003]64 号）中明确规定：县级以上环境保护局应当切实加强本行政区域内排污费征收管理工作的贯彻实施，其所属的环境监察机构具体负责排污费征收管理工作。因此，各级环境监察部门可以受委托征收排污费。

二○○四年八月十日

36. 关于对排污收费有关问题的复函（环函[2004]107 号）

湖北省环境保护局：

你局《关于排污收费有关问题的请示》（鄂环保文[2004]30 号）收悉。经研究，现函复如下：

一、关于是否向排入未建成的城镇污水处理厂的排污者收取排污费的问题，我局正在与国家发展和改革委员会、财政部协调。涉及排入污水处理设施，已经缴纳污水处理费，但排放污染物超过环保标准以及污水处理设施不能完全处理等问题，我局将与相关部门统一答复。

二、关于在殡葬机构内部因悼念者燃放鞭炮和奏乐造成噪声污染如何征收噪声排污费的问题。

在殡葬机构内部因悼念者燃放鞭炮和奏乐产生的噪声属于社会生活噪声，直接产生噪声的是悼念者，殡葬机构为其提供了场地等有偿服务，但《中华人民共和国环境噪声污染防治法》中对此无具体规定。《排污费征收使用管理条例》规定，直接向环境排放污染物的单位和个体工商户是缴纳排污费的主体，并不征收个人的排污费。因此，目前征收殡葬机构因悼念者燃放鞭炮和奏乐造成噪声污染的噪声超标准排污费依据不足。

对于在殡葬机构内部因悼念者燃放鞭炮和奏乐造成噪声污染的问题，环保部门应会同当地公安、民政等部门共同制定切实可行的办法。

三、关于向电信局征收柴油发电机超标噪声排污费有关问题。《中华人民共和国环境噪声污染防治法》第二十四条规定："在工业生产中因使用固定的设备造成环境噪声污染的工业企业，必须按照国务院环境保护行政主管部门的规定，向所在地的县级以上地方人民政府环境保护行政主管部门申报拥有的造成环境噪声污染的设备的种类、数量以及在正常作业条件下所发

出的噪声值和防治环境噪声污染的设施情况，并提供防治噪声污染的技术资料。造成环境噪声污染的设备的种类、数量、噪声值和防治设施有重大改变的，必须及时申报，并采取应有的防治措施。"第十六条规定："产生环境噪声污染的单位，应当采取措施进行治理，并按照国家规定缴纳超标准排污费。"

《排污费征收使用管理条例》第十二条规定："排污者应当按照下列规定缴纳排污费：（四）依照环境噪声污染防治法的规定，产生环境噪声污染超过国家环境噪声标准的，按照排放噪声的超标声级缴纳排污费。"

按照以上规定，电信局应依法向环保部门申报造成环境噪声污染的设备的种类、数量以及在正常作业条件下所发出的噪声值和防治环境噪声污染的措施。如电信局发电柴油机噪声污染超标且严重扰民，环保部门应依法报请同级人民政府责令其限期治理，并按国家规定依法征收排污费。

二〇〇四年四月二十二日

37. 关于排污费征收权限的复函（环函[2004]44 号）

大连市环境保护局：

你局《关于排污费征收有关问题的请示》（大环发[2004]15 号）收悉。经研究，答复如下：

按照我局《关于排污费征收核定有关工作的通知》（环发[2003]64 号）"县级环境保护局负责行政区划范围内排污费的征收管理工作。直辖市、设区的市级环境保护局负责本行政区域市区范围内排污费的征收管理工作"的规定，对你市金州区、旅顺口区、开发区、保税区、金石滩国家旅游度假区、高新园区的排污者，可由你局负责征收排污费。

二〇〇四年二月二十三日

38. 关于确认燃煤二氧化硫排污量物料衡算方法的复函（环函[2004]4 号）

贵州省环境保护局：

你局《关于请求确认燃煤二氧化硫排污量物料衡算方法的请示》（黔环呈［2003］97 号）收悉。经研究，函复如下：

你省《关于征收工业燃煤及经营性燃煤排放二氧化硫排污费的通知》（黔府发［1993］38 号）附表中计算燃煤二氧化硫排放量的物料衡算方法，是核定燃煤二氧化硫排放量的具体技术方法，可以继续沿用。

二〇〇四年一月二日

39. 关于分期建设的项目排污费核定问题的复函（环函[2003]377 号）

河南省环境保护局：

你局《关于对洛阳豫港电力开发有限公司伊川二电厂装机容量问题的请示》（豫环监理[2003]20 号）收悉。经研究，函复如下：

你局请示反映，某电力开发有限公司作为项目建设单位，先后两次向环保部门申报并经审批的一期、二期工程，处于同一生产场所，实行统一经营管理，统一生产销售产品，并使用相同的公用设施，环保部门应将其作为一个排污者核定其排污量。

二〇〇三年十二月三十一日

40. 关于燃煤电厂大气污染物排放核定问题的复函（环函[2003]376号）

江苏省环境保护局：

你厅《关于燃煤电厂排放一氧化碳、二氧化硫、氮氧化物、烟尘计算的请示》（苏环监察[2003]49号）收悉。经研究，函复如下：

按照国务院《排污费征收使用管理条例》（国务院令第369号）和我局《关于排污费征收核定有关工作的通知》（环发[2003]64号）中有关污染物排放核定的规定，以及燃煤电厂大气污染物排放的特点，对燃煤电厂的大气污染物排放情况核定应以污染源自动监控仪器或者常规监测的数据为准。对不具备监测条件的，要开展排放口规范化整治，设置符合环境监测技术规范的采样口，安装污染源自动监控系统。暂时难以监测的，可以物料衡算的方式核定排污量。单台容量小于等于14兆瓦（20蒸吨/小时）的燃煤锅炉烟尘和二氧化硫排放总量可按照《燃煤锅炉烟尘和二氧化硫排放总量核定技术方法——物料衡算法（试行）》（HT/T 69—2001）核定；单台容量大于14兆瓦（20蒸吨/小时）的电厂燃煤锅炉烟尘和二氧化硫排放总量的核定，可以参考相关的技术手册等资料，结合具体排污单位生产工艺的实际状况，科学合理地确定物料衡算办法。确实难以确定或者地方环保部门与排污单位存在较大分歧的，应提供具体排污单位的生产工艺情况、有关技术资料、地方环保部门和排污单位各自认为应采用的物料衡算办法，由我局确定。

在国家或者地方的污染物排放标准中没有对排放一氧化碳规定排放限值前，暂不核定排污量。2004年7月1日前，氮氧化物暂不核定排放量。

二〇〇三年十二月三十一日

41. 关于核定排污量问题的复函（环函［2003］344号）

重庆市环境保护局：

你局《关于如何核定钢铁行业排污量的请示》（渝环发［2003］171号）收悉。经研究，函复如下：

国务院《排污费征收使用管理条例》（国务院令第369号，以下简称《条例》）规定：

"第九条　负责污染物排放核定工作的环境保护行政主管部门在核定污染物排放种类、数量时，具备监测条件的，按照国务院环境保护行政主管部门规定的监测方法进行核定；不具备监测条件的，按照国务院环境保护行政主管部门规定的物料衡算方法进行核定。

第十条　排污者使用国家规定强制检定的污染物排放自动监控仪器对污染物排放进行监测的，其监测数据作为核定污染物排放种类、数量的依据。

排污者安装的污染物排放自动监控仪器，应当依法定期进行校验。"

我局《关于排污费征收核定有关工作的通知》（环发[2003]64号）规定：

"四、环境监察机构应当依据《排污费征收使用管理条例》，按照下列规定顺序对排污者排放污染物的种类、数量进行核定：

（一）排污者按照规定正常使用国家强制检定并经依法定期校验的污染物排放自动监控仪器，其监测数据作为核定污染物排放种类、数量的依据；

（二）具备监测条件的，按照国家环境保护总局规定的监测方法监测所得的监督监测数据；

（三）不具备监测条件的，按照国家环境保护总局规定的物料衡算方法计算所得物料衡算数据；

（四）设区市级以上环境监察机构可以结合当地实际情况，对餐饮、娱乐、服务等第三产业的小型排污者，采用抽样测算的办法核算排污量。"

为贯彻实施《条例》及其配套规章，科学、准确地核定排污单位的排污量，根据以上规定，你局应加强污染源自动监控和常规监测能力建设，满足总量收费的需要。

对难以监测的污染物可以物料衡算的方式核定排污量。核定排污量可以参考相关行业的技术工艺手册等资料，结合具体排污单位生产工艺的实际状况，科学合理地确定物料衡算办法。确实难以确定或者地方环保部门与排污单位存在较大分歧的，应提供具体排污单位的生产工艺情况、有关技术资料、地方环保部门和排污单位各自认为应采用的物料衡算办法，由我局确定。

二〇〇三年十二月四日

42. 关于排污费核定权限的复函（环函[2003]220 号）

重庆市环境保护局：

你局《关于对排污费核定征收权限解释的请示》（渝环发[2003]48 号）和《关于排污费征收管理有关问题的请示》（渝环发[2003]88 号）收悉。经商财政部、国家发改委，现函复如下：

《排污费征收使用管理条例》（国务院令第 369 号）第七条规定："县级以上地方人民政府环境保护行政主管部门，应当按照国务院环境保护行政主管部门规定的核定权限对排污者排放污染物的种类、数量进行核定。

装机容量 30 万千瓦以上的电力企业排放二氧化硫的数量，由省、自治区、直辖市人民政府环境保护行政主管部门核定。

污染物排放种类、数量经核定后，由负责污染物排放核定工作的环境保护行政主管部门书面通知排污者。"

《排污费资金收缴使用管理办法》（财政部、国家环境保护总局令第 17 号）第五条规定："排污费按月或者按季属地化收缴。

装机容量 30 万千瓦以上的电力企业的二氧化硫排污费，由省、自治区、直辖市人民政府环境保护行政主管部门核定和收缴，其他排污费由县级或市级地方人民政府环境保护行政主管部门核定和收缴。"

我局《关于排污费征收核定有关工作的通知》（环发[2003]64 号）规定："县级以上环境保护局应当切实加强本行政区域内排污费征收管理工作的贯彻实施，其所属的环境监察机构具体负责排污费征收管理工作。

县级环境保护局负责行政区划范围内排污费的征收管理工作。

直辖市、设区的市级环境保护局负责本行政区域市区范围内排污费的征收管理工作。"

按照以上规定，除装机容量 30 万千瓦以上电力企业的二氧化硫排污费，由省、自治区、直辖市人民政府环境保护行政主管部门核定和收缴外，其他排污费应按照属地征收的原则，主要由市、县环境监察机构具体负责核定、收缴。

考虑到污染物排放在城市范围内相对集中的特点，为保证执法的统一和公平，设区的市，城区的排污费应由市一级环境监察机构负责核定、收缴，其他远郊区的排污费应由该区环境监察机构负责核定、收缴。

请你局按上述原则会同有关部门对所辖 15 个区的排污费核定、收缴权限作出具体规定。

二〇〇三年八月五日

43. 关于机动车排污收费有关问题的复函（环函[2003]107 号）

杭州市环境保护局：

你局关于机动车排污收费问题的来信收悉。经研究，现函复如下：

按照国家环保总局、国家计委、财政部《关于在杭州等三城市实行总量排污收费试点的通知》（环发[1998]73 号），你市在进行总量排污收费试点时，开展了机动车收费试点工作，取得了很好的效果。我局配合国家计委、财政部等部门研究制定全国的排污收费新标准时也一直坚持依试点成果，征收机动车排污费。对此，国家计委、财政部等部门表示了理解。

最近出台的《排污费征收标准管理办法》（国家计委、财政部、国家环保总局、国家经贸委令第 31 号）规定："对机动车、飞机、船舶等流动污染源暂不征收废气排污费。"并规定"国家环境保护总局、国家计委、财政部《关于在杭州等三城市实行总量排污收费试点的通知》（环发[1998]73 号）等，以及地方政府制定的排污收费标准的规定同时废止"。对机动车等暂不征收排污费的主要原因：一是《国务院办公厅关于治理向机动车辆乱收费和整顿道路站点有关问题的通知》（国办发[2002]31 号）规定："今后，除法律法规和国务院明文规定外，任何地方、部门和单位均不得再出台新的涉及机动车辆的行政事业性收费、政府性集资和政府性基金项目。"《排污费征收使用管理条例》（国务院令第 369 号）未明文规定对机动车征收排污费。二是《排污费征收使用管理条例》（国务院令第 369 号）规定的排污费收费对象是单位和个体工商户，未包括自然人。现在拥有机动车的自然人越来越多，如果对单位和个体工商户的机动车征收排污费，对自然人拥有的机动车不能收费，会造成社会的不平等。

请你局按照《排污费征收使用管理条例》的有关规定，妥善解决停止机动车总量收费后的遗留问题。

二〇〇三年四月二十三日

44. 关于下岗人员个体经营户缴纳排污费问题的复函（环函[2003]62 号）

海南省环境资源厅：

你厅《关于残疾和下岗人员个体经营户排污是否缴纳排污费的请示》（琼土环资［2002］138 号）收悉。经研究，函复如下：

《国务院办公厅关于下岗失业人员从事个体经营有关收费优惠政策的通知》（国办发[2002]57 号）对下岗失业人员从事个体经营免交的收费项目做了具体规定，其中未包括排污费和超标准排污费。所以，对下岗失业人员从事个体经营生产的，应当依法征收排污费和超标准排污费。

残疾人员从事个体经营生产的征收排污费问题参照上述精神执行。

二〇〇三年三月八日

45. 关于排污收费执法依据有关问题的复函（环函[1999]429 号）

四川省环境保护局：

你局《关于排污收费执法依据有关问题的紧急请示》（川环监发[1999]410 号）收悉。经研究，现函复如下：

一、按照国家有关规定以及《中共中央、国务院关于治理向企业乱收费、乱罚款和各种摊派等问题的决定》（中发[1997]14 号），环保部门不能自行直接制定收费标准。环保部门应当按照国务院颁发的《征收排污费暂行办法》（国发[1982]21 号）的规定，核定排污单位申报的排放污染物的种类、数量和浓度，作为征收排污费的依据。

二、对排污口不规范、不便监测的乡镇企业和饮食娱乐服务业的污染源，环保部门可以采用排污系数法、物料衡算法计算和核定其污染物的排放浓度和排放量，再按照国家统一的排污收费标准计征超标排污费。

一九九九年十一月十九日

46. 关于对事业单位征收超标噪声排污费问题的复函（环函[1999]283 号）

河北省环境保护局：

你局《关于对事业单位征收超标噪声排污费问题的请示》（冀环法函[1999]123 号）收悉。经研究，现函复如下：

《工业企业厂界噪声标准》（GB 12348—90）适用于工厂及有可能造成噪声污染的企事业单位的边界。确定噪声超标的企业、事业单位的新、扩、改建时间以 1989 年 6 月国务院发布《中华人民共和国环境噪声污染防治条例》为界限。

一九九九年八月十三日

参考文献

[1]   环境保护部环境监察局. 环境监察[M].3 版. 北京：中国环境科学出版社，2009.

[2]   毛应淮，扬子江. 工业污染核算[M]. 北京：中国环境科学出版社，2007.

[3]   康宏，沈志，毛应淮. 新疆污染物排放核算指南[M]. 北京：中国环境科学出版社，2011.

[4]   杨金田，王金南. 中国排污收费制度改革与设计[M]. 北京：中国环境科学出版社，1998

[5]   王金南. 排污收费理论学[M]. 北京：中国环境科学出版社，1997.

[6]   国家环保总局. 排污收费制度[M]. 北京：中国环境科学出版社，2003.

[7]   毛应淮. 排污收费概论[M]. 北京：中国环境科学出版社，2001.

[8]   国家环保总局. 排污申报登记实用手册[M]. 北京：中国环境科学出版社，2003.

[9]   沈满洪. 环境经济手段研究[M]. 北京：中国环境科学出版社，2001.

[10]   罗勇，曾晓非. 环境保护的经济手段[M]. 北京：北京大学出版社，2002.

[11]   李克国. 环境经济学[M]. 北京：中国环境科学出版社，2007.

[12]   邹首民，毛应淮. 环境统计概论[M]. 北京：中国环境科学出版社，2001.

[13]   宋晓红. 试论排污收费制度的改革[J]. 西部科教论坛，2010（3）.

[14]   尚磊. 我国现行排污收费制度的弊端及其完善[J]. 法制经济，2008（26）.

[15]   何树良，吴丹. 加强排污费征管的审计建议[J]. 现代审计，2010（4）.

[16]   冯涛，陈华. 排污费征收方式的新探索[J]. 环境保护，2009（18）.

[17]   伍世安. 改革和完善我国排污收费制度的探讨[J]. 价格理论与实践，2004（2）.

[18]   李慧玲. 我国排污收费制度及其立法评析[J]. 中南林业科技大学学报，2007（7）.

后 记

    本次编制完成的环境监察系列培训教材有《环境监察》、《污染源环境监察》、《生态环境监察》、《环境典型案例分析与执法要点解析》、《环境行政处罚》、《排污收费与排污申报》和参考讲义《环境监察执法手册》、《挂牌督办典型环境违法案件》、《环境执法后督察》、《限期治理项目环境监察》、《跨行政区环境纠纷处理》、《环境监察廉洁执法》等。

    为了使环境监察的执法理念及工作方法的研究工作更加科学合理，欢迎大家将上述培训系列教材使用过程中的建议和工作中好的经验、实例及时反馈给我们，使得环境监察培训系列教材能够不断地推陈出新，更好地适应新形势下环境监察工作的需要。